"十二五"职业教育国家规划教材
经全国职业教育教材审定委员会审定

21世纪高职高专电子信息类规划教材

U0191267

无线网络优化

李蔷薇 刘芳 编著

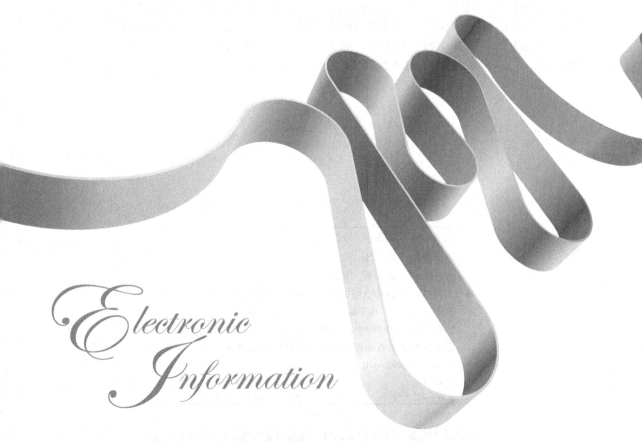

Electronic

Information

人民邮电出版社
北 京

图书在版编目（CIP）数据

无线网络优化 / 李蔷薇，刘芳编著. -- 北京：人
民邮电出版社，2015.1（2024.1 重印）
21世纪高职高专电子信息类规划教材
ISBN 978-7-115-37510-0

Ⅰ. ①无… Ⅱ. ①李… ②刘… Ⅲ. ①无线网－最佳
化－高等职业教育－教材 Ⅳ. ①TN92

中国版本图书馆CIP数据核字(2014)第312051号

内 容 提 要

本书是按照工作过程（即网络优化流程）来编排学习情境的。每个学习情境从解决实际问题出发，以任务引领的方式，讲解了无线网络优化工作岗位必备的基本理论，包括各种制式的无线网络功能和参数调整、天馈线的选型和调整、直放站和室内分布系统对网络的影响等。目的在于培养学生网络测试技能和网络分析的能力。

本书每章节包括学习目标、任务提出、任务解决、小结、练习与思考、实训项目六个部分。学习目标和小结便于学习者把握学习重点，任务提出和任务解决是为了提高学习者兴趣和解决实际问题的能力，练习与思考是为了检验学习效果及控制学习进度，实训项目是为了培养学习者的岗位技能。

本书适用于已经具备 GSM 和 CDMA 系统理论的学习者，可作为通信类高职院校移动通信技术专业的教学用书，也可供相关技术人员参考、培训之用。

♦ 编　　著　李蔷薇　刘　芳
　　责任编辑　滑　玉
　　责任印制　沈　蓉　彭志环

♦ 人民邮电出版社出版发行　　北京市丰台区成寿寺路 11 号
　　邮编 100164　　电子邮件 315@ptpress.com.cn
　　网址 http://www.ptpress.com.cn

北京科印技术咨询服务有限公司数码印刷分部印刷

♦ 开本：787×1092　1/16
　　印张：17　　　　　　　　　2015 年 1 月第 1 版
　　字数：422 千字　　　　　　2024 年 1 月北京第 9 次印刷

定价：45.00 元

读者服务热线：(010)81055256　印装质量热线：(010)81055316
反盗版热线：(010)81055315
广告经营许可证：京东市监广登字20170147号

前　言

目前，移动通信网络的大规模建设已经基本完成，网络质量成为各大运营商竞争的焦点。未来几年，企业对无线网络优化人才的需求旺盛。2010 年，全国职业教育教学委员会组织通信类高等职业技术学院开展"无线网络优化"技能竞赛，引领了越来越多的职业院校开设《无线网络优化》课程。我院作为通信企业办的高职院校，早在 2002 级移动通信专业就开设了《无线网络优化》选修课，经过近 10 年的发展、改革和完善，已从移动通信技术专业的选修课变为专业核心课程。由于目前适合高等职业教育的无线网络优化教材几乎没有，所以，我们编写了这本面向通信类高职院校的《无线网络优化》教材。

书中内容以广东移动公司 GSM 无线网络测试代维资质认证和中国电信集团公司 cdma 2000 无线网络优化工程师认证大纲为基础，结合高等职业教育的特点编写而成。全书分为三个模块。第一模块是 GSM 无线网络规划和优化部分；第二模块是直放站和室内分布系统部分；第三模块是 cdma 2000 无线网络规划和优化部分。几个模块内容相对独立，学习者可根据需要选择不同的模块学习。教材中 GSM 网络优化部分涉及到的设备和算法，主要是现网流行的爱立信设备，cdma 2000 网络优化部分主要是针对华为设备的。

全书按照网络建设的周期及网络优化流程的顺序来组织编排内容。建网前要进行规划设计，网络建成投入运营后要进行优化。优化的流程是先采集网络数据，再对数据进行分析，最后对网络进行调整。所以，G/C 网的网规网优模块分为规划设计——数据采集——网络评估——系统调整几个学习情境。该书的特点是：形式新、易自学、反映新技术。（1）任务引领式。每章节的开始几乎都有"任务提出"一节，以任务的方式引入（以深色字体给出），让学生带着任务学习。讲完相关的理论后，给出"任务解决"一节，又回到开头提出的任务，给出解决方案。同时书中列举了大量的案例，理论联系实际紧密。（2）自学容易。每章有学习目标和小结，便于学生把握重点；配有较多的练习题，便于学生自学；给出若干实训项目，便于学生实操技能的训练。（3）紧跟主流技术。第三模块为 cdma 2000 无线网络优化，是 3G 三大标准之一。

使用本教材的对象为具备 GSM 和 cdma 2000 系统原理知识的学习者。课程内容的学时分配如下表所示：

模块名称	学习情境	参考学时
第一模块 GSM 网规网优部分	情境一　GSM 无线基站的勘察与设计	8
	情境二　GSM 无线网络数据采集	8
	情境三　GSM 无线网络评估	8
	情境四　GSM 无线网络调整	18
第二模块 直放站和室内分布系统部分	情境五　直放站	6
	情境六　室内分布系统	6
第三模块 CDMA 网规网优部分	情境七　CDMA 无线网络优化基本原理	2
	情境八　CDMA 无线网络规划	8

续表

模块名称	学习情境	参考学时
第三模块 CDMA 网规网优部分	情境九　CDMA 无线网络数据采集和评估	6
	情境十　CDMA 无线参数调整	8
合计（理论+实践）		80

　　本书由李蔷薇老师编写了第一、二模块，刘芳老师编写了第三模块。全书由李蔷薇老师统稿。

　　由于编者水平和经验有限，书中难免有不尽人意之处，恳请读者批评指正。

编　者

目 录

第一模块
GSM 网规网优部分

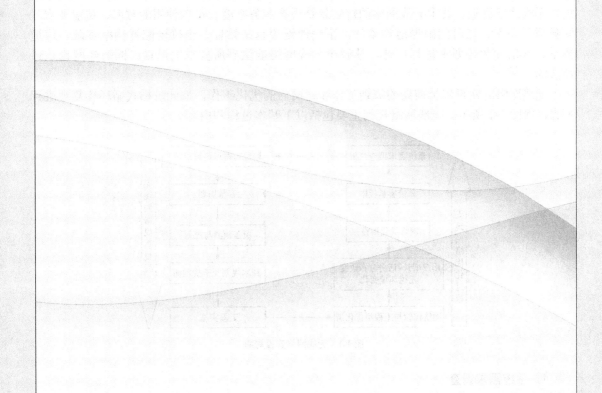

【学习目标】

（1）了解 GSM 无线网络规划的基本过程和主要内容；

（2）学会天馈线的设计、选型和安装；

（3）学会利用工具对基站站址和机房进行勘察；

（4）熟练掌握容量规划、覆盖规划和频率规划的方法。

1.1 GSM 无线网络规划的基本过程和内容

GSM 网络由交换子网和无线子网组成，其网络规划包括：交换网规划、中继线路规划、无线网络规划。其中无线网络的规划就是根据业务密度、可以使用的频率、覆盖要求、服务质量要求、当时的地形地物条件，正确地设置基站站址、正确地配置频率资源、信道数量、基站参数等要求进行设计，使整个无线网络能达到所要求的质量，同时建网也是最经济的。

无线网络的建设包括前期的规划工作和建网后的优化工作，如此阶梯式循环往复地进行下去，如图 1-1 所示。无线网络规划主要包括以下基本过程和内容。

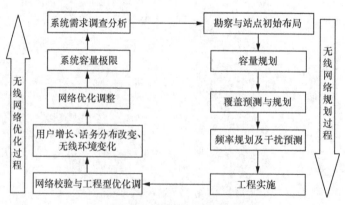

图 1-1　无线网络建设周期

1. 系统需求调查

为了使所设计的网络尽可能达到运营商要求，适应当地通信环境及用户发展需求，必须进行网络设计前的调查分析工作。调研工作包括以下几个部分。

（1）了解运营商对将要建设的网络的无线覆盖、服务质量和系统容量等要求。

（2）了解服务区内地形、地物和地貌特征，调查经济发展水平、人均收入和消费习惯。

（3）调查服务区内话务需求分布情况。

（4）了解服务区内运营商现有网络设备性能及运营情况。

（5）了解运营商通信业务发展计划，可用频率资源，并对规划期内的用户发展做出合理预测。

（6）收集服务区的街道图、地形高度图，如有必要，需购买电子地图。

2．勘察与站点的初步布局

勘察包括两类：一是基站站址勘察，目的是选择合适站址；二是基站施工图设计勘察，目的是采集设计数据。

基站的勘察、选址工作由运营商与网络规划工程师共同完成。网络规划工程师首先提出理想的选址建议，由运营商与业主协商房屋或地皮租用事宜，委托设计院进行工程可行性勘察。站址勘察工作包括以下几方面。

（1）用手持式 GPS 确定基站站点的具体经纬度。

（2）用罗盘确定扇区方向角。以正北顺时针方向旋转，一般三扇区方位角是 60/180/300，可根据实际情况适当调整。

（3）用相机拍下每个站点周围电波传播环境和用户密度分布情况。360°拍照（30°～45°一张）。

（4）确定站高，一般比周边建筑物高 5～10m。

（5）选择基站类型，是宏蜂窝、微蜂窝还是微微蜂窝。

（6）选择天线类型、天线参数。

（7）确定天线安装方式。

（8）确定机房位置。

3．容量规划

容量规划包括业务信道的规划、信令信道的规划、寻呼信道的规划。具体容量规划包括以下几项。

（1）满足规划区内话务需求所需的基站数。

（2）每个基站的站型及配置。

（3）每个扇区提供的业务信道数、话务量及用户数。

（4）每个基站提供的业务信道数、话务量及用户数。

（5）整个网络提供的业务信道数，话务量及用户数。

此步骤的规划是初步规划，基本确定站点分布及数目。通过无线覆盖规划和分析，可能要增加或减少一些基站，经过反复的过程，最终确定基站数目和站点位置。

4．无线覆盖设计及覆盖预测

无线覆盖规划最终目标是在满足网络容量及服务质量的前提下，以最少的造价对指定的服务区提供所要求的无线覆盖。无线覆盖规划工作有以下几个部分。

（1）初步确定工程参数。工程参数包括基站发射功率、天线选型（增益、方向图等）、天线挂高和下倾角、馈线损耗等。根据这些参数进行上下行信号功率平衡分析、计算。通过功率平衡计算得出最大允许路径损耗，初步估算出规划区内在典型传播环境中，不同高度基站的覆盖半径。

（2）将数字化地图、基站名称、站点位置以及工程参数导入网络规划软件进行覆盖预测分析，并反复调整有关工程参数、站点位置，必要时要增加或减少一些基站，直至达到运营商提出的无线覆盖要求为止。

5. 频率规划及干扰分析

频率规划决定了系统最大用户容量，也是减少系统干扰的主要手段。网络规划工程师运用规划软件进行频率规划，并通过同频、邻频干扰预测分析，反复调整相关工程参数和频点，直至达到所要求的同频、邻频干扰指标。

6. 无线资源参数设计

合理地设置基站子系统的无线资源参数，可以保证整个网络的运行质量。从无线资源参数所实现的功能上来分，需要设置的参数有：网络识别参数、系统控制参数、小区选择参数、网络功能参数。

无线资源参数通过操作维护台子系统配置。网络规划工程师根据运营商的具体情况和要求，并结合一般开局的经验来设置。其中有些参数要在网络优化阶段根据网络运行情况做适当调整。

总之，无线网络规划工作由于技术性强，涉及的因素复杂且众多，所以它需要专业的网络规划软件来完成。规划工程师利用网络规划软件对网络进行系统的分析、预测及优化，从而初步得出最优的站点分布、基站高度、站型配置、频率规划和其他网络参数。网络规划软件在整个网络规划过程中起着至关重要的作用，它在很大程度上决定了网络规划与优化的质量。

网络规划工作是长期性的工作，良好的文档体系对网络建设有重要意义。最重要的文档包括：

（1）网络规划报告。它是对网络规划工作的记录，包括工程背景描述、容量规划、站址选择、覆盖规划和覆盖预测、频率计划、干扰分析、参数设计等。

（2）工程参数总表。它是对网络规划工作中影响工程建设的参数记录，包括基站名称和编号频率计划，BSIC，功率等级，基站经纬度，天线类型、高度、方位角、下倾角等。

（3）工程设计文件。它包括机房平面图、施工图等。

下面将重点介绍天馈线的设计和安装、基站的勘察、容量规划、覆盖规划和频率规划。

1.2　子情境一　天线的设计和安装

1.2.1　任务提出

任务：在基站勘察设计中，要根据不同的传播环境、不同的应用场合选择不同类型的天线，如密集城区天线应如何选择？直放站施主天线应该选怎样的？高速公路天线应该选怎样的？天线的高度、下倾角和方位角如何确定？

分析: 有较多情况, 网络的问题根源在于天线的选型不当。如果能充分认识天线的增益、水平 3dB、垂直 3dB 角等技术参数与当前小区的服务区域存在着高度紧密的联系, 并加以利用, 则很多情况下问题可以迎刃而解。所以要了解天线的工作原理和性能参数, 才能正确地选择天线。

1.2.2　天线的工作原理

1. 天线的作用

　　天线是发射机发射无线电波和接收机接收无线电波的装置。发射天线将传输线中的高频电磁能转换为自由空间的电磁波, 接收天线将自由空间的电磁波转换为高频电磁能。因此, 天线是换能装置, 具有互易性。天线性能将直接影响无线网络的性能。

2. 天线辐射电磁波的基本原理

　　导线载有交变电流时, 就可以形成电磁波的辐射, 辐射的能力与导线的长短和形状有关。当两导线的距离很近、电流方向相反时, 两导线所产生的感应电动势几乎可以抵消, 因而辐射很微弱; 如果将两导线张开, 这时由于两导线的电流方向相同, 由两导线所产生的感应电动势方向相同, 因而辐射较强。当导线的长度远小于波长时, 导线的电流很小, 辐射很微弱; 当导线的长度增大到可与波长相比拟时, 导线上的电流就大大增加, 因而就能形成较强的辐射。通常将上述能产生显著辐射的直导线称为振子。两臂长度相等的振子叫作对称振子。每臂长度为四分之一波长的称为半波振子, 如图 1-2 所示; 臂长全长与波长相等的振子, 称为全波对称振子; 将振子折合起来的, 称为折合振子。

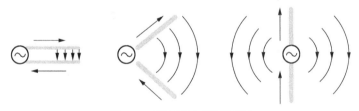

图 1-2　天线辐射电磁波原理图

3. 天线的构成

　　实际天线是由一系列半波振子叠加而成。内部由槽板、馈电网络、振子组成, 外部由天线罩、端盖、接头组成, 如图 1-3 所示。

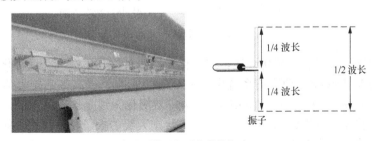

图 1-3　天线的结构

4．天线的极化

极化是描述电磁波场强矢量空间指向的一个辐射特性，当没有特别说明时，通常以电场矢量的空间指向作为电磁波的极化方向，而且是指在该天线的最大辐射方向上的电场矢量来说的。电场矢量在空间的取向在任何时间都保持不变的电磁波叫直线极化波，有时以地面作参考，将电场矢量方向与地面平行的波叫水平极化波，与地面垂直的波叫垂直极化波，如图1-4所示。

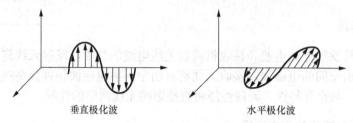

图1-4　电磁波的极化方向

电场矢量在空间的取向有的时候并不固定，电场矢量端点描绘的轨迹是圆，称圆极化波。若轨迹是椭圆，称之为椭圆极化波，椭圆极化波和圆极化波都有旋相性。不同频段的电磁波适合采用不同的极化方式进行传播，移动通信系统通常采用垂直极化，而广播系统通常采用水平极化，椭圆极化通常用于卫星通信。

天线辐射的电磁场的电场方向就是天线的极化方向。垂直极化波要用具有垂直极化特性的天线来接收；水平极化波要用具有水平极化特性的天线来接收；当来波的极化方向与接收天线的极化方向不一致时，在接收过程中通常都要产生极化损失，如图1-5所示。

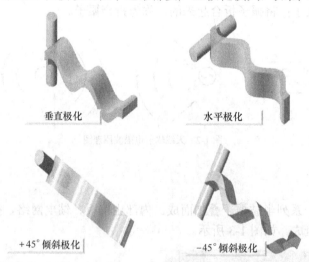

图1-5　天线的极化

目前常见的极化方式有单极化天线、双极化天线两种，其本质都是线极化方式。双极化天线利用极化分集来减少移动通信系统中多径衰落的影响，提高基站接收信号质量的，有0°/90°、45°/−45°两种极化天线。其中 45°/−45° 双极化天线是比较常用的。双极化天线是两个天线为一个整体，分别传输两个独立的波，两副天线的振子相互呈垂直排列。双极化天线减少了天线的数目，施工和维护更加简单，如图1-6所示。

图 1-6　双极化天线原理

1.2.3　天线的性能参数

表征天线性能的主要参数包括电性能参数和机械性能参数。

电性能参数（Electrical properties）有工作频段、输入阻抗、驻波比、极化方式、增益、方向图、波束宽度、下倾角、前后比、旁瓣抑制与零点填充、功率容量、三阶互调、天线口隔离等，以下介绍最常用的参数。

机械参数（Mechanical properties）有尺寸、重量、天线罩材料、外观颜色、工作温度、存储温度、风载、迎风面积、接头型式、包装尺寸、天线抱杆、防雷等。

这里主要讨论电性能参数。

1．天线的方向图

天线辐射的电磁场在固定距离上随角坐标分布的图形，称为方向图。用辐射场强表示的称为场强方向图，用功率密度表示的称之功率方向图，用相位表示的称为相位方向图。天线方向图是空间立体图形，但是通常用两个互相垂直的主平面内的方向图来表示，称为平面方向图，一般叫作垂直方向图和水平方向图。就水平方向图而言，有全向天线与定向天线之分，而定向天线的水平方向图的形状也有很多种，如"心"型、"8"字形等。

天线具有方向性本质上是通过阵子的排列以及各阵子馈电相位的变化来获得的，在原理上与光的干涉效应十分相似，因此会在某些方向上能量得到增强，而某些方向上能量被减弱，即形成一个个波瓣（或波束）和零点。能量最强的波瓣叫主瓣，上下次强的波瓣叫第一旁瓣，依次类推。对于定向天线，还存在后瓣。图 1-7 所示为垂直方向图。

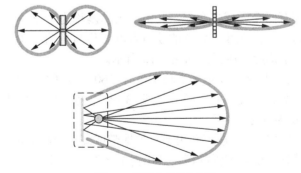

图 1-7　天线的垂直方向图

2．天线的增益

增益是用来表示天线集中辐射的程度，其在某一方向的定义是指在输入功率相等的条件下，实际天线与理想的辐射单元在空间同一点处所产生的场强的平方之比，即功率之比。增益一般与天线方向图有关，方向图主瓣越窄，后瓣、副瓣越小，增益越高。增益的单位用"dBi"或"dBd"表示，如图1-8所示。

一个天线与对称振子相比较的增益，用"dBd"表示；一个天线与各向同性辐射器相比较的增益用"dBi"表示。dBi＝dBd＋2.15。

天线作为一种无源器件，其增益的概念与一般功率放大器增益的概念不同。功率放大器具有能量放大作用，但天线本身并没有增加所辐射信号的能量，它只是通过天线阵子的组合并改变其馈电方式把能量集中到某一方向。增益是天线的重要指标之一，它表示天线在某一方向能量集中的能力，它是选择基站天线最重要的参数之一。一般来说，增益的提高主要是依靠减少垂直面向辐射的波束宽度，而在水平面上保持全向的辐射特性。天线增益对移动通信系统运行极为重要，因为它决定蜂窝边缘的信号电平。增加增益就可以在一确定方向上增大网络的覆盖范围，或者在确定范围内增大增益余量。

3. 前后比

方向图中，前后瓣最大电平之比称为前后比。前后比大表示天线定向接收性能就好。基本半波振子天线的前后比为1，所以对来自振子前后的相同信号电波具有相同的接收能力，如图1-9所示。

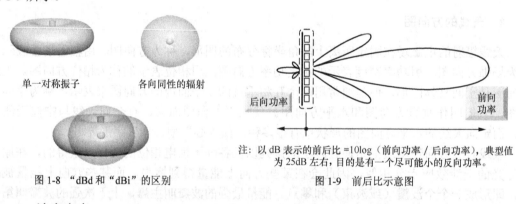

单一对称振子　　各向同性的辐射

注：以 dB 表示的前后比 =10log（前向功率／后向功率），典型值为 25dB 左右，目的是有一个尽可能小的反向功率。

图 1-8 "dBd 和"dBi"的区别　　　　图 1-9　前后比示意图

4. 波束宽度

在方向图中通常都有两个瓣或多个瓣，其中最大的瓣称为主瓣，其余的瓣称为副瓣。主瓣两半功率点间的夹角定义为天线方向图的波瓣宽度，称为半功率（角）瓣宽。主瓣瓣宽越窄，则方向性越好，抗干扰能力越强，如图1-10所示。

水平波瓣 3dB 宽度：基站天线水平半功率角有 360°、210°、120°、90°、65°、60°、45°、33°等，城市中最常用的是 65°；垂直波瓣 3dB 宽度：垂直半功率角有 6.5°、13°、25°、78°等，城市中最常用的是 13°。

总之，一般 20°、30°的水平波束多用于狭长地带或高速公路的覆盖；65°水平波束多用于密集城市地区典型基站三扇区配置的覆盖（用得最多）；90°水平波束多用于城镇郊区典型基站三扇区配置的覆盖。

5. 水平垂直方向增益系数

一般在方向图主瓣 3dB 范围内增益最大，其他范围增益将减少，用方向系数来表示，包括水平增益系数和垂直增益系数，单位为 dB，如图 1-11 所示。

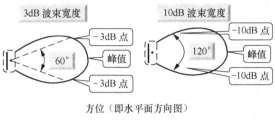

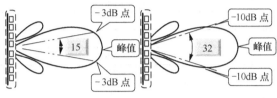

俯仰面（即垂直面方向图）

图 1-10　天线的波束宽度

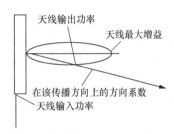

图 1-11　方向系数

水平方向增益系数如表 1-1 所示。

表 1-1　　　　　　　　　　　　　　水平方向增益系数

与主方向水平夹角（°）	方向系数（dB）
0	0
10	−0.3
20	−1.2
30	−2.8
40	−4.8
50	−7.4
60	−10.3
70	−13.6

可以看到，在水平 3dB 范围，水平方向的增益系数变化不大，不超过 3dB，而一旦超过水平 3dB 的边缘线（与主方向水平夹角在 32°～33°），水平增益系数就急剧下降。

特别在 50°～60° 的区域，对于目前较普遍的 3 小区基站，该区域处于的两个小区交界处，水平增益系数最小，因此，该区域容易成为弱信号区，如图 1-12 所示。

在实际工程中，如果基站四周的话务以及建筑物分布不均衡，可以适当调整个别小区的天线水平方位角，使得主话务区得到有效覆盖，其他区域看起来虽然水平增益系数更低了，但可能由

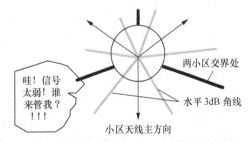

图 1-12　同基站三小区天线水平覆盖理论示意图

于建筑物相对稀疏而使得传播损耗减少，结果信号可能并不弱；或者是由于话务稀疏，可以不必在意。调整小区的天线方位角，同时需要注意干扰源和可能产生的干扰，避免解决了覆盖的问题，带来了干扰的问题，这两个方面需要综合考虑。

方向系数除了包括天线水平方向增益系数外，还包括垂直方向增益系数。垂直方向上的增益系数容易为大家所忽视，但实际上是非常重要的。

天线的垂直面也有 3dB 角，并且垂直面的 3dB 角往往相对水平要小。以 Kathrein730368 天线为例，增益为 15.5dBi，65°水平 3dB 角，13°垂直 3dB 角，其垂直方向图上的几个关键数据（取样频率：947.5MHz）如表 1-2 所示。

表 1-2　　　　　　　　　　　　　　　　　垂直方向的关键数据

与主方向垂直夹角（°）	方向系数（dB）
0	0
2	−0.2
4	−1.0
6	−2.5
8	−4.7
9	−6.5
10	−8.4
11	−10.6
12	−13.4
13	−17.1
14	−21.6

从上面数据可以看出，在垂直 3dB 角范围内，垂直增益系数变化不大，但超过 3dB 角（与垂直面主方向夹角为 6.5°），垂直增益系数剧减。

天线的垂直增益系数，体现了接收区域与基站天线在垂直面上的夹角，在基站天线高度确定的情况下，表示为离基站天线距离的远近。天线的垂直方向图与天线下倾大有联系，如果下倾不当，容易造成弱信号区。

6．天线的工作频率范围（带宽）

无论是发射天线还是接收天线，它们总是在一定的频率范围内工作。通常，工作在中心频率时天线所能输送的功率最大（谐振），偏离中心频率时它所输送的功率都将减小（失谐），据此可定义天线的频率带宽。天线的频率带宽有几种不同的定义：一种是指天线增益下降 3dB 时的频带宽度；另一种是指在规定的驻波比下天线的工作频带宽度。在移动通信系统中是按后一种定义的，具体地说，就是当天线的输入驻波比≤1.5 时天线的工作带宽。

当天线的工作波长不是最佳时天线性能要下降。在天线工作频带内，天线性能下降不多，仍然是可以接受的。室内覆盖一般使用 800～2500MHz 宽频带天线。

7．天线的输入阻抗

天线的输入阻抗是天线馈电端输入电压与输入电流的比值。天线与馈线的连接，最佳情形是天线输入阻抗是纯电阻且等于馈线的特性阻抗。这时馈线终端没有功率反射，馈线上没有驻波，天线的输入阻抗随频率的变化比较平缓，一般为 50Ω。

移动通信系统中通常在发射机与发射天线间，接收机与接收天线间用传输线连接，要求传输线与天线的阻抗匹配，才能以高效率传输能量；否则，效率不高，必须采取匹配技术实现匹配。

8．天线的驻波比

（1）电压驻波比

当馈线和天线匹配时，高频能量全部被负载吸收，馈线上只有入射波，没有反射波。馈线上传输的是行波，馈线上各处的电压幅度相等，馈线上任意一点的阻抗都等于它的特性阻抗。而当天线和馈线不匹配时，也就是天线阻抗不等于馈线特性阻抗时，负载就不能全部将馈线上传输的高频能量吸收，而只能吸收部分能量。入射波的一部分能量反射回来形成反射波。在不匹配的情况下，馈线上同时存在入射波和反射波。两者叠加，在入射波和反射波相位相同的地方振幅相加最大，形成波腹；而在入射波和反射波相位相反的地方振幅相减为最小，形成波节。其他各点的振幅则介于波幅与波节之间。这种合成波称为驻波。反射波和入射波幅度之比叫做反射系数。

$$反射系数 \Gamma = \frac{反射波幅度}{入射波幅度} \tag{1.1}$$

驻波波腹电压与波节电压幅度之比称为驻波系数，也叫电压驻波比(VSWR)

$$驻波比（VSWR）= \frac{驻波波腹电压幅度最大值 V_{max}(1+\Gamma)}{驻波波节电压幅度最小值 V_{min}(1-\Gamma)} \tag{1.2}$$

终端负载阻抗和特性阻抗越接近，反射系数越小，驻波系数越接近于 1，匹配也就越好。工程中一般要求 $VSWR<1.5$，实际中一般要求 $VSWR<1.2$。

（2）回波损耗（RL）

它是反射系数的倒数，以分贝表示。RL 的值在 0dB 到无穷大之间，回波损耗越小表示匹配越差，反之则匹配越好。0dB 表示全反射，无穷大表示完全匹配。在移动通信中，一般要求回波损耗大于 14dB（对应 $VSWR=1.5$）。

$$RL=10\lg（入射功率/反射功率） \tag{1.3}$$

例如 $Pf=10W$，$Pr=0.5W$，则 $RL=10\lg(10/0.5)=13dB$。SWR 与 RL 值的转换如表 1-3 所示。

表 1-3　　　　　　　　　　SWR 与 RL 值的转换关系

Return loss(dB)	SWR	Return loss(dB)	SWR	Return loss(dB)	SWR
4.0	4.42	16.0	1.38	28.0	1.08
6.0	3.01	16.2	1.37	28.5	1.07
8.0	2.32	16.4	1.36	29.0	1.07
10.0	1.92	16.6	1.35	29.5	1.07
10.5	1.85	16.8	1.34	30.0	1.06
11.0	1.79	17.0	1.33	30.5	1.06
11.2	1.76	17.2	1.32	31.0	1.05
11.4	1.74	17.4	1.31	31.5	1.05
11.6	1.71	17.6	1.30	32.0	1.05
11.8	1.69	17.8	1.29	32.5	1.04
12.0	1.67	18.0	1.29	33.0	1.04
12.2	1.65	18.5	1.27	33.5	1.04
12.4	1.63	19.0	1.25	34.0	1.04
12.6	1.61	19.5	1.23	34.5	1.03

续表

Return loss(dB)	*SWR*	Return loss(dB)	*SWR*	Return loss(dB)	*SWR*
12.8	1.59	20.0	1.22	35.0	1.03
13.0	1.58	20.5	1.21	35.5	1.03
13.2	1.56	21.0	1.20	36.0	1.03
13.4	1.54	21.5	1.18	36.5	1.03
13.6	1.53	22.0	1.17	37.0	1.02
13.8	1.51	22.5	1.16	37.5	1.02
14.0	1.50	23.0	1.15	38.0	1.02
14.2	1.48	23.5	1.14	38.5	1.02
14.4	1.47	24.0	1.13	39.0	1.02
14.6	1.46	24.5	1.12	39.5	1.02
14.8	1.44	25.0	1.12	40.0	1.02
15.0	1.43	25.5	1.11	40.5	1.01
15.2	1.42	26.0	1.10	41.0	1.01
15.4	1.41	26.5	1.10	41.5	1.01
15.6	1.40	27.0	1.09	42.0	1.01
15.8	1.39	27.5	1.08	42.5	1.01

9. 零点填充和上副瓣抑制

（1）零点填充

零点填充，基站天线垂直面内采用赋形波束设计时，为了使业务区内的辐射电平更均匀，下副瓣第一零点需要填充，不能有明显的零深。高增益天线由于其垂直半功率角较窄，尤其需要采用零点填充技术来有效改善近处覆盖。通常零深相对于主波束大于−26dB 即表示天线有零点填充，有的供应商采用百分比来表示，如某天线零点填充为 10%，这两种表示方法的关系为

$$Y \text{dB} = 20\log(X\%/100\%)$$

如：零点填充 10%，即 $X=10$；用 dB 表示：$Y=20\log(10\%/100\%) = -20\text{dB}$

（2）上副瓣抑制

上副瓣抑制，对于小区制蜂窝系统，为了提高频率复用效率，减少对邻区的同频干扰，基站天线波束赋形时应尽可能降低那些瞄准干扰区的副瓣，提高 D/U 值，上第一副瓣电平应小于−18dB，对于大区制基站天线无这一要求。

10. 天线倾角

天线下倾是常用的一种增强主服务区信号电平，减小对其他小区干扰的一种重要手段。通常天线的下倾方式有机械下倾、电子下倾两种方式。机械下倾是通过调节天线支架，将天线压低到相应位置来设置下倾角；而电子下倾是通过改变天线振子的相位来控制下倾角。当然在采用电子下倾角的同时可以结合机械下倾一起进行，如图 1-13 所示。

天线倾角定义了天线倾角的范围，在此范围内，天线波束发生的畸变较小。天线倾角变化对覆盖小区形状的变化影响如图 1-14 所示。由图可见，机械下倾角度过大，会造成波束的畸变。

图 1-13　下倾角调整

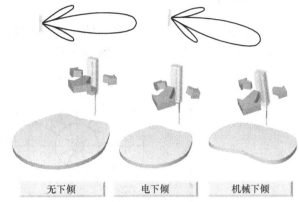

图 1-14　天线下倾角

1.2.4　天线类型

天线的种类很多，按工作频带为 800MHz、900MHz、1800MHz、1900MHz；按极化方式有垂直极化天线、水平极化天线、±45°线极化天线、圆极化天线；按方向图有全向天线、定向天线；按下倾方式有机械下倾、电调下倾；按功能有发射天线、接收天线、收发共用天线。天线的发展趋势是向多频段、多功能、智能化方向发展。

根据所要求的辐射方向图（覆盖范围），可以选择不同类型的天线。下面简要地介绍移动通信基站中最常用的天线类型。

1．机械天线

机械天线指使用机械调整下倾角度的移动天线。机械天线安装好后，如果因网络优化的要求，需要调整天线背面支架的位置改变天线的倾角来实现。在调整过程中，虽然天线主瓣方向的覆盖距离明显变化，但天线垂直分量和水平分量的幅值不变，所以天线方向图容易变形。实践证明：机械天线的最佳下倾角度为 1°～5°；当下倾角度在 5°～10°之内变化时，其天线方向图稍有变化但变化不大；当下倾角度在 10°～15°之间变化时，其天线方向图变化较大；当机械天线下倾超过 15°以后，天线方向图形状改变很大。机械天线下倾角调整非常麻烦，一般需要维护人员爬到天线安装处进行调整。

2．电调天线

电调天线指使用电子调整下倾角度的移动天线。电子下倾的原理是通过改变天线阵天线振子的相位，改变垂直分量和水平分量的幅值大小，改变合成分量场强强度，从而使天线的垂直方向性图下倾。由于天线各方向的场强强度同时增大和减小，保证在改变倾角后天线方向图变化不大，使主瓣方向覆盖距离缩短，同时又使整个方向性图在服务小区扇区内减少覆盖面积但又不产生干扰。电调天线下倾原理如图 1-15 所示。

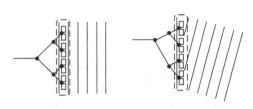

无下倾时在馈电网络中　　　有下倾时在馈电网络中
路径长度相等　　　　　　路径长度不相等

图 1-15　电调天线下倾原理

3．全向天线

全向天线在水平方向上有均匀的辐射方向图。不过从垂直方向上看，辐射方向图是集中的，因而可以获得天线增益。如图 1-16 所示。

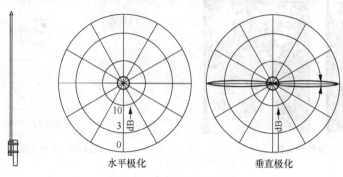

水平极化　　　　垂直极化

图 1-16　全向天线及方向图

把偶极子排列在同一垂直线上并馈给各偶极单元正确的功率和相位，可以提高辐射功率。偶极单元数每增加一倍（也就相当于长度增加一倍），增益增加 3dB，典型的增益是 6～9dBd。影响天线增益的因素主要是天线的物理尺寸。例如 9 dBd 增益的全向天线，其高度为 3m。

4．定向天线

这种类型天线的水平和垂直辐射方向图是非均匀的，它经常用在扇形小区，因此也称为扇形天线，其辐射功率或多或少集中在一个方向。定向天线的典型值是 9～16dBd，如图 1-17 所示。

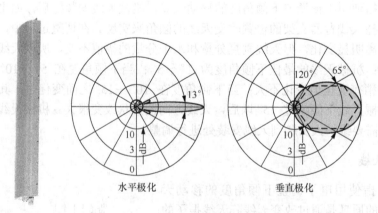

水平极化　　　　垂直极化

图 1-17　定向天线及方向图

5．特殊天线

特殊天线用于特殊用途，如室内、隧道使用，如图 1-18 所示。特殊天线的一个例子是泄漏同轴电缆，它起到一个连续天线的作用来解决如上所述的覆盖问题。波纹铜外层上的狭缝允许所传送的部分反射信号沿整个电缆长度不断辐射出去，相反地，靠近电缆的发射信号将耦合进入这些狭缝内并沿电缆传送。因为它的宽带容量，这种电缆系统可以同时运行两个或更多的通信系统。泄漏电缆适用于任何开放的或是封闭形式的需要局部限制的覆盖区域，当使用泄漏同轴电缆时，是没有增益的。

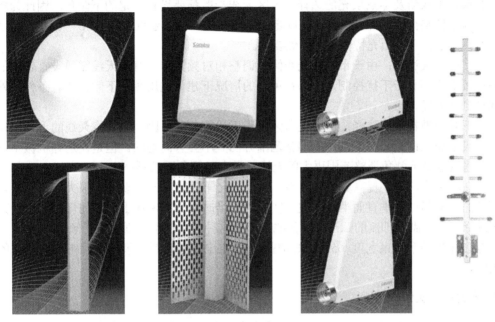

图1-18　其他类型的天线

1.2.5　天线的选型

在移动通信网络中，天线的选择是一个很重要的部分，应根据网络的覆盖要求、话务量、干扰和网络服务质量等实际情况来选择天线。天线选择得当，可以改善覆盖效果，减少干扰，改善服务质量。根据地形或话务量的分布可以把天线使用的环境分为 8 种类型：市区（高楼多，话务大）、郊区（楼房较矮，开阔）、农村（话务少）、公路（带状覆盖）、山区（或丘陵，用户稀疏）、近海（覆盖极远，用户少）、隧道、大楼室内。

1．城区基站天线选择

应用环境特点：基站分布较密，要求单基站覆盖范围小，希望尽量减少越区覆盖的现象，减少基站之间的干扰，提高频率复用率。

城区基站天线选用原则包括以下几项。

（1）极化方式选择：由于市区基站站址选择困难，天线安装空间受限，建议选用双极化天线。

（2）方向图的选择：在市区主要考虑提高频率复用度，因此一般选用定向天线。

（3）半功率波束宽度的选择：为了能更好地控制小区的覆盖范围来抑制干扰，市区天线水平半功率波束宽度选 60°～65°。在天线增益及水平半功率角度选定后，垂直半功率角也就定了。

（4）天线增益的选择：由于市区基站一般不要求大范围的覆盖距离，因此建议选用中等增益的天线，同时天线的体积和重量可以变小，有利于安装和降低成本。根据目前天线型号，建议市区天线增益视基站疏密程度及城区建筑物结构等选用 15～18dBi 增益的天线。若市区内用作补盲的微蜂窝天线增益可选择更低的天线，如 10～12dBi 的天线。

（5）预置下倾角及零点填充的选择：市区天线一般都要设置一定的下倾角，因此为增大以后的下倾角调整范围，可以选择具有固定电下倾角的天线（建议选 3°～6°）。由于市区基站覆盖距离较小，零点填充特性可以不做要求。

（6）下倾方式选择：由于市区的天线倾角调整相对频繁，且有的天线需要设置较大的倾角，而机械下倾不利于干扰控制，所以在可能的情况下建议选用预置下倾天线。条件成熟时可以选择电调天线。

（7）下倾角调整范围选择：由于在市区出于干扰控制的原因，需要将天线的下倾角调得较大，一般来说电调天线在下倾角的调整范围方面是不会有问题的。但是在选择机械下倾的天线时，建议选择下倾角调整范围更大的天线，最大下倾角要求不小于 14°。

（8）在城市内，为了提高频率复用率，减小越区干扰，有时需要设置很大的下倾角，而当下倾角的设置超过了垂直面半功率波束宽度的一半时，需要考虑上副瓣的影响。所以建议在城区选择第一上副瓣抑制的赋形技术天线，但是这种天线通常无固定电下倾角。

推荐选择半功率波束宽度 65°/中等增益/带固定电下倾角或可调电下倾＋机械下倾的双极化天线。

2．农村基站天线选择

应用环境特点：基站分布稀疏，话务量较小，覆盖要求广。有的地方周围只有一个基站，覆盖成为最为关注的对象，这时应结合基站周围需覆盖的区域来考虑天线的选型。一般情况下是希望在需要覆盖的地方能通过天线选型来得到更好的覆盖。

农村基站天线选用原则包括以下几项。

（1）极化方式选择：从发射信号的角度，在较为空旷地方采用垂直极化天线比采用其他极化天线效果更好。从接收的角度，在空旷的地方由于信号的反射较少，信号的极化方向改变不大，采用双极化天线进行极化分集接收时，分集增益不如空间分集。所以建议在农村选用垂直单极化天线。

（2）方向图选择：如果要求基站覆盖周围的区域，且没有明显的方向性，基站周围话务分布比较分散，此时建议采用全向基站覆盖。需要特别指出的是：这里的广覆盖并不是指覆盖距离远，而是指覆盖的面积大且没有明显的方向性。同时需要注意的是：全向基站由于增益小，覆盖距离不如定向基站远。同时全向天线在安装时要注意塔体对覆盖的影响，并且天线一定要与地平面保持垂直，具体要求见《全向天线安装规范》。如果局方对基站的覆盖距离有更远的覆盖要求，则需要用定向天线来实现。一般情况下，应当采用水平面半波束宽度为 90°、105°、120°的定向天线；在某些基站周围需要覆盖的区域呈现很明显的形状，可选择地形匹配波束天线进行覆盖。

（3）天线增益的选择：视覆盖要求选择天线增益，建议在农村地区选择较高增益（16～18dBi）的定向天线或 9～11dBi 的全向天线。

（4）预置下倾角及零点填充的选择：由于预置下倾角会影响到基站的覆盖能力，所以在农村这种以覆盖为主的地方建议选用不带预置下倾角的天线。但天线挂高在 50m 以上且近端有覆盖要求时，可以优先选用零点填充（大于 15%）的天线来避免塔下黑问题。

（5）下倾方式的选择：在农村地区对天线的下倾调整不多，其下倾角的调整范围及特性要求不高，建议选用价格较便宜的机械下倾天线。

对于定向站型推荐选择：半功率波束宽度 90°、105°/中、高增益/单极化空间分集，或 90°双极化天线，主要采用机械下倾角/零点填充大于 15%。对于全向站型推荐：零点填充的天线，若覆盖距离不要求很远，可以采用电下倾（3°或 5°）。天线相对主要覆盖区挂高不大于 50m 时，可以使用普通天线。

3．郊区基站天线选择

应用环境特点：郊区的应用环境介于城区环境与农村环境之间，有的地方可能更接近城区，基站数量不少，频率复用较为紧密，这时覆盖与干扰控制在天线选型时都要考虑。而有的地方可能更接近农村地方，覆盖成为重要因素。因此在天线选型方面可以视实际情况参考城区及农村的天线选型原则。

在郊区，情况差别比较大。可以根据需要的覆盖面积来估计大概需要的天线类型。一般可遵循以下几个基本原则。

（1）根据情况选择水平面半功率波束宽度为 65°的天线或选择半功率波束宽度为 90°的天线。当周围的基站比较少时，应该优先采用水平面半功率波束宽度为 90°的天线。若周围基站分布很密，则其天线选择原则参考城区基站的天线选择。若周围基站很少，且将来扩容潜力不大，则可参考农村的天线选择原则。

（2）考虑到将来的平滑升级，所以一般不建议采用全向站型。

（3）是否采用预置下倾角应根据具体情况来定。即使采用下倾角，一般下倾角也比较小。

推荐选择：半功率波束宽度 90°/中、高增益的天线，可以用电调下倾角，也可以是机械下倾角。具体在选择时可以参考市区与农村的天线选择列表。

4．公路覆盖基站天线选择

应用环境特点：该应用环境下话务量少、用户高速移动，此时重点解决的是覆盖问题。而公路覆盖与大中城市或平原农村的覆盖有着较大区别，一般来说它要实现的是带状覆盖，故公路的覆盖多采用双向小区；在穿过城镇、旅游点的地区也综合采用三向、全向小区；再就是强调广覆盖，要结合站址及站型的选择来决定采用的天线类型。不同的公路环境差别很大，一般来说有较为平直的公路，如高速公路、铁路、国道、省道等，推荐在公路旁建站，采用 S1/1/1 或 S1/1 站型，配以高增益定向天线实现覆盖。有蜿蜒起伏的公路如盘山公路、县级自建的山区公路等，得结合在公路附近的乡村覆盖，选择高处建站。站型得灵活配置，可能会用到全向加定向等特殊站型。不同的路段环境差别也很大，如高速公路与铁路所经过的地形往往复杂多变，有平原、高山、树林、隧道等，还要穿过乡村和城镇，所以对其无线网络的规划及天线选型时一定要在充分勘查的基础上具体对待各段公路，灵活规划。在初始规划进行天线选型时，应尽量选择覆盖距离广的高增益天线进行广覆盖，在覆盖不到的盲区路段可选用增益较低的天线进行补盲。

公路覆盖基站天线选型原则包括以下几项。

（1）方向图的选择：在以覆盖铁路、公路沿线为目标的基站，可以采用窄波束高增益的定向天线。可根据布站点的道路局部地形起伏和拐弯等因素来灵活选择天线形式。如果覆盖目标为公路及周围零星分布的村庄，可以考虑采用全向天线或变形全向天线，如八字形或"心"形天线。纯公路覆盖时根据公路方向选择合适站址采用高增益（14dBi）"八"字型天线（O2/O1），或考虑 S0.5/0.5 的配置，最好具有零点填充；对于高速公路一侧有小村镇，用

户不多时，可以采用210°～220°变形全向天线。

（2）极化方式选择：从发射信号的角度，在较为空旷地方采用垂直极化天线比采用其他极化天线效果更好。从接收的角度，在空旷的地方由于信号的反射较少，信号的极化方向改变不大，采用双极化天线进行极化分集接收时，分集增益不如空间分集。所以建议在进行公路覆盖时选用垂直单极化天线。

（3）天线增益的选择：若不是用来补盲，定向天线增益可选17～22dBi的天线（有些高增益天线目前还未认证）。全向天线的增益选择11dBi。若是用来补盲，则可根据需要选择增益较低的天线。

（4）预置下倾角及零点填充的选择：由于预置下倾角会影响到基站的覆盖能力，所以在公路这种以覆盖为主的地方建议选用不带预置下倾角的天线。在50m以上且近端有覆盖要求时，可以优先选用零点填充（大于15%）的天线来解决"塔下黑"问题。

（5）下倾方式的选择：公路覆盖一般不打下倾。该地区对天线的下倾调整不多，其下倾角的调整范围及特性要求不高，建议选用价格较便宜的机械下倾天线。

（6）前后比：由于公路覆盖大多数用户都是快速移动用户，所以为保证切换的正常进行，定向天线的前后比不宜太高，否则可能会由于两定向小区交叠深度太小而导致切换不及时造成掉话的情况。

对于高速公路和铁路覆盖，建议优先选择"8"字形天线或S0.5/0.5配置，以减少高速移动用户接近/离开基站附近时的切换。

5．山区覆盖基站天线选择

应用环境特点：在偏远的丘陵山区，山体阻挡严重，电波的传播衰落较大，覆盖难度大。通常为广覆盖，在基站很广的覆盖半径内分布零散用户，话务量较小。基站或建在山顶上、山腰间、山脚下或山区里的合适位置。需要区分不同的用户分布、地形特点来进行基站选址、选型、选择天线。有几种情况比较常见：盆地型山区建站、高山上建站、半山腰建站、普通山区建站等。在盆地中心选址建站，如果盆地范围不大，推荐采用全向O2站型；如果盆地范围较大，或需要兼顾到某条出入盆地的交通要道，推荐采用S1/1/1或O+S的站型。有时受制于微波传输的因素，必须在某些很高的山上建站，此时天线离用户分布面往往有150m以上的落差。如果覆盖的目标区域就在山脚下附近，此时需配以带电子下倾角的全向天线，使信号波形向下，避免出现"塔下黑"的现象。在半山腰建站，基站天线的挂高低于山顶，山的背面无法覆盖。因此只需用定向小区，用半功率角较大的天线，覆盖山的正面。普通地形起伏不大的山区，推荐采用S1/1/1站型，尽量增加信号强度，给信号衰减留下更多的余量。

山区覆盖基站天线选择原则包括以下几项。

（1）方向图的选择：视基站的位置、站型及周边覆盖需求来决定方向图的选择，可以选择全向天线，也可以选择定向天线。对于建在山上的基站，若需要覆盖的地方位置相对较低，则应选择垂直半功率角较大的方向图，更好地满足垂直方向的覆盖要求。

（2）天线增益选择：视需覆盖区域的远近选择中等天线增益，全向天线（9～11dBi），定向天线（15～18dBi）。

（3）预置下倾与零点填充选择：在山上建站，需覆盖的地方在山下时，要选用具有零点填充或预置下倾角的天线。对于预置下倾角的大小视基站与需覆盖地方的相对高度做出选择，相对高度越大预置下倾角也就应选择更大一些的天线。

6．近海覆盖基站天线选择

应用环境特点：话务量较少，覆盖面广，无线传播环境好。经研究表明在海上的无线传播模型接近于自由空间传播模型。对近海海面进行覆盖时，覆盖距离将主要受三个方面的限制，即地球球面曲率、无线传播衰减、TA 值的限制。考虑到地球球面曲率的影响，对海面进行覆盖的基站天线一般要架设得很高，超过 100m。

近海覆盖基站天线按如下原则选择。

（1）方向图的选择：由于在近海覆盖中，面向海平面与背向海平面的应用环境完全不同，因此在进行近海覆盖时不选择全向天线，而是根据周边的覆盖需求选择定向天线。一般可选择垂直半功率角小一些的方向图。

（2）天线增益的选择：由于覆盖距离很大，在选择天线增益时一般选择高增益（16dBi以上）的天线。

（3）极化方式的选择：从发射信号的角度，在较为空旷地方采用垂直极化天线比采用其他极化天线效果更好。从接收的角度，在空旷的地方由于信号的反射较少，信号的极化方向改变不大，采用双极化天线进行极化分集接收时，分集增益不如空间分集。所以建议在进行近海覆盖时选用垂直单极化天线。

（4）预置下倾与零点填充选择：在进行海面覆盖时，由于要考虑地球球面曲率的影响，所以一般天线架设得很高，会超过 100m，因此在近端容易形成盲区。因此建议选择具有零点填充或预置下倾角的天线，考虑到覆盖距离要优先选用具有零点填充的天线。

7．隧道覆盖基站天线选择

应用环境特点：一般来说靠外部的基站不能对隧道进行良好的覆盖，必须针对具体的隧道规划站址及选择天线。这种应用环境下话务量不大，也不会存在干扰控制的问题，主要是天线的选择及安装问题，在很多种情况下大天线可能会由于安装受限而不能采用。对不同长度的隧道，基站及天线的选择有很大的差别。另外还要注意到隧道内的天线安装调整维护十分困难。特别是铁路隧道在火车通过时剩余空间会很小，在隧道里面安装大天线不可能。

隧道覆盖基站天线选择原则包括以下几项。

（1）方向图选择：隧道覆盖方向性明显，所以一般选择定向天线，并且可以采用窄波束天线进行覆盖。

（2）极化方式选择：考虑到天线的安装及隧道内壁对信号的反射作用，建议选择双极化天线。

（3）天线增益选择：对于公路隧道长度不超过 2km 的，可以选择低增益（10～12dBi）的天线。对于更长一些隧道，也可采用很高增益（22dBi）的窄波束天线进行覆盖，不过此时要充分考虑大天线的可安装性。

（4）天线尺寸大小的选择：这在隧道覆盖中很关键，针对每个隧道设计专门的覆盖方案，充分考虑天线的可安装性，尽量选用尺寸较小便于安装的天线。

（5）除了采用常用的平板天线、八木天线进行隧道覆盖外，也可常用分布式天线系统对隧道进行覆盖，如采用泄漏电缆、同轴电缆、光纤分布式系统等；特别是针对铁路隧道，安装天线分布式系统将会受到很大的限制。这时可考虑采用泄漏电缆等其他方式进行隧道覆盖。

（6）前后比：由于隧道覆盖大多数用户都是快速移动用户，所以为保证切换的正常进行，定向天线的前后比不宜太高，否则可能会由于两定向小区交叠深度太小而导致切换不及时造成掉话的情况。

（7）适合于隧道覆盖的最新天线是环形天线，该种天线对铁路隧道可以提供性价比更好的覆盖方案。该天线的原理、技术指标仍有待研究。

推荐选择 10～12dB 的八木/对数周期/平板天线安装在隧道口内侧对 2km 以下的公路隧道进行覆盖。

8．室内覆盖基站天线选择

应用环境特点：现代建筑多以钢筋混凝土为骨架，再加上全封闭式的外装修，对无线电信号的屏蔽和衰减特别厉害，很难进行正常的通信。在一些高层建筑物的低层，基站信号通常较弱，存在部分盲区；在建筑物的高层，则信号杂乱，干扰严重，通话质量差。在大多数的地下建筑，如地下停车场、地下商场等场所，通常都是盲区。在大中城市的中心区，基站密度都比较大，进入室内的信号通常比较杂乱、不稳定。手机在这种环境下使用，未通话时，小区重选频繁，通话过程中频繁切换，话音质量差，掉话现象严重。为解决室内覆盖问题，通常是建设室内分布系统，将基站的信号通过有线方式直接引入到室内的每一个区域，再通过小型天线将基站信号发送出去，从而达到消除室内覆盖盲区，抑制干扰，为室内的移动通信用户提供稳定、可靠的信号供其使用。室内分布系统主要由三部分组成：信号源设备（微蜂窝、宏蜂窝基站或室内直放站）；室内布线及其相关设备（同轴电缆、光缆、泄漏电缆、电端机、光端机等）；干线放大器、功分器、耦合器、室内天线等设备。

室内覆盖基站天线选型原则有以下几项。

根据分布式系统的设计，考察天线的可安装性来决定采用哪种类型的天线，泄漏电缆不需要天线。室内分布式系统常用到的天线单元有以下几种。

（1）室内吸顶天线单元。

（2）室内壁挂天线单元。

（3）小茶杯状吸顶单元：超小尺寸，适用于小电梯内部、小包间内嵌入式的吸顶小灯泡内部等多种安装受限的应用场合。

（4）板斧状天线单元：有不同的大小尺寸，可用于电梯行道内、隧道、地铁、走廊等不同场合。

以上这些天线的尺寸很小，便于安装且美观，增益一般也很低，可依据覆盖要求选择全向及定向天线。如推荐室内使用的全向天线：2dBi/垂直极化/全向天线。定向天线：7dBi/垂直极化/90°的定向天线。

1.2.6　天线工程参数的设计

1．天线高度设计原则

（1）同一基站不同小区的天线允许有不同的高度，这可能是受限于某个方向上的安装空间，也可能是小区规划的需要。

（2）对于地势较平坦的市区，一般天线的有效高度为 25m 左右。

（3）对于郊县基站，天线高度可适当提高，一般在 40m 左右。

（4）天线高度过高会降低天线附近的覆盖电平(俗称"塔下黑")，特别是全向天线该现象更为明显。天线高度过高容易造成严重的越区覆盖、同/邻频干扰等问题，影响网络质量。

2．天线方位角设计原则

（1）天线方位角的设计应从整个网络的角度考虑，在满足覆盖的基础上，尽可能保证市区各基站的三扇区方位角一致，一般三扇区方位角是 60/180/300，局部微调。城郊结合部、交通干道、郊区孤站等可根据重点覆盖目标对天线方位角进行调整。

（2）天线的主瓣方向指向高话务密度区，可以加强该地区信号强度，提高通话质量。

（3）天线的主瓣方向偏离同频小区，可以有效地控制干扰。

（4）市区相邻扇区天线交叉覆盖深度不宜超过 10%。

（5）郊区、乡镇等地相邻小区之间的交叉覆盖深度不能太深，同基站相邻扇区天线方向夹角不宜小于 90°。

（6）为防止越区覆盖，密集市区应避免天线主瓣正对较直的街道。

3．天线下倾角设计原则

（1）天线的波束倾斜是提高频率复用能力的基本技术。

（2）运用天线下倾技术可有效控制覆盖范围，减小系统内干扰。

（3）天线下倾角度必须根据具体情况确定，达到既能够减少同频小区之间的干扰，又能够保证满足覆盖要求的目的。

（4）设计天线倾角时必须考虑因素有：天线挂高，方位角，增益，垂直半功率角以及小区的覆盖范围，如图 1-19 所示。

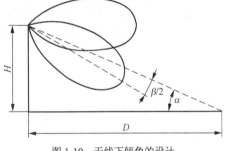

$\alpha = \arctan(H/D) + \beta/2$（$R<1000$m 的密集组网）

α 是下倾角，β 是天线垂直半功率点张角，H 是天线挂高，D 是小区覆盖半径。

图 1-19　天线下倾角的设计

1.2.7　任务解决

学习完天线的基本理论后，回到 1.2.1 提出的任务。

城区一般选半功率波束宽度 65°/中等增益/带固定电下倾角或可调电下倾＋机械下倾的双极化天线。直放站施主天线要求方向性强，才能拾取较干净的频率，所以采用八木天线。高速公路天线选用水平半功率点张角是 20°～30°、增益是 18dBi、前后比不太高的天线。天线工程参数的设计按 1.2.6 的设计原则即可。

1.2.8　馈线的种类和选择

馈线的构造是中间的芯传输信号，外围有屏蔽层，防止信号功率外泄。线径越粗，损耗越小，但工程难度越大。7/8'硬馈线多用于长距离的主干布线，1/2'硬馈线一般用于分路布线，1/2'超柔馈线一般用于距离不超过 100m 的分路布线，图 1-20 为不同线径的馈线。

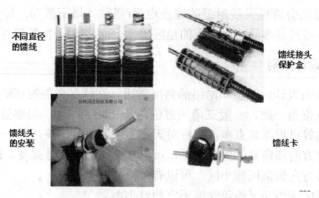

不同直径
的馈线

馈线接头
保护盒

馈线头
的安装

馈线卡

图 1-20　馈线

1.2.9　天馈线的安装

天线的安装方式有楼顶天面安装和铁塔或桅杆安装。目前的天线主要分为全向型天线与定向天线。全向天线为圆柱形，一般为垂直安装，接收天线向上，而发射天线向下。做发射天线时，排水口向上，应封住；做接收天线时，排水口向下，不封住。因接收天线向上，天线顶上会进水，故在下面馈线口边有一个排水孔，安装时应将此孔留出，不能封住，否则长期使用后会引起积水，如图 1-21 所示。

定向天线为板状形，有两个数据：方位角与下倾角。方位角为正北顺时针转与天线指向的夹角，下倾角为天线与垂直方向的夹角。定向天线的安装如图 1-22 所示。

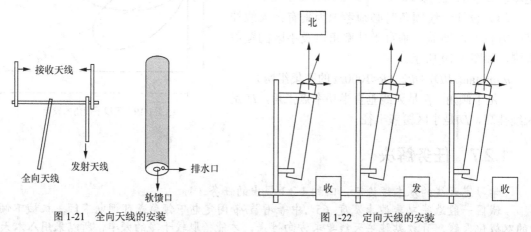

图 1-21　全向天线的安装　　　　　图 1-22　定向天线的安装

硬馈线弯角应大于 90°，软馈线可以盘起，但半径应大于 20cm。室内与室外的接地是分开的，室内采用市电引入的地线，室外采用大楼地网，接地点应在尽量接近地网处，而且应在下铁塔转弯之前 1m 处接地，或者是在下天台（楼顶）转弯之前 1m 处接地，一个接地点不应超过两条馈线的接地，接硬馈线的接地点采用生胶密封，而接地网的接地点应用银油涂上。室内外接地示意图如图 1-23 所示。

天线安装时要注意的事项：

（1）天线之间要满足隔离度要求。隔离度要求：TX-TX:30dB/TX-RX：30dB。

（2）两接收天线满足空间分集要求。天线距离要求为 12～18λ，定向天线安装时，要求两接收天线的空间分集接收间距不小于 4m（GSM900）和 2m（DCS1800）。

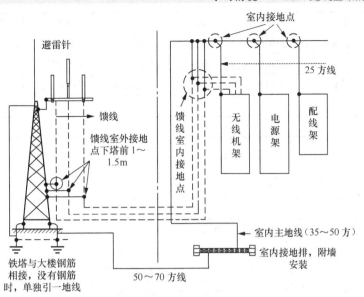

图1-23 室内外接地示意图

（3）减少"塔下黑："的一个方法是楼面天线尽量靠墙边安装。

1.3 予情境二 基站的勘察

任务：带齐勘察工具，如手提电脑、地图（三维、二维地图，标注好现有站点，郊区可用军用地图）、记录本、GPS（全球定位系统）、数码相机、军用指北针、30/50m皮尺、5m钢卷尺、测距仪，对基站室外和室内进行勘察，填写如表1-4所示的勘察记录表。

表1-4　　　　　　　　　　　　GSM移动通信基站现场查勘记录表

类别	项目	内容					
站址情况	基站名称		基站编号		设备厂家	MOTO□	华为□
	详细站址						
	经度	＿＿＿度	纬度	＿＿＿度			
机房情况	使用情况	租用□	自建□	购置□			
	建筑物楼层	＿＿＿层	机房位置	＿＿＿层			
	机房类型	通信机房□	电梯机房□	商业用房□	办公用房□	居住用房□	活动机房□
	机房结构	框架□	减力墙□	砖混□			
	楼板类型	现浇□	预制板□	预制板走向：	木地板□	水泥地板□	地板砖□
	机房情况	防盗门□	窗户位置□	柱位置□	梁位置□	吊顶□	隔墙□	其他□
	新增设备	基站设备□	光传输□	微波□	天关电源□	电池□	空调□	其他□
	金加工情况	走线架距地高度：		馈线窗距地高度：			
	其他说明	mm		mm			

周围环境	地貌特征	1扇区方向	密集建筑□	一般建筑□	乡村□	开阔地□	森林□	水面□
	环境照片□	2扇区方向	密集建筑□	一般建筑□	乡村□	开阔地□	森林□	水面□
		3扇区方向	密集建筑□	一般建筑□	乡村□	开阔地□	森林□	水面□
	障碍物	障碍物1□	障碍物2□	障碍物3□	障碍物4□	障碍物5□	障碍物6□	障碍物7□
	障碍物类型							
	阻挡范围角							
	距离							
	相对高度							
	重点区域	有□ 无□	描述:					
	其它说明							

新增天线情况	现有天线	联通□	SCDMA□	PHS□		
	新增天线	全向□	定向□		天线数量	_____付
	天线挂高		天线方位角 \ \		天线下倾角	每扇区配置 \ \
	支撑方式	楼顶抱杆□	楼顶增高架□ 楼顶铁塔□	地面铁塔□	楼房高度	_____米
	高度	_____米	_____米	_____米	_____米	女儿墙高度 _____米
	活动机房 □	活动机房位置 □	承重考虑 □	馈线路由考虑		
	其他说明					

电源查勘	交流引入	引入距离 _____米	引入容量 km	引入路由 □
	地网	大楼汇集排 □	防雷地排 □	室内地排位置 □
	机房内电源	配电箱位置 □	防雷器位置 □	
	其他说明			

记录确认	无线专业		电源专业		承重专业		传输专业	
	建设单位		施工单位		查勘时间:			

1.4 子情境三 容量规划

容量涉及的面较多，如传输、交换、CPU 负荷、数据库、无线信道等。这里我们主要指无线信道的容量规划，包括业务信道（TCH）容量规划、独立专用控制信道（SDCCH）容量规划、寻呼信道（PCH）容量规划。

1.4.1 TCH 容量规划

在一定的呼损情况下，一定量的用户需配置多少个 TCH 信道呢？这就需要做 TCH 的容量规划，以下通过一个例子来说明。

话务量公式 $A=n \times T/3600$ （Erl）其中 n 是忙时呼叫次数，T 是每次呼叫的平均时长，单位是秒。

例如：某网络用户数 10000 个，可用频率 24 个，频率复用方式 4/12，每用户平均话务量 0.025Erl，服务等级（GOS）=2%。那么

每小区频率=24/12=2

每小区 TCH 数=2×8-2（控制信道）=14

每小区话务量=8.2Erl（14TCH，GOS=2%，查表 1-5）

每小区用户数=8.2E/25mE=328

所需小区数=10000/328=30

采用扇形小区所需基站数=30/3=10

表 1-5　　　　　　　　　　　　　　　　　爱尔兰 B 表

n	.007	.008	.009	.01	.02	.03	.05	.1	.2	.4	n
1	.00705	.00806	.00908	.01010	.02041	.03093	.05263	.11111	.25000	.66667	1
2	.12600	.13532	.14416	.15259	.22347	.28155	.38132	.59543	1.0000	2.0000	2
3	.39664	.41757	.43711	.45549	.60221	.71513	.89940	1.2708	1.9299	3.4798	3
4	.77729	.81029	.84085	.86942	1.0923	1.2589	1.5246	2.0454	2.9452	5.0210	4
5	1.2362	1.2810	1.3223	1.3608	1.6571	1.8752	2.2185	2.8811	4.0104	6.5955	5
6	1.7531	1.8093	1.8610	1.9090	2.2759	2.5431	2.9603	3.7584	5.1086	8.1907	6
7	2.3149	2.3820	2.4437	2.5009	2.9354	3.2497	3.7378	4.6662	6.2302	9.7998	7
8	2.9125	2.9902	3.0615	3.1276	3.6271	3.9865	4.5430	5.5971	7.3692	11.419	8
9	3.5395	3.6274	3.7080	3.7825	4.3447	4.7479	5.3702	6.5464	8.5217	13.045	9
10	4.1911	4.2889	4.3784	4.4612	5.0840	5.5294	6.2157	7.5106	9.6850	14.677	10
11	4.8637	4.9709	5.0691	5.1599	5.8415	6.3280	7.0764	8.4871	10.857	16.314	11
12	5.5543	5.6708	5.7774	5.8760	6.6147	7.1410	7.9501	9.4740	12.036	17.954	12
13	6.2607	6.3863	6.5011	6.6072	7.4015	7.9667	8.8349	10.470	13.222	19.598	13
14	6.9811	7.1154	7.2382	7.3517	8.2003	8.8035	9.7295	11.473	14.413	21.243	14
15	7.7139	7.8568	7.9874	8.1080	9.0096	9.6500	10.633	12.484	15.608	22.891	15
16	8.4579	8.6092	8.7474	8.8750	9.8284	10.505	11.544	13.500	16.807	24.541	16
17	9.2119	9.3714	9.6171	9.6516	10.656	11.368	12.461	14.522	18.010	26.192	17
18	9.9751	10.143	10.296	10.437	11.491	12.238	13.385	15.548	19.216	27.844	18
19	10.747	10.922	11.082	11.230	12.333	13.115	14.315	16.579	20.424	29.498	19
20	11.526	11.709	11.876	12.031	13.182	13.997	15.249	17.613	21.635	31.152	20
21	12.312	12.503	12.677	12.838	14.036	14.885	16.189	18.651	22.848	32.808	21
22	13.105	13.303	13.484	13.651	14.896	15.778	17.132	19.692	24.064	34.464	22
23	13.904	14.110	14.297	14.470	15.761	16.675	18.080	20.737	25.281	36.121	23
24	14.709	14.922	15.116	15.295	16.631	17.577	19.031	21.784	26.499	37.779	24
25	15.519	15.739	15.939	16.125	17.505	18.483	19.985	22.833	27.720	39.437	25
26	16.334	16.561	16.768	16.959	18.383	19.392	20.943	23.885	28.941	41.096	26
27	17.153	17.387	17.601	17.797	19.265	20.305	21.904	24.939	30.164	42.755	27
28	17.977	18.218	18.438	18.640	20.150	21.221	22.867	25.995	31.388	44.414	28
29	18.805	19.053	19.279	19.487	21.039	22.140	23.833	27.053	32.614	46.074	29
30	19.637	19.891	20.123	20.337	21.932	23.062	24.802	28.113	33.840	47.735	30
31	20.473	20.734	20.972	21.191	22.827	23.987	25.773	29.174	35.067	49.395	31
32	21.312	21.580	21.823	22.048	23.725	24.914	26.746	30.237	36.295	51.056	32

　　网络不同阶段 TCH 容量设计的侧重点不同，在网络发展的初期，容量需求少，主要考虑基本覆盖，通过小站型合理的基站数量和基站选址来达到，网络结构单一。在网络发展的中期，容量需求大，覆盖要求高，通过基站扩容小区分裂解决，网络结构比较复杂。在网络发展的高级阶段，容量需求很大，要求覆盖无盲点，通过增加微蜂窝，建设双频网解决，网络结构复杂。

1.4.2　SDCCH 容量规划

由于呼叫建立过程、位置更新过程等大量占用 SDCCH（独立专用控制信道），因此网络设计的一个重要步骤是确定 SDCCH 的信道数。

1．SDCCH 可能的配置情况

每个小区可以定义下列 4 种 SDCCH 配置的一种。

（1）SDCCH/8：这种配置指一个物理信道提供了 8 条信令子信道，每个小区最多可定义 16 个 SDCCH/8。

（2）SDCCH/4：SDCCH 与 BCCH 频点上的时隙 0 的 CCCH 信道组合在一起，这种配置提供了 4 条信令子信道，每小区只能定义一个 SDCCH/4。

（3）包括 CBCH 的 SDCCH/8：如果一条子信道被 CBCH 代替，SDCCH/8 提供了 7 条信令子信道。

（4）包括 CBCH 的 SDCCH/4：如果一条子信道被 CBCH 代替，SDCCH/4 提供了 3 条信令子信道。

如果选择 SDCCH/4，SDCCH/4 自动分配到 BCCH 载波的时隙 0 上。对 SDCCH/8，可以定义时隙和频率组。在 BCCH 载频上可以最多放置 7 个 SDCCH/8，扩展小区可以放置 3 个。在一个小区中，SDCCH/8 可以放置于以下几个位置。

（1）所有的 SDCCH/8 放置在 BCCH 载频上。

（2）所有的 SDCCH/8 放置在同一时隙上。

（3）一些 SDCCH/8 放置在信道组 0 的 BCCH 载频上，剩余放在其他频率组的同一时隙上。

2．SDCCH 配置

在工程上为了简化计算，可按如表 1-6 所示进行配置。

表 1-6　　　　　　　　　　　　　　　　SDCCH 的配置

频点数	信令信道配置数
1	1 X BCCH +CCCH+4SDCCH/4　　　　　（TS0）
2～5	1 X BCCH+CCCH　　（TS0）
	1 X 8SDCCH/8
6～8	1 X BCCH +CCCH　　　　　（TS0）
	2 X 8SDCCH/8
≥9	2 X BCCH+CCCH　　　（TS0, 2, 4, 6）
	4 X 8SDCCH/8

由表 1-6 中可见，如果是一个载波，则配 BCCH 载波 TS0 上承载 4 个 SDCCH 信令子信道；如果 2～5 个载波，则配一个时隙承载 8 个 SDCCH 信令子信道；如果 6～8 个载波，则配 2 个时隙承载 16 个 SDCCH 信令子信道；如果大于 9 个载波，则配 4 个时隙承载 32 个 SDCCH 信令子信道。

一般一个小区的 SDCCH/8 的数目不能超过载波数，最大为 16，即一个小区最大有 128 个 SDCCH 信令子信道。

1.4.3 PCH 容量规划

PCH（寻呼信道）的容量会影响到位置区的划分。在进行位置区设置的时候，首先考虑的问题是在假定的话务和信道配置模型下，一个位置区能够配置的最大 TRX（收发信单元）数目。

当采用 BCCH/SDCCH 非组合模式时，信令信道的复帧结构如图 1-24 所示，包括 9 个 CCCH 块，每个位置区最多有 544 个 TRX（收发信机）。

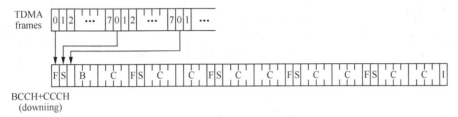

图 1-24 非组合模式时信令信道的复帧结构

当采用 BCCH/SDCCH 组合模式时，信令信道的复帧结构如图 1-25 所示，包括 3 个 CCCH 块，每个位置区最多有 544/3=181 个 TRX。

FCH+SCH+BCCH+PCH/AGCH+SDCCH+SACCH/C

图 1-25 组合模式时信令信道的复帧结构

1.5 子情境四 覆盖规划

覆盖规划的目的是要确定覆盖区域内需要多少个站点数，其流程如图 1-26 所示。分为 4 个步骤。

（1）根据上下行链路平衡，计算出最大路径损耗。

（2）选择合适的传播模型计算小区半径。

（3）根据小区半径，计算小区面积。

（4）用覆盖区域面积除以每小区面积，得到所需站点数。

下面介绍每个步骤。

1. 最大路径损耗计算

链路预算：通过对系统中上下行信号传播途径中各种影响因素进行考察，对系统的覆盖能力进行估计，获得保持一定通信质量下链路所允许的最大传播损耗。如图 1-27 所示。

（1）上行路径损耗

上行链路计算公式为

$$PL\_UL=Pout\_MS+Ga\_BS+Ga\_MS+GdBTS–Lf\_BS-Mrf-Mf–MI–Lp–Lb-CPL-S\_BS$$

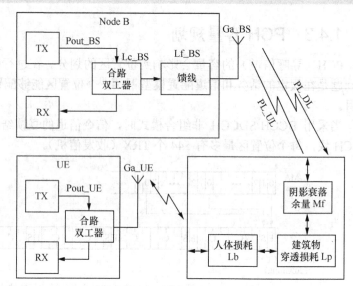

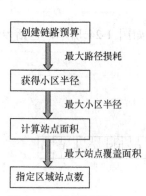

图 1-26　覆盖规划流程　　　　　　　　　　　　图 1-27　链路预算

式中：PL_UL——上行链路最大传播损耗

　　　$Pout\_MS$——基站业务信道最大发射功率

　　　Lf_BS——馈线损耗

　　　Ga_BS——基站天线增益

　　　Ga_MS——移动台天线增益

　　　$GdBTS$——分集接收增益

　　　Mrf——瑞利衰落余量（当不跳频时）

　　　Mf——阴影衰落余量（与传播环境相关）

　　　MI——干扰余量

　　　Lp——建筑物穿透损耗（要求室内覆盖时使用）

　　　Lb——人体损耗

　　　CPL——车体损耗

　　　S_BS——基站的接收机灵敏度

（2）下行路径损耗

下行链路计算公式为：

$$PL\_DL = Pout\_BS - Lf\_BS + Ga\_BS + Ga\_MS - Mrf - Mf - MI - Lp - Lb - CPL - LslantBTS - S\_MS$$

式中：PL_DL——下行链路最大传播损耗

　　　$Pout\_BS$——基站业务信道最大发射功率

　　　Lf_BS——馈线损耗

　　　Ga_BS——基站天线增益

　　　Ga_MS——移动台天线增益

　　　Mrf——瑞利衰落余量（当不跳频时）

　　　Mf——阴影衰落余量（与传播环境相关）

　　　MI——干扰余量

Lp——建筑物穿透损耗（要求室内覆盖时使用）

　　　　Lb——人体损耗

　　　　CPL——车体损耗

　　　　LslantBTS——极化倾斜损耗，一般取 1.5dB(当采用±45°极化天线）

　　　　S_MS——移动台接收机灵敏度

（3）最大路径损耗

上下行路径损耗中取上行链路所允许的损耗作为最大路径损耗。

2．小区半径估算

　　根据规划地的地理环境选择合适的传播模型，由上面计算出允许的最大路径损耗，再计算出小区覆盖半径 *R*，*R*=*D*。

（1）对于 900MHz 宏蜂窝规划，选择 Okumura-Hata 模型

$$PL(dB)=69.55+26.16\log F-13.82\log H+(44.9-6.55\log H)\times\log D+C$$

其中：*PL* 为路径损耗；*F* 为频率，单位为 MHz（150～1500MHz）；*D* 为距离，单位为 km；*H* 为基站天线有效高度，单位 m；*C* 为环境校正因子，密集城区取 0dB，城区取–5dB，郊区取–10dB，农村取–17dB。

（2）对于 1800MHz 宏蜂窝规划，选择 COST-231-Hata 模型

$$PL(dB)=46.3+33.9\log F-13.82\log H+(44.9-6.55\log H)\times\log D+C$$

其中：*PL* 为路径损耗；*F* 为频率，单位为 MHz（150～1500MHz）；*H* 为基站天线有效高度，单位 m；*C* 为环境校正因子，密集城区取–2dB，城区取–5dB，郊区取–8dB，农村取–10dB，开阔地取–26dB。

3．小区面积计算

图形面积与半径或直径的关系，如图 1-28 所示。

4．规划区站点数

所需站点数=规划区面积/小区覆盖面积。

图 1-28　六边形面积计算

1.6　予情境五　GSM 频率规划

1.6.1　任务提出

　　任务：有可用频带 10MHz，频道号为 41～90，共 50 个频点。如果采用射频跳频，则如何进行频率规划？

1.6.2　频率划分

　　GSM 系统根据所用频段可以分为 GSM900 和 DCS1800，载频间隔为 200kHz。其上、下行频率划分如表 1-7 所示。

表 1-7　　　　　　　　　　　　　　　　GSM 频率划分

	频段（MHz）	带宽（MHz）	频道号	载频数（对）
GSM900	上行 890～915 下行 935～960	25	1～124	124
DCS1800	上行 1710～1785 下行 1805～1880	75	512～885	374

GSM900：共 124 个频点，频率与载频号（n）的关系如下

基站收：$f1(n)=890.2+(n-1)\times0.2$ MHz

基站发：$f2(n)=f1(n)+45$ MHz

中国移动频道号为 1～94，中国联通频道号为 96～124。

DCS1800：共 374 个频点，频率与载频号（n）的关系如下

基站收：$f1(n)=1710.2+(n-512)\times0.2$ MHz

基站发：$f2(n)=f1(n)+95$ MHz

中国移动频道号为 512～636，中国联通频道号为 687～736。

1.6.3　同邻频干扰保护比要求

1. 同频干扰保护比

所谓载干比 C/I，C 是有用信号载波功率，I 是干扰信号功率。当不同小区使用相同频率时，另一小区对服务小区产生的干扰，它们的比值即 C/I。GSM 规范中一般要求 $C/I>9$dB，工程中一般加 3dB 余量，即要求 $C/I\geqslant12$dB。避免同频干扰的方法包括以下几种。

（1）降低天线高度，加大下倾角和调整方位角。

（2）在市区，应尽量使用定向天线，天线方位角要一致，多采用电下倾天线。

（3）在工程中，如果不能确定同频干扰源，可以将主信号进行闭塞，从而使干扰信号现形，这时候，再锁频测试或解码，干扰源就确定了。

2. 邻频干扰保护比

频率复用模式下，邻近频道会对服务小区内使用的某频道产生干扰。用 C 表示有用信号载波功率，A 表示邻道落在服务小区的功率，这两个信号间的比值即 C/A。GSM 规范中一般要求 $C/A>-9$dB，工程中一般加 3dB 余量，即要求 $C/A\geqslant-6$dB，亦有取 0、3dB。

实际工程中，在不跳频的情况下，我们首先避免同基站使用相邻频率，不同基站的相邻小区之间，尽可能避免广播控制信道（BCCH）邻频，然后再是业务信道（TCH）的邻频情况。在任何情况下，我们都需要保证 BCCH 信道的质量，避免 BCCH 信道的同频干扰。

1.6.4　频率规划

1. 频率规划原则

频率规划的目的是分配有限的频点，以使网络干扰最少，容量最大。频率规划是 GSM 网络无线设计中最重要的一项。频率规划的好坏直接影响网络的质量和容量。频率规划遵循

的原则如下。

（1）同基站内不允许存在同频、邻频频点。

（2）同一小区内 BCCH 和 TCH 的频率间隔最好在 600kHz 以上。

（3）没有采用跳频时，同一小区的 TCH 间的频率间隔最好在 600kHz 以上。

（4）直接邻近的基站应避免同频。

（5）考虑到天线挂高和传播环境的复杂性，距离较近的基站应尽量避免同频、邻频相对（含斜对）。

（6）通常情况下，分层紧密复用 1×3 应保证参与跳频的频点是参与跳频载频数的两倍以上。

（7）重点关注同频复用，避免在邻近区域存在同 BCCH 同基站色码（BSIC）的情况。

频率复用技术包括基本频率复用技术和紧密频率复用技术。一般 BCCH 采用基本频率复用技术，TCH 在采用抗干扰技术的前提下，可采用紧密频率复用技术。

2．基本频率复用技术

GSM 最基本的频率复用方式为 4/12（或 4×3）频率复用，这是其他频率复用模式的基础。4/12 复用方式针对每基站划分为 3 扇区的规划区域。12 个频率为一组，轮流分配到 4 个站点，每个站点可用其中的 3 组频率。

例如：有 24 个可用频点，按 4/12 复用方式，每个小区获得 2（24/12=2）个载频，小区最大配置为 S2/2/2（三扇区，每扇区 2 个频点）。表 1-8 为该小区的频率分配。

表 1-8　　　　　　　　　　　　　　　　4/12 频率分配

小区名称	A1	B1	C1	D1	A2	B2	C2	D2	A3	B3	C3	D3
BCCH	1	2	3	4	5	6	7	8	9	10	11	12
TCH	13	14	15	16	17	18	19	20	21	22	23	24

假设表 1-8 上面一行的频率是 BCCH，下面一行的是 TCH，连续的 BCCH 频率将存在较大的邻频干扰。如果错开 BCCH，邻频干扰将减少。采取如表 1-9 所示的分配方式，A1、B1 的 BCCH 分别是 1、14，所以不存在邻频干扰。

表 1-9　　　　　　　　　　　　　　BCCH 不存在邻频的频率分配方式

小区名称	A1	B1	C1	D1	A2	B2	C2	D2	A3	B3	C3	D3
BCCH	1	14	3	16	5	18	7	20	9	22	11	24
TCH	13	2	15	4	17	6	19	8	21	10	23	12

按如表 1-9 所示的每小区两个频点配置到各小区，则如图 1-29 所示。

4/12 复用方式是《900MHz TDMA 数字公用陆地蜂窝移动通信网络技术体制》建议采用的复用方式，也是最常用最典型的频率复用方式。BCCH 至少（可以比 12 更大的复用系数）采用 4/12 复用方式，TCH 在不采用任何抗干扰技术的前提下，也至少采取 4/12 复用方式。

3．紧密频率复用技术

在采用跳频（HOP）、非连续发射（DTX）、基站功控（BTS PC）的抗干扰技术前提下，TCH 才能使用更紧密的频率复用技术。

（1）3/9 复用技术

3/9 复用技术针对每基站划分为 3 扇区的规划区域。9 个频率为一组，轮流分配到 3 个站点，每个站点可用其中的 3 组频率。这种复用方式相对于 4/12 复用方式，同频复用距离减少，干扰增加。

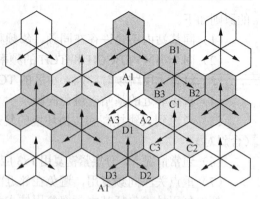

图 1-29 4/12 基本频率复用技术

假设可使用带宽为 10MHz，信道号为 45～94，BCCH 采用 4/12 常规复用，频率号为 81～94，共 14 个频点。TCH 采用 3/9 复用，频率号为 45～80，共 36 个频点，如表 1-10 所示。

表 1-10   TCH 的 3/9 频率分配

小区名	A1	B1	C1	A2	B2	C2	A3	B3	C3
TCH 频点	80	79	78	77	76	75	74	73	72
	71	70	69	68	67	66	65	64	63
	62	61	60	59	58	57	56	55	54
	53	52	51	50	49	48	47	46	45

10MHz 带宽采用 3/9 复用方式可以实现的最大站型为 S5/5/5。频率复用度为 10（50 个频点除以每小区 5 个频点等于 10）。

（2）1/3 复用技术

1/3 复用技术是每隔三个小区频率重复使用一次。例如：还是 24 个可用频点，BCCH 按 4/12 复用方式，TCH 按 1/3 复用，则每小区平均获得 5 个频点。

A1 小区的 BCCH 为 1，TCH 为 13、16、19、22。

A2 小区的 BCCH 为 5，TCH 为 14、17、20、23。

A3 小区的 BCCH 为 9，TCH 为 15、18、21、24。

表 1-11 是 TCH 分别采用 4/12 和 1/3 复用方式的对比。

表 1-11   TCH 分别采用 4/12 和 1/3 复用方式的对比

A1	B1	C1	D1	A2	B2	C2	D2	A3	B3	C3	D3
1	2	3	4	5	6	7	8	9	10	11	12
13	14	15	16	17	18	19	20	21	22	23	24

	A1	B1	C1	D1	A2	B2	C2	D2	A3	B3	C3	D3
BCCH	1	2	3	4	5	6	7	8	9	10	11	12
A1	13	16	19	22								
A2	14	17	20	23								
A3	15	18	8	24								

1/3 复用技术的条件：

● 同相小区天线方向要一致；

● 采用射频跳频，跳频增益足够高，抗干扰性能强；

● 小区频率数比载波数多一半左右。

（3）同心圆频率复用技术

同心圆频率复用技术是一个不用增加新基站就能提高容量的方法。有两套频率复用方案，一个用于 OL（上层小区），载波发射功率小，另一个用于 UL（下层小区），载波发射功率正常。把可用频率在 OL/UL 之间划分。OL 的服务范围比相应 UL 要小，因此，OL 使用的频率可在相邻小区使用，提高频率利用率。OL 覆盖范围在基站附近，UL 覆盖范围为传统蜂窝小区。如图 1-30 所示。

例：有 48 个可用频点，采用 4/12 复用方式，则 4 频点/小区。若采用同心圆复用技术，则把 48 个频点分为两组。一组是 12 个频点，用于 UL，采取 4/12 复用方式。另一组是 36 个频点用于 OL，采取 3/9 复用方式。

UL---4/12　　　12 个频点，1 频点/小区

OL---3/9　　　36 个频点，4 频点/小区

则在 OL 与 UL 重叠的地方，5 个频点/小区

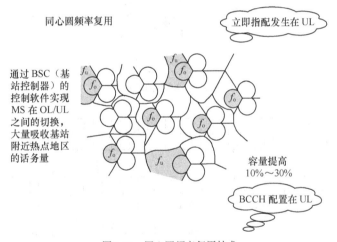

图 1-30　同心圆频率复用技术

由于下层小区和上层小区是同基站同小区，共用同一套天线系统，共用同一个 BCCH 信道，故称之为同心圆小区。但规定公共控制信道（CCCH）必须设置在下层载频信道上，这就意味着通话必须先在下层信道上建立。

同心圆复用的特点：

由于上层采用密化的复用技术，为了提高上层同频复用距离，抑制同频干扰，采取减少上层覆盖范围的措施，即上层的发射功率一般低于下层的发射功率。上层与下层的切换主要是根据监测功率和距离来进行；

适用于话务量集中在基站附近，话务量越集中在基站附近，扩容效果越明显；

由于其上层发射功率低，电波穿透建筑物的能力弱，不易吸收基站附近室内话务量，当移动用户从室外移动到室内时，通话信道就会从上层切换到下层，使室内话务量都集中在下

层，因而在话务量均匀分布的情况下，对网络容量的提高不大。

（4）多重频率复用技术

多重频率复用技术（MRP）是把所有的载频分为几组，每组中的载频作为独立的一层，每层采用不同的复用方式，在做频率规划时，逐层配置载频，频率复用逐层紧密。MRP 可以分为间隔方式和连续方式，前者将间隔的频点分在同一组，避免同一组内出现邻频干扰；后者将连续的频点分在同一组，这样可以加大频率组间的频率间隔，避免组间的邻频干扰，如图 1-31 和图 1-32 所示。

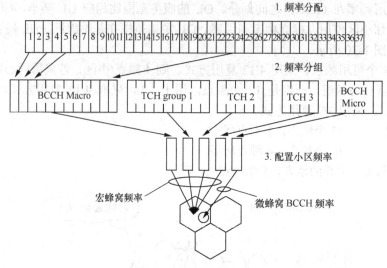

图 1-31　MRP 间隔方式

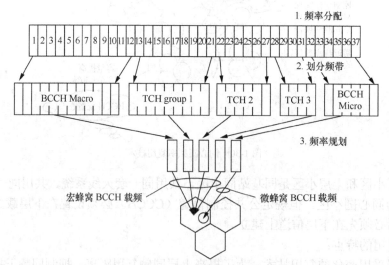

图 1-32　MRP 连续方式

以上例子有 7.5MHz 带宽，37 个载频，采用 MRP，则平均复用系数是（12+9+6+4）/4=7.75。基站的最大配置为 S5/5/5；若采取 4/12 复用方式，则基站的最大配置为 S3/3/4。

MRP 模型中，如何划分频率组是最关键的问题，该问题又包括频率组类型划分和频率组内频点数划分。

频率组类型可分为：

- 室外宏站 BCCH 频点
- 室外宏站 TCH 频点
- 室内覆盖站点 BCCH 频点
- 室内覆盖站点 TCH 频点
- BCCH 和 TCH 混合频点
- 特殊场景（如铁路、高速）专用频点

频率组内频点的划分：

- 由于 BCCH 不使用 DTX、HOP、BTSPC，发射功率最大，其干扰特性与 TCH 不同。因此，无论 TCH 采取多么紧密的频率复用方式，为了保证网络服务质量和安全，建议 BCCH 采用 4/12 复用方式，这样 BCCH 频点数应不少于 12。实际应用中，一般分配 12～15 个。
- TCH 频点数的确定，可根据需要的频率复用系数 N 值，结合公式推导出不同频率组内需要的频点数，之后结合现有频率资源进行修正。

MRP 特点：

- 容量提高较高，平均复用系数为 8 左右。比 3/9 复用方式容量高，比 1/3 复用方式对质量影响小。
- 信道分配灵活，根据容量需要逐步引入不同的复用类型。
- 在大容量场合一般采用滤波合成器，所以多采用基带跳频。

1.6.5　BSIC 规划

BSIC（基站识别码）是用来区分同 BCCH 基站的。如果两个站同 BCCH、同 BSIC，但相隔又不是足够得远，这种情况下，MS 就不能正确地区分它们，可能 MS 会去测量并报告其中的某个小区，但这个小区也许根本就不是当前小区的邻区，这样就会导致切换失败。

做 BCCH、TCH 规划时，还要做 BSIC 规划，避免附近地区出现同 BCCH 同 BSIC 的情况，否则会出现大量的掉话。BSIC=NCC+BCC，NCC（网络色码）和 BCC（基站色码）分别为 0～7，NCC 相同的情况下，做 BCC 的规划。按照 BCCH 的复用模型来划分 BCC，一个簇内使用相同的 BCC。

1.6.6　任务解决

学习完 GSM 频率规划技术以后，回到 1.6.1 提出的任务。

任务： 以 10MHz 频率为例，设频率资源为 41～90，共 50 个频点。如果采用射频跳频，则规划方案可以如下：

BCCH：4×3 复用，41～54，共 14 个，2 个用来调节邻频情况。

TCH：1×3 复用，55～90，共 36 个。每个小区分别使用 12 个频点。频率负荷最大为 50%，因此小区的 TCH 载频数最多为 6 个，结合 BCCH 载频，最大为 7 个载频。下面以 S777 站型为例。

各小区的跳频频率集分别为：

小区 1：55、58、61、64、67、70、73、76、79、82、85、88；

小区 2：56、59、62、65、68、71、74、77、80、83、86、89；

小区 3：57、60、63、66、69、72、75、78、81、84、87、90。

1.7 子情境六 位置区规划

1.7.1 任务提出

任务：如果位置区划分不当，会对网络造成什么影响？

1.7.2 BSC 分配

在 GSM 网络设备中，基站控制器（BSC）担负着基站控制和话务集中的功能。BSC 的设计主要根据话务量的要求及考虑 ABIS 接口传输连接的便利性。

下面是计算一个 BSC 能够负载的话务量的示例。

大容量 BSC 可以配置 1024 个 TRX。如果都按照 O2（全向站两载波）基站配置，则一个 TRX 平均有 7.5 个 TCH。在正常呼叫模型中，用户数与 TCH 的比例大约为 20∶1。因此一个大容量的 BSC 可以负荷的用户数是 1024×7.5×20 =153600 个。

另外如果在高话务地区存在多个 BSC 的情况下，为了避免由于 BSC 间切换频繁，而使 A 接口信令流量超负荷，要考虑按照地理位置的关系划分 BSC 区，不允许各 BSC 下的小区互相交错，或者在切换频繁地带设置 BSC 区边界。

1.7.3 位置区规划

在 GSM 协议里，整个移动通信网络是按位置区划分为不同的业务区。网络通过寻呼整个位置区来寻呼移动用户。一个移动用户的寻呼消息将在位置区中的所有小区中发送，一个位置区可能包括一个或多个 BSC，但它只属于一个 MSC（移动业务交换中心）。如图 1-33 所示的位置区，其中 PLMN 指公共陆地移动网，CELL 是小区，LA 是位置区。

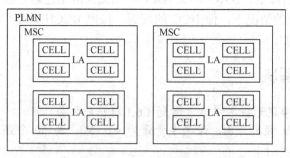

图 1-33 位置区划分

位置区的大小将影响着寻呼和位置更新的信令流量。如果位置区设置过大，网络侧将对位置区内的所有小区发某移动用户的寻呼信息，这样同一寻呼消息会在许多小区中发送，很容易导致 PCH 信道负荷过重，也导致 ABIS 接口信令流量过大，系统资源无端浪费。如果位置区设置过小，移动用户很容易进行位置更新，由于进行一次位置更新的信令量近似一次完整呼叫的信令量的 3 倍，频繁的位置更新将导致信令信道和 ABIS A 接口拥塞。

由前面分析可知，位置区大小由 PCH 容量决定。当采用 SDCCH/8 时，一个位置区可有 543 个 TRX。当采用 SDCCH/4 时，一个位置区可有 181 个 TRX。LAC 的划分另一个规则是如何利用移动用户的地理分布和行为巧妙地进行，达到在位置区边缘位置更新较少的目的。

在双频网中对位置区的划分提出了新的要求，如果 1800MHz 与 900MHz 共用一个 MSC，在建网初期只要系统容量允许，建议使用相同的位置区。如果由于寻呼容量的限制必须划分为两个以上的位置区，这时候就有两种设计思路，按地理位置划分和按频段划分。如图 1-34 和图 1-35 所示。

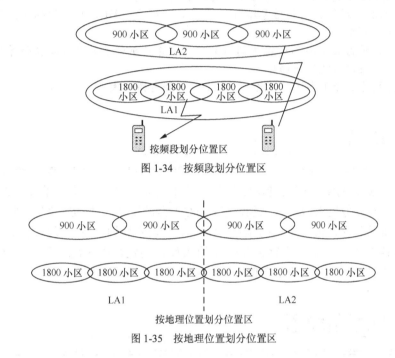

图 1-34　按频段划分位置区

图 1-35　按地理位置划分位置区

按频段划分位置区，考虑到双频段间切换、重选导致位置更新较频繁，需要设置参数使移动台尽量驻留在吸收话务的 1800MHz 小区，以尽量减少双频段间的切换和重选，同时在设计信令信道时充分考虑位置更新给系统带来的负荷。

按地理位置设置位置区，可以解决双频切换、重选带来的位置更新频繁问题，但是需要修改原来 900MHz 网络的局数据，同时在位置区边界同样存在同频段和双频段的切换和重选带来的位置更新信令流量比较大，需要仔细设计。

由于在同一个位置区中，任何寻呼消息将在位置区内所有的小区中发送。同一位置区下的小区的寻呼信道容量应尽可能相等，因此在设计位置区的时候，除了在地理位置上考虑，还要考虑选取寻呼信道容量相近的小区作为同一位置区。例如郊县的话务量与城市的话务量有明显不一样，可以划分为不同的位置区。

位置区规划要点如下。

（1）合理的寻呼容量、寻呼负荷。

（2）合理的 SDCCH 话务。

（3）通过切换次数的分析，避开手机活动频繁的区域。

（4）具体 LAC 边界放在车人流较少的地方。

（5）尽量保持主干道在同一 LAC 区内。

（6）为了提升寻呼成功率将同 MSC 内的不同 BSC 规划为不同的 LAC。

（7）一个 LAC 不能跨两个 MSC。

1.7.4 任务解决

回到 1.7.1 提出的任务，若位置区（LA）规划不当对网络会造成下面几个方面的影响：

（1）当位置区的边界出现在移动台移动较多的交通要道上时将会出现过多的位置更新的现象，这会使 SDCCH 上的信息增加，严重时会造成 SDCCH 上的拥塞。同时也会使 HLR 出现较忙的现象。

（2）位置更新的成功率不可能达到 100%，位置更新数量的增加将会使系统的寻呼成功率下降从而影响到系统的接通率。

（3）位置区的划分不当还可能造成 PCH 上信令负荷增大。

 ## 小结

规划一个 GSM 网络，就要使网络满足一定的容量、质量和覆盖需求。为达到容量需求，需根据调查的业务需求做容量规划，包括 TCH 容量规划、SDCCH 容量规划、PCH 容量规划；为达到质量要求，根据可用的频带资源，确定频率规划方案，以满足同邻频干扰的门限；为达到覆盖要求，根据上下行链路平衡的预算，确定每小区覆盖范围，确定所需站点数，做好位置区划分。同时还要学会使用勘察工具对基站进行勘察。

 ## 练习与思考

一、单选题

1．电磁波的极化方向就是（　　　）方向。

A．电场方向　　　　B．磁场方向　　　　C．传播方向　　　　D．以上都不是

2．避雷针要有足够的高度，能保护铁塔或杆上的所有天线，所有室外设施都应在避雷针的（　　　）度保护角之内。

A．30　　　　　　B．45　　　　　　C．60　　　　　　D．90

3．对于 90° 的方向性天线，它的含义是（　　　）。

A．天线覆盖范围是 90°　　　　　　B．天线半功率角是 90°

C．天线安装方向为 90°　　　　　　D．以上都不正确

4．下列关于天线的描述不正确的是（　　　）。

A．天线是由一系列半波振子组成的

B．天线是能量转换装置

C．天线是双向器件

D．天线增益越高，主瓣越小，旁瓣越大

5．你对天线的增益（dBd）是如何认识的（　　　）。

A．这是一个绝对增益值

B．天线是无源器件，不可能有增益，所以此值没有实际意义

C．这是一个与集中辐射有关的相对值

D．全向天线没有增益，而定向天线才有增益

6．以下关于电磁波传播的描述，不正确的是（　　　）。

A．电磁波波长越长，传播速度越快。

B．电磁波在不同的媒质中，传播速度不同。

C．电磁波频率越高，传播损耗越大。

D．电磁波长越长，绕射能力越强。

7．在郊区农村大面积覆盖，宜选用（　　　）。

A．定向天线　　　　　　　　　　B．高增益全向天线

C．八木天线　　　　　　　　　　D．吸顶天线

8．以下（　　　）种天线增益最小？

A．宏蜂窝覆盖的定向天线　　　　B．全向天线

C．八木天线　　　　　　　　　　D．吸顶天线

9．以下关于天线的描述（　　　）是错误的。

A．天线的辐射能力与振子的长短和形状有关。

B．振子数量增加一倍，天线的增益就增加一倍。

C．天线的增益越高，波束宽度也越大。

D．宽频段天线在工作带宽内的辐射和接收信号的能力也是不一样的。

10．以下哪种天线抗干扰能力最好？（　　　）。

A．宏蜂窝覆盖的定向天线　　　　B．全向天线

C．八木天线　　　　　　　　　　D．智能天线

11．若某天线是 9dBi，对应的 dBd 为（　　　）。

A．19　　　　　B．12　　　　　C．11.15　　　　　D．14.15

12．对于位置区 LA 与基站控制器 BSC 的关系，以下（　　　）说法不对。

A．一个 BSC 可以包含多个 LA　　　B．一个 LA 可包含多个 BSC

C．一个 BSC 必须与一个 LA 对应　　D．BSC 与 LA 没有对应关系

13．假设一个用户在一小时内分别进行了一个两分钟及一个四分钟的通话，那么他在这一小时内产生了（　　　）话务？

A．10 millierlangs　　　　　　　B．50 millierlangs

C．100 millierlangs　　　　　　　D．200 millierlangs

14．话务量大且增长迅速的地方宜采用的频率复用方式为（　　　）。

A．4/12　　　　　B．3/9　　　　　C．7/21　　　　　D．MRP

15．GSM 基站没有开跳频，要求 C/I 比为（　　　）。

A．$C/I<9$　　　　B．$C/I>9$　　　　C．$C/I>12$　　　　D．$C/I>18$

16．在 GMCC 网络中关于 LAC 描述错误的是（　　　）。

A．同一 BSC 中可以有多个 LAC

B．同一 MSC 中可以有两个以上的 LAC

C．一个 LAC 可以在多个 MSC 中重复

D. 一个 LAC 包括若干个小区

17. 使用 SDCCH 上能承载（　　）业务。

A. 呼叫建立、寻呼、数据业务等

B. 呼叫建立.短信息.位置更新.周期性登记.补充业务登记等

C. 呼叫建立.短信息.位置更新.数据业务等

D. 呼叫建立.位置更新.话务业务等

18. 当频点数大于载波数时，（　　）。

A. 基带跳频可以执行，混合跳频可以执行

B. 基带跳频不可以执行，混合跳频可以执行

C. 基带跳频可以执行，混合跳频不可以执行

D. 基带跳频不可以执行，混合跳频不可以执行

19. 基站采用 FCOMB，则要求相邻频点间隔至少为（　　）。

A. 400kHz　　　　B. 600kHz　　　　C. 200kHz　　　　D. 25kHz

20. 如果一个网络运营商分别有 15 MHz 的上.下行频宽，那么它可以获得多少个 GSM 频点（减去一个保护频点）？（　　）

A. 600　　　　B. 799　　　　C. 75　　　　D. 74

21. 接收到的发射信号强度是−50dBm，同时有一同频干扰信号的强度是−150dBm，则 C/I 是多少？（　　）

A. 30dB　　　　B. 6dB　　　　C. 60dB　　　　D. 100dB

22. 边界地区频繁的位置更新会使得（　　）的负荷大增。

A. SDCCH　　　　B. BCCH　　　　C. TCH　　　　D. PCH

23. 三载波小区配置一个 SDCCH/8，若使用半速率语音编码，则该小区最多可同时支持多少个通话？（　　）

A. 22　　　　B. 44　　　　C. 8　　　　D. 3

24. 网络中出现同频同 BSIC 时，（　　）

A. 有可能会出现切换成功率低，话音接通率低，信令接通低

B. 一定会出现切换成功率低，话音接通率低，信令接通低

C. 对信令接通率无影响

D. 对通话质量有影响

二.简答题

1. 在 GSM 系统中采用 4×3 复用方式，那么 10M 的带宽可允许的最大站型是什么？

2. GSM900 系统规定同频、邻频的最小 C/I 比分别是多少？

3. 话务量的单位是什么？其含义是什么？

4. 位置区（LA）规划不当对网络会造成什么影响？

 实训项目

进行基站站址勘察和机房勘察，并画出机房草图。

【学习目标】
（1）了解无线网络优化的概念和工作流程；
（2）熟练掌握网络数据采集的 4 种方法。

2.1 无线网络优化概述

2.1.1 网络优化概念

无线网络优化指对正式投入运行的网络进行性能数据采集，分析找出影响网络运行质量的原因，通过工程参数和无线资源参数的调整等技术手段，使网络达到最佳运行状态，使现有网络资源的利用效率最大化，使运营商的投资回报率最大化。通过网络优化为网络的日常维护及将来的规划建设提出合理的建议。

网络优化分为无线子网优化和核心网优化两个部分。其中无线子网具有诸多不确定因素，它对网络整体性能的影响最大，其性能的优劣常常成为移动通信网好坏的决定性因素。由于很多影响网络性能的因素无法在网络规划阶段做出完全精确的估计，例如：无线电传播的不确定性、基础设施的变化、话务负荷的分布、用户对服务质量的要求的变化等，都需要通过网络优化来加以修缮。网络优化工程师对网络的优化好像医生给病人看病一样，如图 2-1 所示。

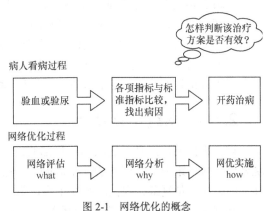

图 2-1 网络优化的概念

2.1.2 网络优化分类

无线网络优化的分类：

- 清网排障：解决由于工程遗留下来的问题。
- 弥补规划的不足：解决由于规划带来的误差。
- 日常维护：时刻监视着网络的运行情况，使其工作正常。
- 阶段性网优：阶段性的对全网进行一次优化。

1．清网排障

清网排障是网优中较基本的工作，因为在工程施工中难免会存在这样和那样的差错，只有通过测试和性能的跟踪才能发现这些问题，网优的首要任务是使网络能正常运行，一切设备运作都是正常的。在清网排障阶段经常发现的问题有：同小区中天线接反，同基站中天线接成鸳鸯线，天线驻波比不能满足要求，天线没有固定在抱杆上，天线倾斜等。

2．弥补规划的不足

在现实网络中，规划往往由设计院来做，而设计院对当地的地理环境、人文环境了解不深，给出的规划方案往往与现实相差较远，因此网络一旦安装开通后必须立即进行紧急优化，检测各基站小区的性能是否能满足实际的需求，比如主服覆盖范围是否合理，天线方向角是否需要调整，天线高度是否需要改变，是否对现有网络带来较大的干扰（尤其是联通网络，由于频率资源较少）等。

3．日常维护

网络优化是一个长期的工作，每时每刻都必须关注现网的运行情况，追踪网络的发展规律，为后期的网络规划提供依据，日常维护包括及时发现设备的故障，及时处理，对突发事件采取相应的应急措施，比如对大型的集会，增开应急车，或采取其他应急措施等；发现市区的话务热点，正确定义热点地区为网络的扩容和提高网络质量提供重点考虑点；收集用户投诉，因为用户的意见是对网络质量的直接反映。

4．阶段性集中网优

网络在运行中需要保证相对的稳定，因为经常调整网络可能会给网络带来很多不定因素，不利于网络的运行，因此一定阶段后，可以进行一次阶段性的优化，将近期网络中存在的问题一次解决，首先对网络进行一次全面的评估，评估后提出整改建议和意见，全盘考虑统一调整，对容量和覆盖上存在问题的地方，进行统一规划，提出近期的规划方案，这样使网规网优有机地结合在一起，形成一个闭合系统，实现良性循环。

2.1.3 网络优化特点

设备维护的特点是低层次的、局部的，一般为显性故障。显性故障可以由网管告警系统发现处理。网络维护是高层次的、全局的，一般为隐性故障。隐性故障只有通过网优流程发现处理。网络优化是复杂、艰巨的系统工程，贯穿于规划、设计、工程建设和维护管理的全过程。

网络优化是在网络正常运行的情况下进行，确保各设备运行正常是网络优化的前提条件，如果设备存在故障（无论哪一方的问题，比如：天馈系统故障，TRX 故障，基站时钟故障，传输故障等），网络优化就变得没有意义。通过网络优化可以发现一些设备故障问题，但一旦得到确认必须先解决设备问题。

2.1.4 网络优化流程

进行网络优化的前提条件是做好数据采集和评估工作，因此网络优化的三步曲是数据采集、网络评估、网络调整，如图 2-2 所示。

数据采集 ⟶ 网络评估 ⟶ 网络调整

图 2-2　网络优化三步曲

数据采集包括 DT、CQT、话务统计、用户投诉 4 种方法，下面重点介绍 DT/CQT 及话务统计的方法。

2.2　子情境一　DT 和 CQT

欲了解各小区的真正覆盖范围和无线运行环境，地毯式的全网路测普查是不可缺少的，由于城市的变化，无线环境经常在发生变化，因此路测普查将定期进行；如果有条件，应建立全网路测普查数据库。

2.2.1　无线路测普查的目的

无线路测普查包括：路测（Drive Test，DT）和呼叫质量测试（Call Quality Test，CQT）。其中路测（DT）又分为城市 DT 和高等级公路 DT。高等级公路 DT 测试如图 2-3 所示。

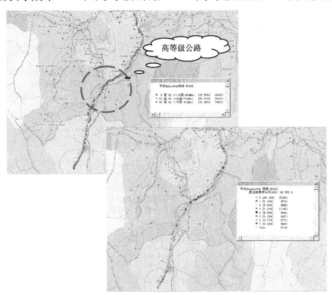

图 2-3　高等级公路 DT 场强分布图

无线路测普查的目的如下。

（1）摸清全网的无线覆盖情况，即搞清楚各小区的覆盖范围，尽可能掌握其覆盖边界。

（2）掌握和了解全网无线信号的场强分布及质量分布。

（3）掌握和了解各小区间的切换关系。

（4）通过路测普查发现一些为综合评估网络提供路测依据。

重点分析路测中发现的问题，如所测数据与理论设计数据不符合、掉话、非信号强度引起的通话质量差、拥塞、不正常切换、信号电平低、干扰、信号盲区等。然后，在分析路测数据的基础上，检查修改邻区关系和切换参数、调整天线倾角和方向、查找干扰来源、分析空中接口的信令接续过程、发现天馈系统的安装问题等。

2.2.2　无线路测普查的测试内容

无线路测普查测试所包含的测试内容如下。

（1）全网各街道信号的道路测试（Drive Test，DT）：包括信号场强、信号质量、层三信令、通话扫频等。

（2）全网若干个话务热点地区的呼叫质量测试（Call Quality Test，CQT）：包括信号场强、语音质量、接续情况等。

（3）城市及周边高速公路 DT 包括：信号场强、信号质量、层三信令、通话扫频等。

（4）得出 DT 和 CQT 的汇总数据和路测总评分，评分标准集团公司都有相应的标准。

（5）绘制全网街区信号覆盖图，包括：场强覆盖和质量覆盖，如图 2-4 和图 2-5 所示。

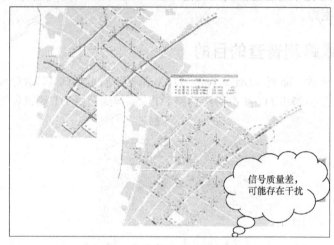

图 2-4　城市 DT 场强分布图

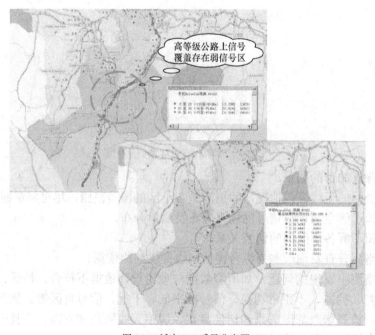

图 2-5　城市 DT 质量分布图

（6）与竞争对手的对比，即在测试中同时测试竞争对手的网络情况。

2.2.3 无线路测普查的方法

1. 城市 DT 的测试方法

利用路测测试设备，采用双手机双网测试方法，有条件的可以对本网络进行通话扫频测试，具体要求如下。

（1）选在忙时进行测试。

（2）时速建议保持在 40km/h。

（3）测试线路包括市区所有干道，并适当向环路外延伸，尽可能不重复。

（4）每次通话时长 105 秒，呼叫间隔 15 秒。

（5）测试项目及定义：

● 覆盖率：大于−94 dBm（在 SUB 的情况下）的测试点/总呼叫测试点。

● 接通率：接通总次数/试呼总次数。

● 掉话率：掉话总次数/试呼总次数。

● 语音质量：RxQual 0～7（在 SUB 的情况下）级各占的比。

2. 高等级公路 DT 的测试方法

利用路测测试设备，采用双手机双网测试方法，有条件的可以对本网络进行通话扫频测试，要求如下。

（1）测试时间可以在白天进行。

（2）时速建议保持在 100km/h。

（3）在城市边界处测试应延伸 3km；如果在边界处发生掉话，必须判断所属城市，并判断是否由于切换引起掉话。

（4）每次通话时长 15 分钟，呼叫间隔 20 秒。

（5）测试项目及定义：

● 覆盖率：大于−90 dBm（在 SUB 的情况下）的里程/测试总里程。

● 接通率：接通总次数/试呼总次数。

● 掉话率：掉话总次数/试呼总次数。

● 语音质量：RxQual 0～7（在 SUB 的情况下）级各占的比。

● 里程掉话比：大于−90 dBm（在 SUB 的情况下）的里程/掉话总次数。

3. 城市 CQT 的测试方法

大部分测试点一般都选择在通信比较集中的场合，如酒店、机场、车站、重要部门、写字楼、集会场所等。目前通常使用测试手机来进行测试，可以用双手机同时进行双网测试，要求进行以下测试。

（1）选在忙时进行测试。

（2）测试人员在不同的地点相互拨打进行 CQT 测试。

（3）必须保证使用相同的测试手机进行测试。

（4）测试点个数的选择根据话务量来确定。

（5）测试地点的选择必须包括：机场、火车站、客运站、会展中心、星级酒店、大型娱乐场所、高级写字楼、市内风景点等，其他点的选择必须均匀。

（6）高层建筑物的一层做 5 次主叫（包括停车场 2 次），高层做 5 次主叫，中间层做 10 次主叫。

（7）拨打要求：每测试点主、被叫各 10 次，每次通话时长不得少于 30 秒，呼叫间隔 10 秒左右，出现未接通情况，下次呼叫 15 秒后进行。

（8）每次呼叫前，连续查看手机空闲状态下信号强度几秒，若信号强度低于−94dBm，则判定此测试点无覆盖，不再进行测试。

（9）测试项目及定义

- 覆盖率：大于−94 dBm（在 SUB 的情况下）的测试点/总呼叫测试点。
- 接通率：接通总次数/试呼总次数。
- 掉话率：掉话总次数/试呼总次数。
- 出现语音断续、背景噪声的概率：（语音断续总次数+噪声总次数）/接通总次数。
- 出现单通、回声、串话的概率：（单通总次数+回声总次数+串话总次数）/接通总次数。

2.3 子情境二 话务统计数据采集

2.3.1 无线话务性能评估的目的

话务评估是网络评估的另一种方式，通过对话务性能统计数据的分析，进行无线话务性能评估的目的如下。

（1）迅速发现问题小区。

（2）确定路测的测试线路，避免路测的盲目性。

（3）通过忙时数据的前后对比，发现一些较难发现的问题，比如：基站处于睡眠状态等。

（4）确定全网的话务分布是否合理，即发现超忙小区和超闲小区，合理的调动和分配资源。

（5）分析小区切换关系的合理性，避免漏做或多做邻小区的现象存在。

（6）长期跟踪网络的话务数据，掌握网络的运行规律，比如：话务热点的分布、忙时的分布等。

（7）长期跟踪网络的话务数据，为网络扩容提供依据。

2.3.2 无线话务性能评估的内容

1. 综合指标

评价无线网络质量好坏的综合指标如表 2-1 所示。

表 2-1 无线网络质量评价指标

序号	指标名称	定义
1	无线接通率	（1–SDCCH 拥塞率）×（1–TCH 拥塞率）
2	无线寻呼率	寻呼成功次数/总的寻呼次数
3	话务掉话比	TCH 话务量×60/TCH 掉话次数
4	信道利用率	投入服务信道数/总信道数
5	长途来话接通率	

2．BSC 端主要话务指标

BSC 端评价网络质量的主要指标如表 2-2 所示。

表 2-2 BSC 端评价网络质量的主要指标

序号	信道类型	指标名称	指标定义
1-1	SDCCH	接通率	指配成功次数/指配申请次数
1-2		拥塞率	拥塞次数/指配申请次数
1-3		掉话率	掉话次数/指配申请次数
1-4		信道可用率	信道可用数/存在信道数
1-5		随机接入成功率	随机接入成功次数/随机接入总次数
1-6		忙时话务量	
1-7		指配申请次数	
1-8		拥塞次数	
1-9		掉话次数	
1-10		存在信道数	
2-1	TCH	接通率	指配成功次数/指配申请次数
2-2		拥塞率	拥塞次数/指配申请次数
2-3		掉话率	掉话次数/指配申请次数
2-4		信道可用率	信道可用数/信道存在数
2-5		忙时话务量	
2-6		平均每线话务量	
2-7		忙时拥塞时长	
2-8		切换成功率	切换成功次数/切换总次数
2-9		切换返回率	切换返回次数/切换总次数
2-10		切换丢失率	切换丢失次数/切换总次数
2-11		切换总次数	
2-12		切换成功次数	
2-13		切换返回次数	
2-14		切换丢失次数	
2-15		弱信号掉话次数	
2-16		质差掉话次数	

序号	信道类型	指标名称	指标定义
2-17		LAPD 失败掉话次数	
2-18		指配申请次数	
2-19		拥塞次数	
2-20		掉话次数	
2-21		存在信道数	
2-22		双频切换申请次数	
2-23		双频切换成功次数	
2-24	TCH	GSM 至 DCS 切换申请次数	
2-25		GSM 至 DCS 切换成功次数	
2-26		GSM 至 DCS 切换返回次数	
2-27		DCS 至 GSM 切换申请次数	
2-28		DCS 至 GSM 切换成功次数	
2-29		DCS 至 GSM 切换返回次数	
2-30		两两小区切换数据*	

*该数据可能部分厂商的设备不容易获得，可以通过信令仪获取。

2.3.3　主要无线话务性能指标门限的设定

根据大量实践经验和局方的确认，评价网络质量好坏的标准基本一致，各项指标满足要求的门限列表，如表 2-3 所示。

表 2-3　　　　　　　　　　　　主要无线话务性能指标门限

序号	指标名称	门限值
1	无线接通率	> 99%
2	无线寻通率	> 85%
3	话务掉话比	> 120
4	信道利用率	
5	长途来话接通率	> 65%
6	掉话率	<3%（移动） <5%（联通）
7	拥塞率	<2%（移动） <5%（联通）
8	切换成功率	> 85%
9	超闲小区	在设备完好的情况下，TCH 话务量<0.1Erl
10	超忙小区	在设备完好的情况下，TCH 话务量>0.5Erl（移动）； >0.4Erl（联通）
11	SDCCH 接通率	>95%
12	TCH 接通率	>95%

2.3.4 无线话务性能评估的方法

无线话务性能分析是网络评估的关键，由于问题的出现，可能有很多原因，因此这一分析过程是一个复杂的过程，通常先从整体出发，比如从全网或指定一个 BSC，然后逐层解剖、逐层分析，将问题定位到小区或载频（TRX）。

无线话务性能评估的操作步骤如下。

（1）对全网的话务指标根据话务性能指标门限的设定进行筛选，查找超标小区。

此时筛选出来的小区可能有若干个指标超标，如表 2-4 所示。

表 2-4　　　　　　　　　　　　　　话务指标

小区代码	TCH掉话率	TCH拥塞率	TCH可用率	每线话务量	出小区切换成功率	出小区切换返回率	出小区切换丢失率	入小区切换成功率	入小区切换返回率	入小区切换丢失率	TCH接通率	SDCCH接通率	超指标个数
MY1404B	4.76				62.50	25.00	12.50	66.67	22.22	11.11	87.50		8
MY1220A	3.80				74.36	20.51	5.13	76.00	20.00		88.76	81.28	8
MY4022B	12.31				37.93	58.62		71.43	21.43	7.14	77.38		7
MY2644A	5.71				35.29	47.06	17.65	75.00	25.00		76.09		7
MY4021C	5.13				66.67	25.00	8.33	88.24		5.88	79.59		7
MY3028B					26.78	73.22		36.33	63.12		39.40	71.19	6
MY1209B	9.09				68.18	31.82		81.82		18.18	82.50		6
MY2644B	4.55				60.00	40.00		37.50	50.00	12.50			6
MY1222A	2.88				68.75	31.25		86.21	10.34		86.67		6
MY4025A	2.44				25.00	75.00		50.00	50.00			87.18	6
……													

从表 2-4 中可以看到，将超标指标的个数进行统计、排序，找出问题小区。

在有些网络可能不存在超标小区，但也可将所关心的问题指标进行排序，查找某些指标中的最坏小区。

（2）对问题小区进行统计、归类，给出全网各类问题所占的比例，指出在无线话务性能方面的主要问题，如图 2-6 所示。

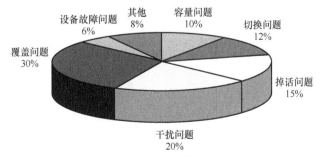

图 2-6　全网话务性能统计分布图

小结

本章以病人看病作为比喻形象地说明了无线网络优化的概念和流程。网络优化过程包括数据采集、网络评估、网络优化实施三部曲。数据采集主要有基站站点参数表、OMC 统计数据、路测数据、CQT 数据、系统告警事件记录和客户投诉中心反馈的投诉信息等。网络评估是对采集的数据进行分析和研究后，找出影响网络质量的原因。网络优化的方法常常会涉及调整天馈系统、调测基站、调整频率规划和系统参数、话务均衡以及增加一些微蜂窝等。

 ## 练习与思考

1．以下哪些不可以优化小区的性能。（   ）

A．调整小区参数   B．频率调整   C．网络结构调整 D．选择不同手机

2．网优日常的信息来源是：（   ）。

A．话务统计   B．路测   C．客户反馈   D．以上都是

3．无线网络规划和优化有哪些不同？无线网络优化工作流程怎样？无线网优常用的方法有哪些？

 ## 实训项目

项目   采集某移动本地网络数据。

任务一、采集基站和小区数据库，熟悉数据库中各项内容。

任务二、采集 OMC-R 话务统计数据，熟悉表中各项指标的含义。

任务三、采集 DT 数据。

任务四、采集 CQT 数据。

任务五、采集分类的用户投诉数据。

【学习目标】
（1）了解 OSS 无线网络优化工具的功能；
（2）掌握 4 种专题评估（掉话分析、切换分析、拥塞分析、覆盖分析）的方法。

3.1 子情境一 OSS 无线网络优化工具

无线网络优化工具（Radio Network Optimization，RNO）是爱立信操作维护系统（OSS）中的一种网络优化工具，RNO 包括 FAS（Frequency Allocation Support）、FOX（Frequency Expert）、NCS（Neighboring Cell Support）、NOX（Neighboring Cell List Optimization Expert）、MRR（Measurement Result Recording）、TET（Traffic Estimation Tool）等功能模块。

爱立信话务统计（STS）是对通信事件进行统计，而 RNO 是对 MS 和 BTS 的测量报告进行分析和统计。RNO 能帮助无线网络优化人员快速地了解现网中存在的问题，能使网络优化的工作效率进一步的提高。通常 FAS/FOX 能帮助网络优化人员在网络中寻找相对干净的频点资源；NCS/NOX 可以根据测量数据对小区切换数据进行分析，发现是否存在多定义、漏定义的邻区关系；通过 MRR 能够了解网络的平均质量情况，上下行是否平衡、BTS 覆盖范围是否合适等。

BSC 的 CP 中存在预先定义的 3 类记录文件，即 RIR（Radio Interface Recording）、BAR（Active BA-list Recording）、MRR。不同的记录文件导入各功能模块中，生成相应的报告呈现给使用者。FAS 使用 RIR 和 BAR 记录文件，NCS 使用 BAR 记录文件，MRR 使用 MRR 记录文件，如图 3-1 所示。

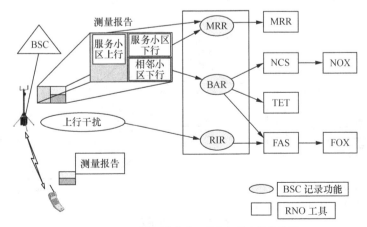

图 3-1 OSS 无线网络优化工具和记录文件的关系

3.1.1 邻区规划和优化工具——NCS

NCS（Neighbor Cell Support）是一个评估无线网络小区相邻关系的工具，可以帮助网络优化工程师全面查找 OMC 内漏定义的或多余不必要的相邻小区关系，特别是增加新小区时能帮助我们找到所有相邻小区关系。

正确的邻区关系是保证切换的关键因数，邻区关系是切换的前提，只有正确合理定义了邻区关系的两个小区才能发生切换。过多的邻区关系会使 BA 列表过长，导致手机的测量报告不准确；而 Active BA 列表过短，将产生掉话、话音质量差等问题。

NCS 优化邻区关系的原理是利用了 BAR 记录和小区切换统计数据，根据某小区在测量报告中排在前六强的统计次数来确定的。由于测量报告是 MS 在实际无线环境中测量得出的结果，因此根据 NCS 能够比较准确地反映服务小区的覆盖情况以及在服务小区覆盖范围内测量到的各相邻小区的信号覆盖情况，用于指导配置相邻小区关系。

3.1.2 频率规划和优化工具——FAS

FAS 是用来进行干扰分析和频率优化的工具，主要应用如下。
（1）评估小区上行干扰水平。
（2）为小区规划干净的频点。
（3）变频后验证效果。

FAS 利用 RIR 和 BAR 记录文件。RIR 记录了基站测量空闲信道的上行干扰情况，它可以命令基站的各个载波测量不同的频点，如果在空闲的载波或空闲的 Burst 上进行这种测量，就可以根据测定的信号强度衡量该频率的上行干扰情况。BSC 以 RIR 文件形式保存测量结果。

通过对下行测量报告的处理，FAS 可以获得 ICDM（Inter Cell Dependency Matrix）。ICDM 是小区之间干扰情况的具体反映，它为更换频率时提供可行判断的依据。下行测量报告包括了 BA-list 中各频点和指定的测量频点的测量结果。FAS 利用同频干扰、邻频干扰的门限值对测量结果进行干扰水平判断。如图 3-2 所示。

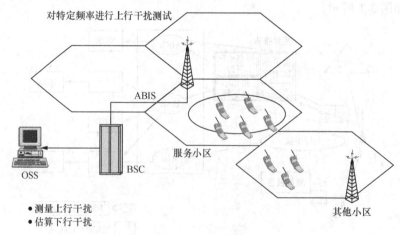

图 3-2　FAS 工作原理

3.1.3　无线质量分析工具——MRR

MRR 文件用于记录特定时间和范围内 BSC 所接收的所有无线通话测量报告，测量报告包括上行和下行，具体的数据有：

（1）上下行信号强度。

（2）上下行信号质量。

（3）上下行路径损耗。

（4）移动台发射功率。

（5）基站功率减少级别。

（6）时间提前量（TA）。

（7）上下行的 FER。

MRR 工具对服务小区无线信号测量值进行统计，而不是对事件的统计，具有信息全面、效率高的优势。将 MRR 统计与现场测试、话务统计相结合，可全面、深入地分析无线网络覆盖质量、客户感受和运行质量，进一步提升无线网络优化工作的广度和深度。如图 3-3 所示。

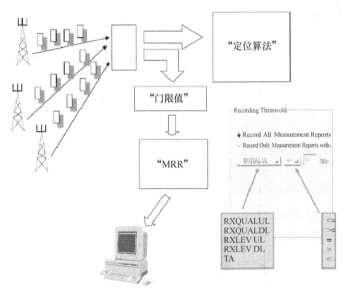

图 3-3　MRR 工作原理

MRR 在无线网络优化中的具体应用包括质差问题、上下行不平衡问题、覆盖问题、弱信号问题和话务的分布。

1．质差问题

通过分析上下行信号的平均质量可以判断出哪些小区属于质差小区。引起质差问题的原因很多，其中最主要是弱信号、频率干扰和上行干扰引起的质差。弱信号质差可以通过 MRR 统计的 TA 分布来进行定位分析。频率干扰引起的质差现象为信号强而质量差，可以结合 TA 判断是否属于不合理的覆盖范围，如果是，则通过天线参数调整进行改善。MRR 可以对上行平均质量进行排序，如果上行平均质量偏大，就可以判断为上行干扰。

2．上下行不平衡问题

通过 MRR 分析上、下行电平，如果二者的差值大于 10dB，则可以判断小区上下行不平衡。

3．覆盖问题

通过分析上下行信号平均 TA、TA 的分布情况并结合 MCOM 地图可以判断哪些小区属于覆盖问题。通常地域空旷且信号覆盖较远或者越区覆盖的 TA 值都将偏高。

4．弱信号问题

通过分析上下行信号强度及其正态分布情况可以判断哪些小区属于弱信号问题。

5．话务的分布

可以通过 MRR 的 TA 分布情况来大致推算小区的通话质量情况，TA 统计分布同样反映其覆盖，而质量统计反映其频率安排是否合理。

3.2 任务提出

任务： 如图 3-4 所示是安徽大厦电梯内的路测回放图，分析原因并提出解决方案。

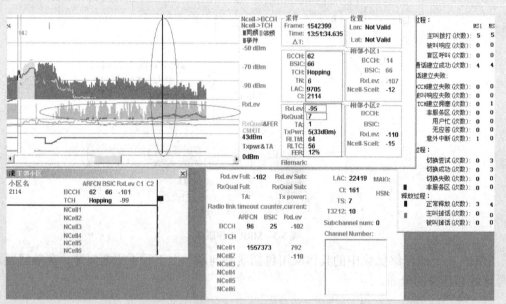

图 3-4 路测回放

本案例要求先诊断（评估）网络故障，再给出解决方案。从网络优化的各阶段流程可知，网络评估是网络调整的前期工作，只有对全网进行全面的评估方能进行网络优化，就好比医生看病，首先必须进行诊断，诊断完后方能开药方，网络评估的过程就好比医生诊断的过程。

以下从掉话、切换、拥塞、覆盖 4 个方面进行问题分析。

3.3　子情境二　掉话分析

3.3.1　引起掉话的原因

引起掉话的主要原因有：

（1）设备故障：获取是否存在设备故障的信息可以来自很多方面，如 TCH 和 SDCCH 信道完好率、故障告警、传输告警等。

（2）切换。

（3）干扰。

（4）覆盖盲区或弱信号区。

（5）覆盖盲区包括室内掉话。

（6）小区拥塞。

（7）上下行功率不平衡。

（8）由于覆盖出现孤岛。

（9）无线参数设置不合理。

3.3.2　由于设备故障引起的掉话

对于出现设备故障而引起掉话的处理原则是：首先解决设备故障。

判断故障的方法：

（1）从话务数据列表中首先观察信道可利用率或载波完好率是否为100%。

（2）对同基站各小区掉话次数突然增加的基站应需检查其告警信息，观察是否出现故障告警或传输告警，尤其需关注时钟板。

（3）利用信令仪提取 A-Bis 口的无线信息，观察其无线特性的分布。

3.3.3　由于切换引起的掉话

对于因切换引起掉话的处理原则是：从切换入手解决掉话问题。

判断是否由于切换引起掉话的方法：查看切换丢失次数是否接近掉话次数。

解决切换问题的几个方面：

（1）是否漏做邻小区。

（2）邻小区是否拥塞。

（3）邻小区是否故障。

（4）切换参数定义是否合理。

（5）与邻小区是否存在同频干扰。

举例说明：

如表 3-1 所示，从话务数据中可知某基站第 2 小区申请次数较高，掉话次数也较高，同时观察切换指标，发现出小区切换成功率偏低，而入小区切换丢失率偏高；继续提取两两小区的切换数据，发现小区 2 与周边若干邻小区不发生切换，与发生切换的邻小区返回率也较高，如图 3-5 所示。从地理位置上看，该小区周围没有遮挡物理应发生切换，怀疑天馈系统存在问题，建议进行路测。

表 3-1 　　　　　　　　　　　　　　A站三扇区话务统计数据

小区名	TCH掉话数	话务强度(ERPAC)	话务量(Erl)	申请数	分配数	接通率(%)	拥塞率(%)	掉话率(%)	平均通话时长(s)	存在信道数	信道损坏率(%)
A2	9	0.31	1.86	264	231	87.50	6.44	3.90	28.96	6	0.00
A3	10	0.20	1.21	96	96	100.00	0.00	10.42	45.52	6	0.00
A1	5	0.26	3.64	322	320	99.38	0.00	1.56	40.97	14	0.00
A2	87.23	12.77		0.00	95.92		0.00	4.08		56.00	33.00
A3	100.00	0.00		0.00	68.18		31.82	0.00		0.00	100.00
A1	100.00	0.00		0.00	91.30		8.70	0.00		0.00	100.00

如图 3-6 所示，路测数据显示小区 2 和小区 3 的覆盖范围完全对换了，及应该由小区 2 覆盖的地方却由小区 3 覆盖，而应由小区 3 覆盖的地方却由小区 2 覆盖，因此建议检查天馈系统，怀疑天线接反。

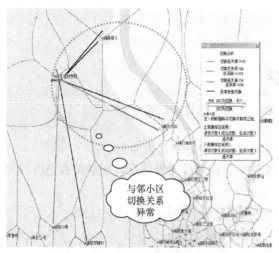

图 3-5　由于切换引起的掉话实例分析

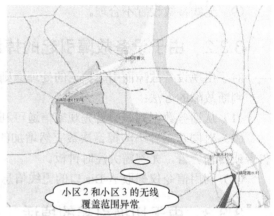

图 3-6　由于天馈系统安装故障引起的掉话实例分析

3.3.4　由于干扰引起的掉话

对于因干扰引起掉话的处理原则是：去除干扰源。

1. 判断是否由于干扰引起掉话的方法

（1）质差掉话百分比偏高。

（2）路测分析 RxQual > 3。

（3）在 Ericsson 设备上进行 CTR 分析，发现小区属于干扰区的百分比偏高，或在通话状态检查干扰带。

（4）用信令仪提取 Abis 口信息，检查小区的干扰带。

2. 查找干扰源的方法

（1）主小区各频点（BCCH、TCH）同、邻频检查；

（2）邻小区各频点（BCCH、TCH）同、邻频检查；

（3）用扫频接收机进行通话路测，跟踪干扰源；

（4）检查网内是否存在非法直放站；

（5）用频谱仪扫频测试外网干扰。

解决干扰问题最有效的方法就是去除干扰，比如：关闭非法直放站，换频等。

如图 3-7 所示，话务统计数据显示某小区质差掉话比率偏高，两两小区的切换数据显示该小区与一邻小区切换基本均失败返回，可以判断有干扰存在，建议进行同邻频检查，同邻频检查结果该小区与切换失败的邻小区为同频、同 BSIC。

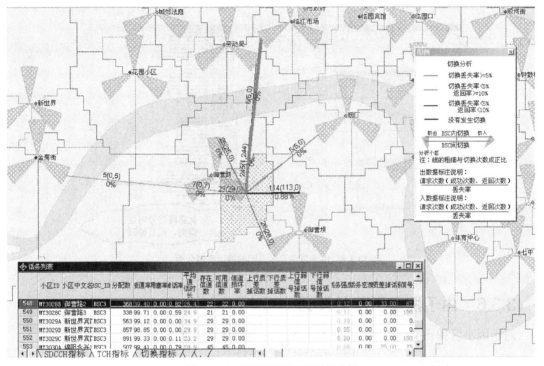

图 3-7　由于干扰引起的掉话实例分析

3.3.5　由于覆盖盲区或弱信号区引起的掉话

对于因覆盖盲区引起掉话的处理原则是：尽可能地去除盲区。

1．判断覆盖盲区的方法

（1）弱信号掉话百分比偏高；

（2）路测分析 RxLevel < −87dBm；

（3）在 Ericsson 设备上进行 CTR 分析，CTR 分析小区属于弱信号区的百分比偏高；

（4）用信令仪提取 Abis 口信息，检查无线信号的分布，信号强度与 TA 的分布。

2．解决盲区的方法

解决盲区的最好方法是去除盲区，主要手段有：

（1）盲区点是否由于主服务小区没有正对引起，可以考虑调整主服务小区的覆盖范围。

（2）调整天线的输出功率，使覆盖范围加大。

（3）如果是由于室内引起的盲区，建议安装室内分布系统。

（4）如果确实是由于没有基站出现的盲区，则建议加站。

如图 3-8 所示的回放数据中可知，此路段信号明显变弱，且周围也没有其他小区的覆盖信号，从路测数据中可知，由于信号变弱随之质量变差，无线链路超时最终达到最大值 64，产生掉话。

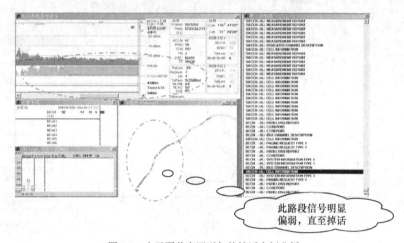

此路段信号明显
偏弱，直至掉话

图 3-8　由于覆盖盲区引起的掉话实例分析

3.3.6　由于拥塞引起的掉话

对于因小区拥塞引起掉话的处理原则是：尽可能地解决拥塞。

1．判断小区拥塞的方法

（1）TCH 每线话务量大于 0.5Erl。

（2）SDCCH 或 TCH 接通率偏低，同时拥塞率偏高。

（3）用信令仪提取 Abis 口信息，发现过多由于无线资源问题引起申请失败。

2．解决拥塞最好的方法

首先进行小区间的话务均衡，其次考虑通过扩容解决。

由于 TCH 拥塞导致 SDCCH 掉话的实例分析如图 3-9 所示。

从图 3-9 的 TCH 指标可以看到，联检大楼 TCH 的接通率极低为 2.98%，每线话务量为 0.97Erl，TCH 拥塞率为 15.57，可见 TCH 严重拥塞；再看 SDCCH 的指标：SDCCH 掉话率为 15.62%，由此可知是由于 TCH 的严重拥塞导致 SDCCH 掉话。

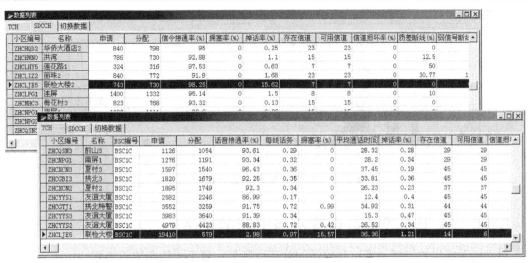

图 3-9　由于拥塞引起掉话的实例分析

3.3.7　由于上下行不平衡引起的掉话

对于因小区引起掉话的处理原则是：如果是下行弱，则参考弱信号区引起掉话的解决方案；如果是上行弱，则考虑增加塔放。

判断小区上下行不平衡的方法：

（1）在 Ericsson 设备上进行 CTR 分析，检查上下行功率平衡情况。

（2）用信令仪提取 Abis 口信息，检查上下行功率平衡情况。

（3）用手机实测经常发生单通现象。

3.3.8　由于覆盖出现孤岛引起的掉话

对于因覆盖出现孤岛而引起掉话的处理原则是：去除孤岛。

1．判断孤岛存在的方法

（1）在 Ericsson 设备上进行 CTR 分析，检查呼叫测量次数与 TA 的分布。

（2）通过信令仪提取 Abis 口信息，检查呼叫测量次数与 TA 的分布。

（3）通过路测分析各小区的覆盖范围，发现孤岛。

2．解决孤岛的方法

解决孤岛的最好办法是去除孤岛，主要手段有：

（1）通过调整天馈系统，缩小小区覆盖范围。

（2）通过 TA 限制呼叫范围。

如果某些孤岛是希望存在的，为避免掉话，可以通过增加邻小区来避免掉话。

如图 3-10 所示，信令数据中呼叫测量次数与 TA 的分布显示，在 TA 为 51 与 53 之间（相当于 25.5km 与 26.5km 之间）存在较多呼叫，而在 TA 为 31 与 50 之间没有任何呼叫，从而形成了孤岛。

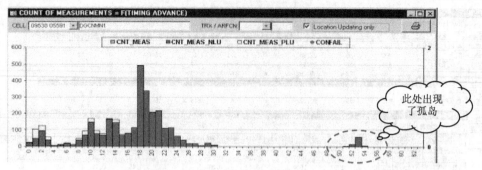

图 3-10　由于覆盖孤岛引起的掉话实例分析

3.3.9　由于无线参数设置不当引起的掉话

对于因无线参数设置不当引起掉话的处理原则是：修正无线参数的设置。

判断因无线参数设置不当引起掉话的方法：

（1）通过信令仪提取 Abis 口信息，分析掉话前信令接续的情况及时间顺序。

（2）通过路测分析话务接续中的层三信令。

此类错误典型的参数有：无线链路超时（RLINKT、SACCH 复帧数）等。

3.4　子情境三　切换分析

切换中常见的问题有以下几种。

（1）该切不切，导致语音质量和信号质量均变差。

（2）频繁切换，导致语音质量变差，信号不稳定；用户投诉语音质量不好，甚至听到机械声。

（3）切换掉话。

（4）切换失败比率过高。

（5）邻小区定义过多，切换处理较慢。

（6）由于切换参数定义有误，导致切换处理过慢。

3.4.1　该切不切

1．判断该切不切的方法

（1）通过对路测数据的分析，发现主服务小区信号明显低于邻小区的信号，但就是不发生切换，导致语音质量变差，甚至掉话。如图 3-11 所示。

（2）通过观察两两小区的切换性能报表，某两小区间在忙时从不发生切换。

2．原因查找及解决方法

（1）漏做邻小区。

解决方法：补做邻小区。

（2）天线安装异常，比如：接成鸳鸯线或天线接反，导致切换关系不正常。

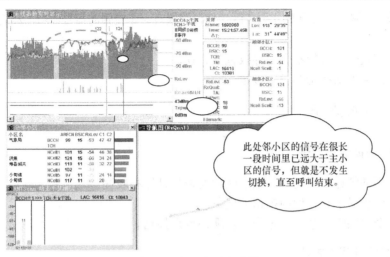

图 3-11　该切不切实例分析

解决方法：检查天馈系统，改正由于工程遗留下来的错误。

（3）切换带设置过大，导致切换过缓，主服务小区已不是信号场强最大的小区，语音质量受到影响。

3. 解决方法

最好的解决方法是调整切换带参数，使切换带参数设置合理，切换正常进行。

3.4.2　频繁切换

1. 判断频繁切换的方法

从路测数据分析中发现某地区段发生频繁切换，或乒乓切换，如图 3-12 所示。

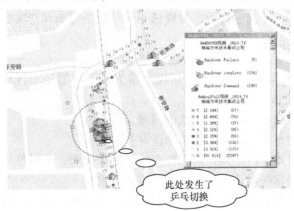

图 3-12　频繁切换实例分析

2. 原因查找及解决方法

（1）在该路段上没有主服务小区，邻近各小区在此路段上信号场强相差不多，导致切换频繁，信号不稳定；一种特例，即两小区在此路段来回切换，发生乒乓切换。

解决方法：调整一个小区的主服务区，使该路段有一个较强的信号覆盖，从而避免频繁切换的发生。

（2）由于切换带设置的不合理导致频繁切换。

解决方法：调整切换带的设置参数。

3.4.3　切换掉话

1. 判断切换掉话的方法

（1）忙时话务统计数据显示，该小区的切换掉话比率较高。

（2）路测分析显示存在切换掉话的现象。

（3）用信令仪跟踪一个通信过程，发现切换后掉话。

2. 原因查找及解决方法

（1）分析两两小区切换统计数据，发现某两小区切换丢失严重，以前的数据显示切换正常，怀疑邻小区设备存在问题。

解决方法：检查邻小区的设备。

（2）检查邻小区的话务量，如果邻小区话务严重拥塞，那么是由于邻小区拥塞引起的掉话。

解决方法：邻小区进行话务分担，或考虑扩容，同时本小区可以调节切换带使之不容易切入拥塞小区。

3.4.4　切换失败比率偏高

1. 判断切换失败比率偏高的方法

（1）分析两两小区忙时话务切换统计数据，发现该小区的与某个邻小区切换失败比率较高。

（2）路测分析显示该小区与某个邻小区切换始终失败。

（3）用信令仪跟踪一个通过过程，发现该小区与某个邻小区切换始终失败。

2. 原因查找及解决方法

（1）如果是该小区与某一个邻小区切换经常失败，可能该小区与邻小区存在同频、同BSIC，导致切换频繁失败。

解决的方法：通过换频解决同频干扰的问题。

（2）如果是切入经常失败，可能是本小区存在干扰。

解决的方法：通过本小区的同、邻频检查，找到干扰源，通过换频解决问题。

（3）如果是切出经常失败，可能是邻小区存在干扰。

解决的方法：通过邻小区的同、邻频检查，找到干扰源，通过换频解决问题。

3.4.5　邻小区定义过多，切换处理过慢

（1）分析两两小区忙时话务切换统计数据，发现该小区的与某些邻小区尽管定义了邻小区，但从来不发生切换关系，如图3-13所示。

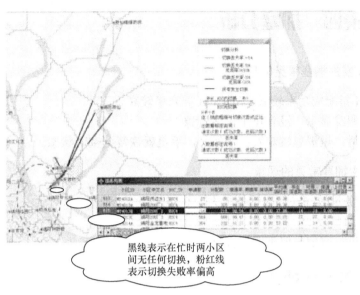

图 3-13　切换失败率偏高实例分析

（2）用信令仪跟踪切换统计，发现该小区与某些邻小区尽管定义了邻小区，但从来不发生切换关系。

原因查找：

邻小区定义过多，或在实际网络中，该两小区不宜做邻小区定义。

解决的方法：去除多余的邻小区定义。

3.4.6　切换参数定义有误，切换处理过慢

判断由于切换参数定义有误，导致切换处理过慢的方法如图 3-14 所示，通过路测数据分析，发现切换过慢，往往当邻小区场强大于主小区场强一段时间后，方发生切换。

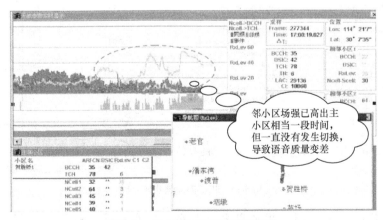

图 3-14　邻小区定义有问题实例分析

3.5　子情境四　拥塞分析

1．SDCCH 发生拥塞常见的现象

（1）SDCCH 指配成功率较低，SDCCH 拥塞率较高。

（2）信令仪跟踪显示，没有可用无线资源。

（3）用户投诉：短消息较难发；一拨号，手机就恢复到空闲状态。

2．TCH 发生拥塞常见的现象

（1）TCH 话务量较高（每线话务量大于 0.5Erl）。

（2）TCH 接通率较低，拥塞率较大。

（3）用户投诉：有信号但不能拨打电话。

3.5.1　SDCCH 拥塞

发生 SDCCH 拥塞时常见的现象。

（1）从话务指标上看发现 SDCCH 指配成功率较低，SDCCH 拥塞率较高；

比如原小区 SDCCH 有 6 个信道，突然有一个信道故障，导致 SDCCH 话务量溢出，从话务指标上可以发现 SDCCH 可用信道率不等于100%，同时 SDCCH 指配成功率偏低，拥塞率较高。

（2）从信令仪跟踪上发现较多没有可用的无线资源，如图 3-15 所示。

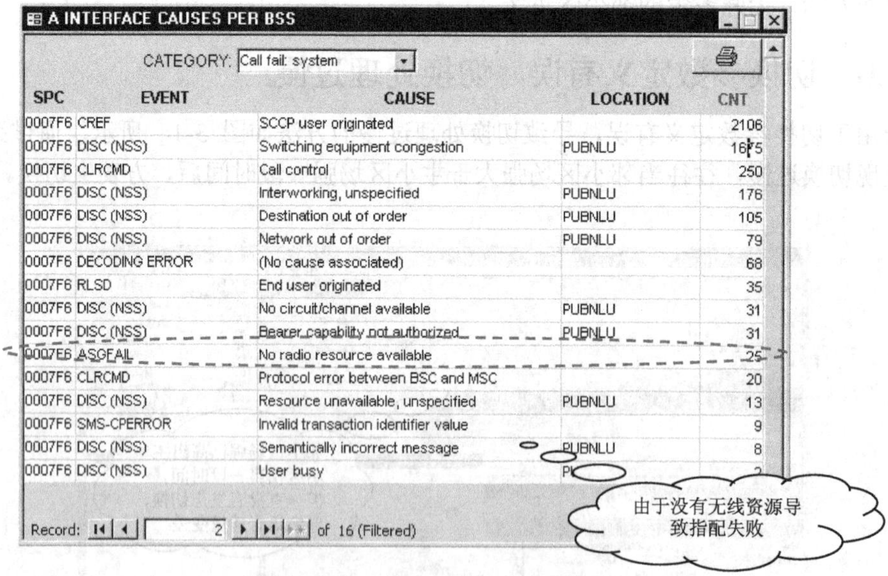

A INTERFACE CAUSES PER BSS				
CATEGORY: Call fail: system				
SPC	EVENT	CAUSE	LOCATION	CNT
0007F6	CREF	SCCP user originated		2106
0007F6	DISC (NSS)	Switching equipment congestion	PUBNLU	1675
0007F6	CLRCMD	Call control		250
0007F6	DISC (NSS)	Interworking, unspecified	PUBNLU	176
0007F6	DISC (NSS)	Destination out of order	PUBNLU	105
0007F6	DISC (NSS)	Network out of order	PUBNLU	79
0007F6	DECODING ERROR	(No cause associated)		68
0007F6	RLSD	End user originated		35
0007F6	DISC (NSS)	No circuit/channel available	PUBNLU	31
0007F6	DISC (NSS)	Bearer capability not authorized	PUBNLU	31
0007F6	ASGFAIL	No radio resource available		25
0007F6	CLRCMD	Protocol error between BSC and MSC		20
0007F6	DISC (NSS)	Resource unavailable, unspecified	PUBNLU	13
0007F6	SMS-CPERROR	Invalid transaction identifier value		9
0007F6	DISC (NSS)	Semantically incorrect message	PUBNLU	8
0007F6	DISC (NSS)	User busy	PO	

Record: 2 of 16 (Filtered)

由于没有无线资源导致指配失败

图 3-15　SDCCH 拥塞实例分析

（3）信令仪跟踪发现用于短消息平台拥塞，导致系统进行了呼叫限制，如图 3-16 所示。

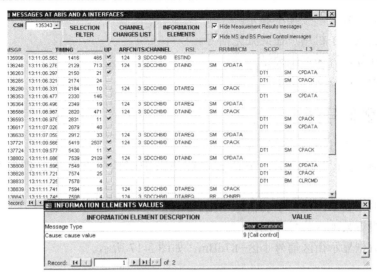

图 3-16　由于 SMS 拥塞引起的呼叫受限实例分析

手机在待机状态短消息在 SDCCH 信道中传送，从信令仪跟踪的数据显示，由于短消息平台拥塞，系统进行了呼叫限制，最终导致此次呼叫失败。

3.5.2　TCH 拥塞

发生 TCH 拥塞时常见的现象有：

（1）从话务指标上看发现 TCH 指配成功率较低，TCH 拥塞率较高，每线话务量大于 0.5Erl，如表 3-2 所示。

表 3-2　　　　　　　　　　　　各小区 TCH 话务量

小区名	TCH 每信道话务量	TCH 阻塞率%
八桂大厦 1	0.939157	57.7877
八桂大厦 2	0.761729	32.5512
八桂大厦 3	0.716186	22.7994
明珠大酒店 1	0.857929	29.3910
明珠大酒店 3	0.681314	10.3125
桃园大厦 1	0.7505	18.2647
桃园大厦 2	0.733857	22.4196
桃园大厦 3	0.902057	42.8011
邮电五三二厂 2	0.603971	15.0671

（2）分析路测数据中测层三信令发现指配 TCH 信道时失败。

（3）信令仪跟踪显示，分配 TCH 时较多的显示没有可用的无线信道。

3.6　子情境五　覆盖分析

分析覆盖问题常见的现象如下。

（1）存在弱信号区，接续不稳定。

（2）存在盲区，手机用户在此处无信号。

（3）存在孤岛，容易产生掉话。

（4）越区覆盖，容易产生干扰。

3.6.1 弱信号区

弱信号区可以通过下列手段发现：

（1）从话务统计数据显示，掉话大多数是由于弱信号产生的，即弱信号掉话比率较高。

（2）切换的主要原因是由于弱信号产生。

（3）用户投诉某地区信号较弱。

（4）路测数据显示街区信号小区-87dBm，如图 3-17 所示。

图 3-17　弱信号覆盖区实例分析

从图 3-17 可以看到，由于覆盖问题产生了弱信号区，由于街区信号小于-87dBm，此时如果在室内打电话，室内信号将小于-100dBm；目前网络中市区的弱信号区大多出现在室内，有些城市建筑物的密度相当高，通常认为室内衰减损耗比室外小 17dB，但在建筑物密集的地方可能达到 20dB 以上；在铁路旁、高速公路旁也容易存在弱信号区。

3.6.2 盲区

覆盖盲区可以通过以下手段发现：

（1）路测显示无信号。

（2）用户投诉手机显示无网络，被叫提示不在服务区。

（3）话务统计显示，掉话为突然掉话；这说明用户进入特殊区域，出现脱网的现象。

特殊区域包括：地铁、地下停车场、隧道、高速公路、高层建筑物里等。

如图 3-18 所示的测试数据中，有相当一部分路段无信号覆盖，出现覆盖盲区。

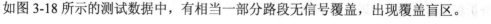

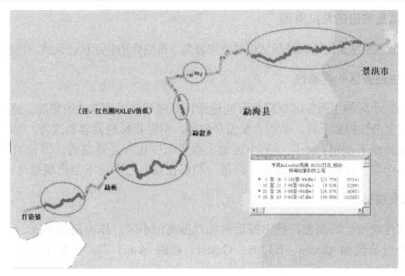

图3-18　盲区覆盖实例分析

3.6.3　孤岛覆盖

1．什么是孤岛效应

由于基站相对位置较高、或地势起伏、或发射天线波束不理想等原因，小区的信号意外地穿越过一个或几个小区，在远处形成主服务区，好像是在其他小区的领地里划了一片自治岛。由于"意外"的缘故，该区域与附近的各个小区之间没有定义邻接关系，相互之间没有联系，因此称为"孤岛"，如图3-19所示。

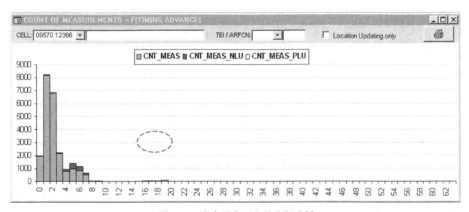

图3-19　存在孤岛现象的实例分析

2．孤岛效应的危害性

由于孤岛效应，使得在孤岛处发起的呼叫常常因为找不到合适的邻小区发生掉话；另外由于意外性，即使没有形成主服务区，也可能形成主干扰源。

孤岛现象是网络建设和维护都尽量避免的，它直接导致网络指标的恶化，另外，它往往比较隐秘，不容易发现，因此危害性更大。

3．产生孤岛效应的常见原因

产生孤岛效应最常见的原因是基站相对位置较高，再结合地势起伏，天线方向图超出意外。

4．小区主服务区的连通性

一般认为，小区的主服务区域应尽可能连通，即使是使用直放站的情况。连通的主服务区域使得网络的复杂性得到下降，从而容易发现问题，网络指标也就容易改善，"简单就是美"。

对于双层网或多层网，不同层的小区的主服务范围也应是连通的。即使对于外层，可能由于包含了多个微小区而显得不连通，但是一切都在意料之中，不会出现孤岛。

5．如何发现孤岛

通过查阅性能统计的报表，找出掉话率相对偏高的小区，作为问题小区。

使用信令分析仪如 Ocean、K1205、Gntest，跟踪 A-bis 口，观察下行电平-TA 联合分布，如图 3-20 所示。

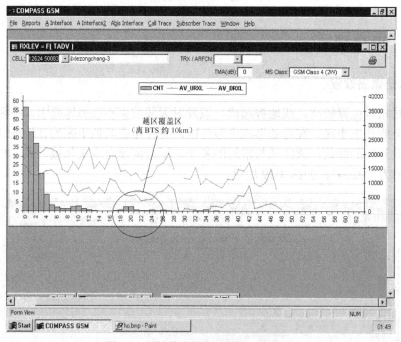

图 3-20　通过信令仪发现孤岛的实例分析

从图 3-20 中，可以发现在 $TA=20$ 附近有一些话务，而其他话务基本集中在 $TA<10$ 的区域内，可见这是一个孤岛。

通过路测，有时也能发现孤岛。对主要的道路进行路测（可以不必是通话模式），分析数据，将路径上的测试点与各个服务小区相连线，也容易发现孤岛情况。

6．孤岛效应的解决办法

（1）发现了孤岛之后，首先是想方设法消除远处意外出现的主服务区，使得当前小区的主服务区域连通。如改变天线的方位角或下倾角。

（2）如果消除远处意外出现的主服务区难度较大或代价较高，此时可以考虑将"孤岛"附近的小区与当前小区互设相邻小区，使得"孤岛不孤"。

（3）还有一种方法是在后台参数中（部分设备支持），设置 *TA*（Time Advanced，时间提前量）的接入限制，在初始接入或切换判决时，网络侧根据 *TA* 的限制条件，拒绝远端的话务接入。

TA 限制的方法，也存在一些风险，"孤岛"可能变为"盲区"。如果移动台经过"孤岛"区域或恰好在此区域开机，由于当前小区在"孤岛"区域信号最强，移动台进行小区重选或小区选择，结果移动台将驻留于当前小区的"孤岛"中。如果此时发起呼叫，该移动台将被拒绝接入。这样，此移动台得不到当前小区的服务，又得不到其他小区的服务，相当于在"盲区"中。如果侦听频率设置不合理，该移动台可能无法重选到其他小区，一直得不到有效服务。因此，关于 *TA* 的限制功能，有些设备只限制切换进入的话务，而不限制发起呼叫的话务。

3.6.4　越区覆盖

越区覆盖可以通过以下手段发现：

（1）路测显示小区有越区现象存在，如图 3-21 所示。

此处发生了越区切换

图 3-21　孤岛覆盖实例分析

（2）信令仪提取 Abis 口信息，跟踪显示存在越区覆盖的现象。

（3）在 Ericsson 的设备上可以提取 CTR 数据，同样可以发现越区覆盖的现象。

3.7　任务解决

回到 3.2 提出的任务，图 3-22 为安徽大厦电梯内测试文件回放。

分析思路：

（1）首先观察测试文件的表象。

● MS 接收到的信号强度(RxLev)很低，基本低于-90dBm，甚至达到-100dBm 以下，远低于室内通话需求的-85dBm；

● 通话质量很差，RxQual 基本大于 5；

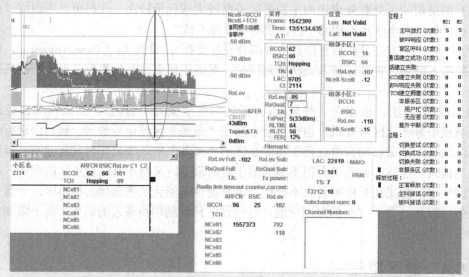

图 3-22　测试文件

● MS 接收不到更强的邻区信号。

● 当前小区 $TA=1$。

（2）我们首先想到是因为覆盖不好，所以才有弱信号的发生。这种想法没错，但需要一个方面的论据支持：当前小区必须是最佳小区。因为不合理的小区切换或者小区重选也会导致弱信号的发生，而不合理的切换和重选同时会出现一个表象；另有其他小区信号比当前小区信号强，当前小区非最佳小区。

而且从表象来看，几个方面的指标对我们进行判断非常有帮助，有利于我们证明当前小区是最佳小区：

● 主邻小区列表（可以看到没有更强的邻小区）。

● 当前小区的 TA 值（证明当前小区距离我们的测试点并不远，500m 以内）。

另外，我们还有一个方法可以证明当前小区是否最强，那就是扫频。扫频可以对 MS 在测试点所能接收到的所有频点进行扫描，记录扫到的频点的信号强度，这样我们就可以观察当前小区 BCCH=62 是否最强了。

（3）综合上面的分析得出：安徽大厦电梯因为覆盖不足引起弱信号，高误码。

解决方案如下。

（1）一般来说，解决覆盖不足有以下几种方法。

● 增加基站或者直放站。这个措施要考虑成本，问题点的人流量和重要性。

● 加大测试点最佳覆盖小区的 BSPWRB（BCCH 载频发射功率）\BSPWRT（TCH 载频发射功率）。要考虑加强发射功率后，该小区信号在附近产生的副作用，这个在密集区域更要慎重考虑！

● 调整最佳小区天线正对问题点，会获得更强的信号。也要考虑调整后产生的副作用，这种调整可能会产生新的信号盲区。

（2）而本例中安徽大厦人流量较多，另外问题出现在电梯，调整发射功率和天线角度对问题的改善不大。因此，最后的方案是：安装室内覆盖系统。

问题规律：

（1）覆盖不足经常会导致弱信号、高误码现象出现。在边界覆盖不足还会导致出现漫游现象。

（2）覆盖不足问题经常会在封闭环境（如电梯、隧道）、人烟稀少的地方出现。

 ## 小结

本章介绍了 OSS 无线网络优化工具 RNO 的功能，包括邻区规划和优化工具 NCS，频率规划和优化工具 FAS，无线网络质量分析工具 MRR。还介绍了 4 种专题评估的方法，分析其产生的原因并提出了解决措施。

 ## 练习与思考

下图是使用 ANT PILOT 做 DT 测试的测试图，其中发生了一次掉话，请指出可能导致掉话的原因。

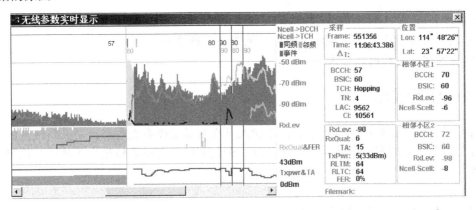

 ## 实训项目

项目一、Navigator 操作流程和路测数据分析。

任务一、会利用鼎立 Navigator 对测试数据产生统计报表。

任务二、会利用鼎立 Navigator 对路测数据进行分析的方法。

任务三、会撰写网络测试分析报告。

项目二、频谱仪的使用。

任务一、掌握频谱仪工作原理。

任务二、熟悉频谱仪频谱分析测量。

任务三、熟悉频谱仪基本信号测量。

任务四、学会使用频谱仪查找干扰。

项目三、利用 Mapinfor/Mcom 对 GSM 测试数据进行分析。

【学习目标】

掌握网络优化的调整手段——工程参数调整和无线资源参数调整的方法。

4.1 子情境一 天线的维护和调整

【学习目标】

（1）掌握利用天馈线测试仪 Site Master 对天馈线进行维护；

（2）掌握网优中天线的调整方法。

4.1.1 任务提出

任务： 用户投诉基站附近信号很弱，维护人员查基站主设备无告警，而天馈线系统有驻波比告警。显然是发射天馈线系统出了故障，如何判断是哪根天馈线出了故障？故障点在哪里呢？

4.1.2 基站天馈线的结构

如图 4-1 所示为基站天馈线的结构。从基站天线口用 1/2″软跳线连接到 7/8″硬馈线，再从硬馈线转换成软跳线连接到天线。这里软跳线主要用于连接，而硬馈线线径粗损耗较小，主要用于信号传输。要求馈线沿途每隔 20m 要接一次地，在下铁塔拐弯前 1.5m 处要接地，馈线进机房前再接一次地。也可采用塔顶放大器放大上行信号，以提高基站的接收灵敏度。

4.1.3 天馈线测试仪工作原理

1. 频域特性测试原理

不论是什么样的射频馈线都有一定反射波产生，另外还有一定的损耗，频域特性的测量原理是：仪表按操作者输入的频率范围，从低端向高端发送射频信号，之后计算每一个频点的回波，然后将总回波与发射信号比较来计算驻波比（SWR）值，当电压驻波比（$VSWR$）小于 1.5 为合格。如图 4-2 所示，该天馈线是否正常？

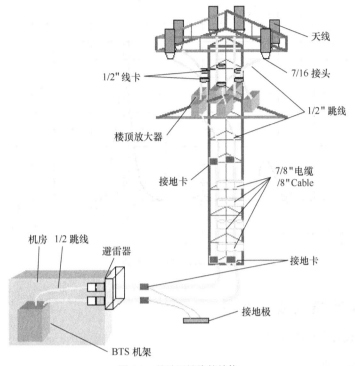

图 4-1　基站天馈线的结构

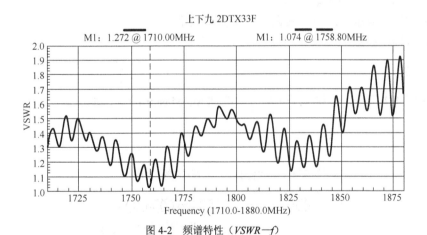

图 4-2　频谱特性（*VSWR—f*）

2．DTF 的测试原理

　　仪表发送某一频率的信号，当遇到故障点时，产生反射信号，到达仪表接口时，仪表依据回程时间 *X* 和传输速率来计算故障点，并同时计算电压驻波比（*VSWR*），所以故障点测试（DTF）的测试与两个因数有关：PROP *V*——传输速率，*LOSS*——电缆损耗。如图 4-3 所示，该天馈线是否有故障？

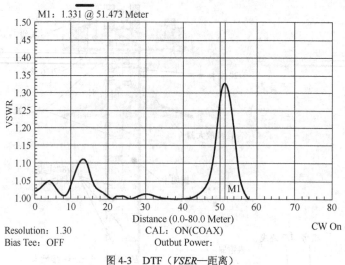

图 4-3　DTF（*VSER*—距离）

4.1.4　天馈线测试仪使用

天馈线测试仪操作步骤如下。

1．测试仪表预调

（1）选择测试天线的频率范围。
（2）测试仪表较准（开路、短路、标准负载校准）。
（3）输入馈线参数。

2．测试连接

（1）如图 4-4 所示，连接 1.5 m 测试电缆到 SiteMaster 的测试端口。

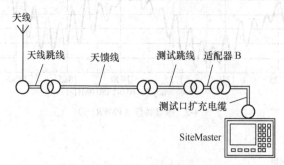

图 4-4　天馈线测试连接

（2）连接适配器 B（Adaptor B）到测试电缆。

3．频谱特性测试

频谱特性测试图形如图 4-5、图 4-6 所示。

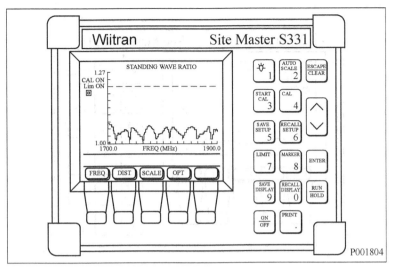

图 4-5 符合标准的测试波形（正常）

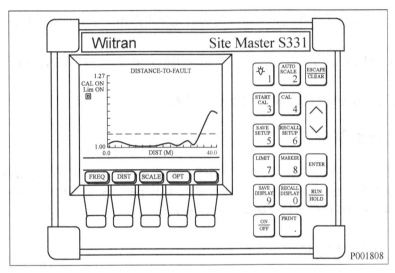

图 4-6　不符合标准的波形（不正常）

4．DTF 测试

DTF 测试图形如图 4-7 所示。

使用 SITEMASTER 注意事项：

（1）正确输入馈线的电缆参数，不同型号的馈线有不同的参数。如：

常用的 7/8 硬馈线：型号为 LDF5-50A，$Vf=0.89$，cable loss=0.043dB/m½ 的软跳线：型号为 LDF4-50A，$Vf=0.88$，cable loss=0.077dB/m。

（2）1.5m 测试口扩展线时，若校准在末端进行校准，距离的计算从校准口开始算。

（3）校准测试端口所用的校准件较为精确，不能承受较大功率，否则将会损坏校准件。

（4）SITEMASTER 最大的测量距离是由频段、数据的相对传播速率决定的。最大的距离=（1.5×10）×129×Vf/（F2−F1）。其中：$F1$ 为起始频率，$F2$ 为终止频率，Vf 为相传播速率。

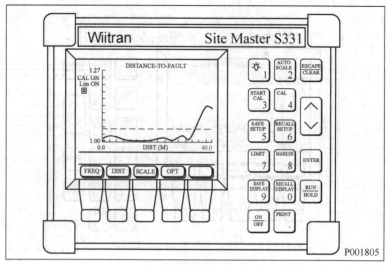

图 4-7 符合标准的波形（正常）

（5）开机后发现屏幕全黑时，可能是屏幕对比度不适当，这时可利用按键的上下键调节适当对比度。

（6）当车充输出电流不稳定时，应尽量避免用车充电器对 SITEMASTER 充电，以免烧坏测试。

（7）在使用过程中应尽量小心，以免损坏测试。

4.1.5 任务解决

回到 4.1.1 中提出的任务，有驻波比告警说明发射天线有故障，具体哪根天线故障、故障点在哪里需接 sitemaster 去测量，当发现驻波比大于 1.5 时说明该天线有故障，再利用天馈线测试仪的 DTF 功能判断故障点的准确位置。

4.1.6 天线的调整

下面通过案例说明在网优中如何调整天线。

例1 基站采用无电子下倾的 Kathrein730368 定向天线，天线挂高 70m，天线下倾角为 0°，准平坦地型，结果发现小区前向大致 300～400m 区域信号较弱，部分房子里没有信号。

为什么会这样？明明就在塔底下？……难道灯下也会黑？……

分析垂直面的剖面图，如图 4-8 所示。

计算接收区域在垂直方向图上的夹角。

300m 处

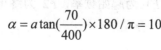

图 4-8 天线主瓣与地面交角示意图

$$\alpha = a\tan(\frac{70}{300}) \times 180 / \pi = 13°$$

400m 处

$$\alpha = a\tan(\frac{70}{400}) \times 180 / \pi = 10°$$

查天线的垂直方向图，13°处的垂直增益系数为−17dB，10°处的垂直增益系数为−8.4dB；比3dB范围的垂直增益至少分别低14dB和5.4dB。

这是个比较尴尬的区域，在这个区域内，传播损耗开始迅速变大，而又得不到天线增益的有效补偿，因此信号反而会变弱，再由于建筑物的贯穿损耗作用，房子里就可能没信号了。

如果距离再近一些，如100～200m，由于离基站较近，且入射角较大，接近于自由空间的传播损耗（22～28dB/dec，dec表示10倍的距离），因此传播损耗较小，因而信号也较强；而距离再远些，如大于500m，则进入垂直3dB主波束范围之内，垂直增益系数发挥了作用。

解决方法：

方案一：将天线下倾3～5°，则天线的垂直增益系数增大了。不妨设4°，此时300m对应垂直面主方向9°，400m对应6°，查表可知，垂直增益系数分别为−6.5dB和−2.5dB，信号强度至少可以改善3～8dB。此时远端的信号将减弱1～2dB。

方案二：使用零点补偿（Null-Filled）天线，补偿系数为20%左右。

结论：

对于高站的定向天线，在照顾远距离覆盖的同时，需要适度下倾，避免近端信号偏弱。

例2　如图4-9所示，基站采用无电子下倾的Kathrein730368定向天线，天线挂高70m，天线下倾角为8°，离基站1km处有一个山包。山包的树冠相对基站地面高度40m，基站与山包之间为平坦开阔地，山包后面有一幢4层高建筑物。测试发现建筑物内信号较弱，部分房间里没有信号。

观察垂直面的剖面图如图4-10所示。

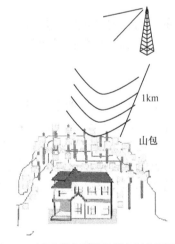

图4-9　天线参数与覆盖范围实例分析图

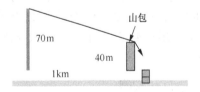

图4-10　案例分析垂直剖面图

此时，由于山包的阻挡，建筑物接收到的信号大部分来自绕射波，而此时最强的绕射信号在垂直面中的仰角为

$$\alpha = a\tan(\frac{70-40}{1000}) \times 180/\pi = 1.7°$$

由于天线下倾8°，结果垂直面上主波束对着山包，最强的绕射信号获得的增益系数为−3dB左右（相当于垂直面6°的增益系数），且多径波的信号都比较弱。

此时，合适的处理方法是将天线下倾 2°，使得主波束能够绕过山包，考虑到主绕射信号的增强和多径信号的叠加效应，信号至少可以增强 5dB（实际例子的解决方法是：调换成 18.5dBi 的高增益天线，同时天线下倾 2°，结果信号增强 15dB）。

有时候，定向天线下倾过大，导致远端的信号强度偏弱，达不到预计的覆盖要求，这种情况大家能够理解，也是由于垂直面的增益系数起的作用，远端接收区域落在垂直 3dB 波束范围之外的缘故。

容易忽略的情况是，在传播主方向上，看不出不明显的阻挡，如一片连续的多层建筑物（一般的居民小区或新村），如果天线下倾不当，容易造成后面的建筑物内信号偏弱的现象。

例 3　如图 4-11 所示，基站采用无电子下倾的 Kathrein730368 定向天线，天线挂高 40m，天线下倾角为 8°。小区前方是一个居民小区，为规则分布的建筑物，楼高 6 层，估计 20m，从小区前向开始到最后一排房子，共有 9 排。最后一排房子距离基站天线大约 1km。测试发现最后一排建筑物内信号较弱，部分房间里没有信号，只能到阳台上打电话。

分析：由于距离的增大，传播损耗会增加；另外，如果多重屏障的绕射，绕射次数越多则损耗越大。会不会由于天线下倾过大，导致绕射次数过多或绕射波的能量过小？能不能通过简单的手段加以改善？

分析传播路径的剖面图如图 4-11 所示。

最后一排房子楼顶与天线发射点的仰角近似为

$$\alpha = a\tan(\frac{40-20}{1000}) \times 180 / \pi = 1.1°$$

由于天线下倾 8°，意味着天线垂直面的上边 7°外的辐射信号才能绕过屋顶，这部分在 3dB 之外或边缘，绕射信号相对较弱，越过屋顶的其他信号引起的反射信号也较弱，综合的结果是信号偏弱。

解决方法：

可将天线下倾角改成 5°～7°，实际情况，下倾角取 6°，结果信号增强了 3～5dB 之间（如果需要考虑越区覆盖的情况，则两个方面必须进行折衷处理。一般观点，解决信号覆盖优先）。全向天线常见有两类问题与垂直方向图有关。一类是基站较高，近端信号偏弱，这类问题的解决方法；还有一类是天线安装不竖直，导致一边信号较强，一边信号偏弱。

例 4　如图 4-12 所示，全向天线倾斜，导致一边信号明显偏弱，结合天线的垂直方向图，分析原因。

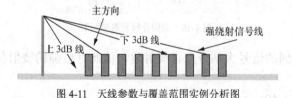

图 4-11　天线参数与覆盖范围实例分析图　　　图 4-12　天线倾斜对覆盖的影响分析案例

假设天线 Kathrein736347 挂高 60m，天线向右侧偏 5°，在离基站 2km 处，左右两侧各有一点 A 和 B。

首先计算 2km 处与天线的仰角

$$\alpha = a\tan(\frac{60}{2000}) \times 180 / \pi = 1.7°$$

查天线的垂直方向图数据，天线竖直时，垂直增益系数是-1dB 左右；由于天线向右侧偏 5°，则 A 点的垂直增益系数是-13dB（辐射方向角：5+1.7，相当于 7°左右），比正常情况低了 12dB 左右；B 点的垂直增益系数是-3dB（辐射方向角：5-1.7，相当于 3°左右），也比正常低了 2dB。因此，全向天线的竖直安装是非常重要的。

4.2 子情境二 MS 空闲模式的参数调整

【学习目标】

（1）掌握 MS 空闲模式下的小区选择和重选算法以及小区选择优先级的控制，熟悉参数设置对网络的影响；

（2）掌握位置更新 3 种方式及参数调整。

4.2.1 任务提出

任务 1： 某用户在房间内信号很弱，不能打电话，走到房外就可以打电话。如何解决？

分析： 方法一：加大该基站功率。有何副作用？方法二：让手机在室内也可以接入该基站。如何操作？由此引出小区选择算法。

任务 2： 某东莞靠近广州地区的移动用户，打给本地固定电话，却被告知要加拨长途区号，这是什么原因造成的？如何通过网优手段加以解决？

分析： 用户在东莞，手机却锁定在广州的基站上，怎么办？加大东莞基站的功率？若此基站功率已是最大，怎么办？由此引出手机空闲模式下的小区重选算法，配套参数的调整对手机锁定小区的影响。

4.2.2 MS 空闲模式下的任务

在语音业务领域，手机开机后的状态可分为空闲和激活两种模式。MS 空闲模式的概念指 MS 开机后占用 SDCCH 信道之前的工作模式；MS 的激活模式指分配了 TCH 信道进行通话或分配了 SDCCH 进行信令通话或 SDCCH 业务（如短信等）。

MS 空闲模式选择小区停留，是由系统决定的还是 MS 自己决定的？MS 空闲模式下的行为是由移动台自主控制的，通过在 BCCH 信道上接收到的参数来执行控制。空闲模式下的控制参数都是由小区 BCCH 信道来传送的。

MS 处于空闲模式时，并不意味着真正空闲起来，和网络没有任何联系，相反，它要不断收听驻留小区的系统广播和寻呼消息，并测量邻小区的信号情况以便评估是否有更佳的小区可以驻留、定时或更换位置区时做位置更新等。

手机空闲时需执行 5 个通信任务。

（1）网络选择

（2）小区选择

（3）小区重选

（4）位置更新

（5）监听寻呼

空闲模式下的通信任务之间的关系如图 4-13 所示。

当手机在移动网络中成功驻留时，可以实现下面 3 个目的。

（1）手机可以通过无线接口收听广播的系统消息。

（2）手机可以通过驻留小区无线接口上的随机接入信道来接入网络。

（3）系统可以知道手机驻留的位置区，知道在哪里对手机进行寻呼。

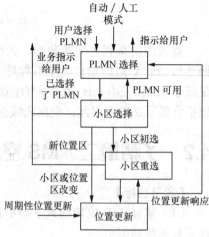

图 4-13   MS 空闲模式下的任务

4.2.3　网络选择

因为 GSM 是一个全球移动通信系统，手机可以在不同的国家、网络间自由漫游，所以首先进行的是网络选择，以选择一个合适的 GSM 移动网络进行驻留，接受网络提供的各种业务。

移动台（MS）何时启动公共陆地移动网络（PLMN）？一般发生在 MS 开机或从盲区进入服务区的时候。手机一般会选择登记的归属移动网络，只有当归属移动网络没有覆盖时，才会选择另外的移动网络。目前，国内运营商之间没有漫游协议，因此在国内，没信号时无法驻留到其他 GSM 移动网络。与国外的 GSM 运营商多有漫游协议，因此 MS 到国外后，可以驻留在有漫游协议的其他运营商的 GSM 网络上。

PLMN 选择的方式分为自动和人工两种。

1．自动模式

自动模式指以安排好的顺序选择网络。如果上次登记的网络不存在或网络不可用，则按下列顺序选择网络：

（1）自身归属的 PLMN。

（2）按 SIM 卡中储存的网络列表次序选择。

（3）从接收到的信号强度大于-85dBm 的网络列表中进行随机选择。

（4）从其他的 PLMN 以信号强度递减的顺序进行选择。

2．人工模式

人工模式指由用户启动网络选择。MS 首先试图选择曾经成功登记的 PLMN 或归属的 PLMN，若登记失败，用户启动一个 PLMN 重选。MS 通知用户所有有效的 PLMN，用户选择所要的 PLMN，MS 就登记到此 PLMN 上，如果所选择的 PLMN 不允许接入，用户被告知选择另一个 PLMN。用户任何时候都可以要求 MS 启动网络重选并登记到另一个 PLMN 上。采取哪种模式选择网络取决于手机设置。

4.2.4　小区选择

1．小区选择准则

手机通过小区选择算法，选择最合适小区驻留。MS 选择了某个小区后，调谐到该小区的广播控制信道（BCCH）载频上，监听 BCCH 上的系统信息，在公共控制信道（CCCH）上接收寻呼消息。如果 MS 找不到合适的小区驻留，MS 进入业务受限状态，只允许紧急呼叫。

什么样的小区可以被选择？以下 5 个条件都满足的小区可以被选择。

（1）该小区必须属于所选择的 PLMN。

（2）该小区不被禁止接入（CB=NO，小区禁止接入意味着手机空闲模式时不能在小区驻留，但通话模式可以切换进来）。

（3）该小区满足 $C1>0$。

（4）该小区不处于禁止漫游的位置区列表中（对于那些不接受漫游的位置区，当手机进行登记时会被拒绝。这些已经拒绝了手机登记的位置区识别码会被储存在手机的禁止漫游位置区列表中，手机关机时列表被清空）。

（5）在没有常规小区选择的情况下，才选择优先级低的小区。

如图 4-14 所示，第一种情况，手机选 $C1=10$ 的小区驻留；第二种情况，手机一个都不选。

MS 在空闲时不停地计算路径损耗标准参数 $C1$，要求 $C1>0$

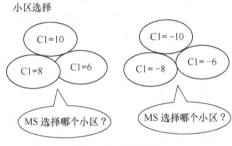

图 4-14　小区选择

$$C1=（rxlevl—ACCMIN）—MAX（CCHPWR-P，0）$$

rxlevl——MS 所接收的信号电平；

ACCMIN——MS 接入系统时所需的最小接收电平（系统信息中给出）；

CCHPWR——MS 在 RACH（随机接入信道）上的发射功率（系统信息中给出），推荐等于 MSTXPWR（MS 在业务信道上的最大发射功率）；

P——MS 的最大发射功率（因不同级别的 MS 而不同）；

A= rxlevl—ACCMIN，对应下行信号质量，A 值越大，表明下行信号越好；

B= MAX（CCHPWR-P，0），对应上行信号质量，B 值越大，表明上行信号越差。

$C1$ 算法包含两方面含义：一是下行方向手机的接收信号强度必须大于 ACCMIN，二是上行方向手机必须有足够的发射功率。所以可以限制那些下行方向有足够的信号强度但上行发射功率不足的手机对网络的使用。

$C1$ 算法中主要包括 ACCMIN 和 CCHPWR 两个参数的设置。

（1）ACCMIN 的设置

可以通过修改 ACCMIN 来控制 $C1$，从而控制小区的逻辑覆盖范围。对于农村基站，可以通过提高此值来限制移动台的接入，降低边界的弱信号掉话。对于市区高密度的基站来说，不必要调整此值，因为严重的交叉，达到−90dBm 时已经选择了另一个小区，但却会限制了部分室内移动台的接入。

采用这一手段平衡业务量时，一般最小接收电平的值不超过 90dBm，实际工程中不超过-95dBm。因此，除了在一些基站密度较高、无线覆盖较好的地区外，一般不建议采用最小接收电平来调整小区的业务量。如果室内采取了层小区结构，ACCMIN=LEVTHR（分层小区切换门限值）。

（2）CCHPWR 的取值

控制信道功率电平的设置原则为：在确保小区边缘处移动台有一定的接入成功率的前提下，尽可能减小移动台的接入电平。显然，小区覆盖面积越大，要求移动台输出的功率电平越大。该参数一般的设置建议为 33dBm（对应 GSM900 移动台）和 26dBm（对应 GSM1800 移动台）。在网络不断扩容以后，小区的覆盖半径已经很小了（300～500m），此时，可以适当下降该参数值，以降低整个网络的上行干扰电平。

MS 小区选择有两种方式：一种是储存频点列表式，另一种是普通小区选择。

2. 储存 BA 列表式小区选择

手机关机时，把最后登记的 PLMN 网络和频点（BA）表一并存在 SIM 卡中。手机再开机时，按 SIM 卡储存的 PLMN 和 BA 表进行网络选择和小区选择，可以加速小区选择过程。

BA 表分为空闲 BA 表和激活 BA 表。空闲 BA 表在系统消息 2 中发，它定义了手机空闲时必须测量的相邻小区频点，最多可以定义 32 个；激活 BA 表在系统消息 5 中发，它定义了手机通话状态下必须测量的邻区频点，最多也是 32 个。当 2G/3G 互操作后，定义的邻区可以超过 32 个。

3. 普通小区选择

若 SIM 卡中没有空闲 BA 表或 MS 按 BA 表没有搜索到合适小区停留，MS 将对自己支持的频段进行搜索，如图 4-15 所示。

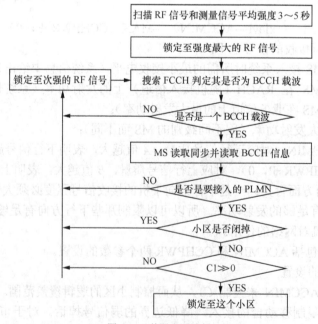

图 4-15 普通小区选择

如果手机只支持 900MHz 频段，就对 124 个频点逐个测量，然后调谐在信号强度最大的那个频率上，通过是否搜索到频率校正信道（FCCH）来判断该频点是否为 BCCH 频点。如果判定为 BCCH 载波，那么手机通过解码 SCH 来获得 BSIC 码，并读取 BCCH 上的系统消息。系统消息里面包括 BA 表、NCCPERM、CB、ACCMIN、CCHPWR 等参数，如果解码 BSIC 中的 NCC 属于 NCCPERM，CB=NO，则该网络允许接入。如果 MS 计算出 $C1>0$，则可以选择该小区驻留。

4.2.5　小区重选

MS 在空闲模式下因位置变动、信号变化等因素引起重新选择服务小区的过程，称小区重选。当完成小区选择后，MS 将驻留在服务小区，可以随时发起呼叫或接受系统寻呼，同时也需要不断测量服务小区 BCCH 频点和 BA 列表中 BCCH 频点的信号强度作为小区重选的依据。为确定测量频点对应的小区是否为邻区，每隔一定的时间要读取测量频点的 BSIC 信息。小区重选过程中要进行小区排队，所以手机要读取服务小区和相邻小区的系统消息。

手机只对信号强度排在前 6 名的邻区读取系统消息和解码 BSIC。至少每 30 秒内对邻小区进行 BSIC 解码，以确定邻小区没有变化，如果发现 BSIC 发生了变化，则判定邻小区发生了变化，接着就对其 BCCH 进行重新解读。每 5 分钟内对邻小区的 BCCH 进行重新解读，以保证小区重选数据的准确，如表 4-1 所示。

表 4-1　　　　　　　　　MS 解码服务小区和相邻小区的 BCCH 和 BSIC

	BSIC	BCCH 数据
服务小区		最少每隔 30 秒
6 个邻区	最少每隔 30 秒	最少每隔 5 分钟

只要满足以下 5 个条件之一，MS 就启动小区重选，手机重选到 C2 值最高的小区上。

（1）服务小区变为禁止状态。

（2）MS 几次接入网络不成功。

（3）MS 检测到下行链路故障。

（4）服务小区 C1<0 超过 5 秒钟，表明该小区路径损耗太高，需要改变小区。

（5）相邻小区的 C2 超过服务小区的 C2+CRH（小区重选滞后值）大于 5 秒，需要改变小区。

1．小区重选算法 C2

$$C2=C1+CRO-TO*H（PT-T）\qquad PT\neq31$$

$$C2=C1-CRO\qquad PT=31$$

$$H(X)=0\qquad X<0$$

$$H(X)=1\qquad X\geqslant0$$

H(X) 是一个开关函数，当 X<0 时，即计数器 T 超过了惩罚作用时间 PT，则 H（X）=0，TO 不起作用。反之在惩罚时间内，则 TO 起作用。

小区重选参数指示 PI，指示采用 C2 还是 C1 算法

PI=1，CRO、TO、PT 在系统消息中传送，C2 不等于 C1，C2 作为重选依据（现网 PI=1）。

PI=0，CRO、TO、PT 全为 0，C2 等于 C1，C1 作为重选依据。

T>PT，则 C2=C1+CRO，即超出惩罚时间 PT，就不惩罚。

T<PT，则 C2-C1+CRO-TO，即没有超出惩罚时间 PT，就惩罚 TO 值。

PT=31，则 C2=C1-CRO，即在最大的惩罚时间内，该小区被严重惩罚。

2．小区重选算法参数的设置

CRO：小区重选偏差值，类同于 KOFFSET（MS 激活模式下切换边界调整的偏差值），用于小区重选边界的调整。所以 CRO 取正值时，边界外移，反之则内移。对于 2 段手机来说，要同时读取本小区与相邻小区的 CRO 值，并同时计算各个小区的 C2 值，手机重选到 C2 最大的小区。小区重选偏置（CRO）以十进制数表示，单位为 dB，取值范围为 0～63，表示 0～126dB（以 2dB 为步长），默认值为 0。

TO：指在 PT 周期内的负补偿值，意即当某一小区被移动台列入邻区开始，必须经过 PT 时间后才能发生正常的小区重选，否则在重选序列中将被惩罚，即刻意不重选到该小区。临时偏置（TO）以十进制数表示，单位为 dB，取值范围为 0～7，表示 0～70dB（以 10dB 为步长），其中 70 表示无穷大。默认值为 0。

PT：执罚时间，TO 执罚力度，这两个数值用于限制快速移动台选择此小区。取值 0～31，即 20～620 秒。缺省值为 31。

T：当某个小区被列入 6 个最强邻区开始计时，从 0 开始计起；当此小区不列入 6 个最强邻区时，T 计时器停止，并回到初始值 0。

CRH：小区重选滞后值，用于限制重选频繁地发生于两个小区之间。如同 MS 激活模式下的 KHYST（防止乒乓切换参数）。

3．C2 中参数取值的影响

（1）对于话务量大通信质量不好的小区，希望 MS 不要选择该小区，则设该小区 PT=31，C2=C1-CRO。依据排斥程度适当选择 CRO。

（2）对于业务量很小，设备利用率较低的小区，一般鼓励移动台尽可能工作于该小区。这种情况下，建议设置 CRO 在 0～20dB 之间，根据对该小区的倾向程度，设置 CRO。倾向越大，CRO 越大；反之，CRO 越小。TO 一般建议设置与 CRO 相同或略高于 CRO。PT 主要作用是避免移动台的小区重选过程过于频繁，一般建议设置为 20 秒或 40 秒。

（3）对于业务量一般的小区，一般建议设置 CRO 为 0，PT 为 640 秒从而使 C2=C1，也即不对小区施加人为影响。

4.2.6　小区选择优先级控制

对于小区重叠覆盖的地区，根据每个小区容量大小、业务量大小及各小区的功能差异，营运者一般都希望移动台在小区选择中优先选择某些小区，即设定小区的优先级，这一功能可以通过设置参数 CBQ 和 CB 的组合来实现，如表 4-2 所示。

表 4-2　　　　　　　　　CBQ 和 CB 组合设置小区选择的优先级

CBQ	CB	小区选择	小区重选
HIGH	NO	正常	正常
HIGH	YES	禁止	禁止
LOW	NO	低	正常
LOW	YES	低	正常

由表 4-2 可见，接入控制只对小区选择有效，对重选无效。一般采用第 1，3（CB=NO）两种情况。

例 5 假设如图 4-16 所示的小区覆盖情况，图中每个圆表示一个小区。由于某种原因小区 A 和 B 的业务量明显高于其他相邻的小区，为了使整个地区的业务量尽可能均匀，可以将小区 A 和 B 的优先级设置为低，而其他小区优先级为正常，从而使图中阴影区中的业务被相邻小区吸收。必须指出，这种设置的结果是小区 A 和 B 的实际覆盖范围减小，但它不同于将小区 A 和 B 的发射功率降低，后者可能会引起网络覆盖的盲点和通话质量的下降。

解决方法：A、B 小区设为 CBQ=LOW，CB=N0，其他小区设为 CBQ=HIGH，CB=N0。

例 6 如图 4-17 所示，假设某微小区 B 与一宏小区 A 重叠覆盖一区域（图中阴影区）。

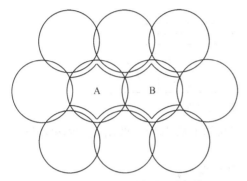

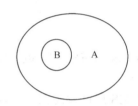

图 4-16 CBQ 用于均匀小区业务量 　　图 4-17 微小区情况下 CBQ 的应用

为了使微蜂窝 B 尽可能多地吸收 B 区的业务量（尤其是 B 区的边缘），可以设置小区 B 的优先级为"正常"，小区 A 的优先级为"较低"。这样在小区 B 的覆盖范围内无论其电平是否比小区 A 的低，只要符合小区选择的门限，移动台将选择小区 B。

解决方法：A 小区设：CBQ=LOW，CB=N0，B 小区设：CBQ=HIGH，CB=N0。

手机在重叠区选择 A 或 B，与信号强度无关，只和小区的优先等级有关。

4.2.7　任务解决

学习完小区选择和重选算法后，回到 4.2.1 提出的任务。

任务 1 的解决方法是：室外信号作室内覆盖，可调低室外该站的 ACCMIN，让用户在室内也能接入该基站。

任务 2 的解决方法，一：给东莞基站加一个 CRO，人为抬高东莞的 C2 值，使手机锁定东莞基站。二：给东莞小区设置优先级控制，使手机不论接收东莞基站信号有多弱，都优先接入东莞基站。这两种方法虽然解决了东莞用户问题，但广州基站下的用户也被吸引到东莞基站，广州用户有意见。一般行政区边界上的小区参数是协商取值的。边界用户漫游问题很难彻底解决，目前采取模糊计费的方法。

4.2.8　位置更新

任务提出
学习任务：分析造成 SDCCH 拥塞的原因及提出相应的解决方法。

> **分析：** SDCCH 上传呼叫建立、位置更新、IMSI ATTACH/DETACH、短消息等。其中位置更新产生的话务量较大，如果位置更新次数过多，可能造成 SDCCH 拥塞。由此引出位置更新。

位置更新包括 3 种情况：普通位置更新、周期性登记、IMSI（移动用户识别码）结合。

1．普通位置更新

当 MS 进入一个新的位置区时，它收听到服务小区 BCCH 载波上的系统信息，系统信息中包含有 LAI（位置区识别码），MS 把当前收听的 LAI 与 SIM（用户识别模块）卡中存的 LAI 进行比较，若不同则启动普通位置更新，新的 LAI 将存于 SIM 中。如果位置更新失败，例如，进入禁止位置区，MS 或者选择另一个小区或者回到 PLMN 选择状态。

普通位置更新流程如图 4-18 所示。

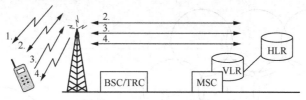

图 4-18　普通位置更新流程

（1）MS 监听新小区 BCCH 上的 LAI，把新的 LAI 与旧的做比较，如果不同，发起位置更新请求。

（2）MS 通过 SDCCH 与网络建立连接，执行鉴权。

（3）如果鉴权成功，MS 发送位置更新请求给系统。

（4）系统确认位置更新并释放 RBS（基站）和 MS 之间的信令信道。

2．周期性登记

为了避免对非正常掉电的移动台以及超出覆盖范围的移动台进行不必要的寻呼，采用周期性登记。周期性登记的时间 T3212 在系统信息中播送，MS 收到后每隔 T3212 时间就做一次周期性位置更新。当时间超过 BTDM+GTDM 时，MS 还没有进行周期性登记，则 MSC 把该 MS 标记为隐分离。

（1）BTDM——在 VLR 中设置的默认分离时间，一般取 T3212=BTDM，若 BTDM 小于 T3212，则 MS 在周期性登记之前便被从系统中抹去。

（2）GTDM——在 VLR 中设置的默认分离保护时间。要求：T3212≤BTDM+GTDM

（3）T3212——在 BSC 中设置，若过长，会导致寻呼成功率低，T3212 过短，增加网络信令负荷，手机电池不耐用。周期性位置更新不会导致手机在同一时刻进行位置更新。

（4）周期性位置更新计时器存在于 MS 中，当 MS 每次从专用模式回到空闲模式时，该计时器复位。如果 MS 收听到系统广播中 T3212 的值改变时，该计时器将重新开始计时，MS 中新的计时器指示为：当前剩余值 MOD 新的 T3212 值。例如计时器剩余值为 0.56h，新的 T3212 值为 0.3h，则新的计时器指示为：0.56MOD0.3=0.26h；若新的 T3212=0.7h，则新的计时器指示为：0.56MOD0.7=0.56h。

3．IMSI 结合和分离

IMSI 结合指 MS 一开机或 SIM 被插入时，向网络通告它已进入业务状态；

IMSI分离指MS一关机或SIM被取出时，向网络通告它已退出业务状态。

是否做IMSI结合和分离，由参数ATT来定义，ATT=YES/NO，注意：同一个LA（位置区）中ATT必须设的一致，一般ATT=YES。IMSI结合流程如图4-19所示。

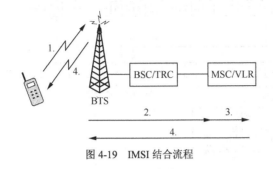

图4-19　IMSI结合流程

（1）MS发送IMSI attach消息到网络，表明其状态改变为空闲。

（2）VLR（访问位置寄存器）检查当前是否有该用户的记录，如果无，VLR去该用户的HLR（归宿位置寄存器）复制信息。

（3）VLR更新MS的状态为"空闲"。

（4）网络发送确认消息给MS。

任务解决

学习完位置更新，回到本节前面提出的任务。

造成SDCCH拥塞的原因可能是：

（1）频繁的周期位置更新，解决方法是加大T3212；

（2）SDCCH太少，解决方法是增加SDCCH数量；

（3）MS在位置区边界的小区发生乒乓位置更新，解决方法是加大CRH；

（4）频率干扰，解决方法是改频率或调整天线的下倾角。

4.2.9　寻呼

4.2.9.1　任务提出

任务：如果寻呼成功率低，可以从哪几方面加以改进？

分析：要找出造成寻呼成功率低的原因，必须先学习寻呼策略。

1. 寻呼组

当MS调谐到BCCH载波并解出系统信息后，MS根据IMSI（移动用户识别码）、AGBLK（AGCH块的个数）、MFRMS（信令信道复帧周期数）算出它所属的寻呼组，然后监听该特定寻呼组（CCCH块）。在同一CCCH块上监听的所有的MS称为同一寻呼组。在某一寻呼组当没有寻呼消息传送给MS时，则传送空闲寻呼消息。MS在属于自己的寻呼组出现的间隙处于睡眠模式，MS每隔30秒读服务小区的BCCH数据，如图4-20所示。

寻呼组的计算方法：

所属寻呼组=MOD（imsi后3位，寻呼子组数），MOD函数是求两数相除的余数。

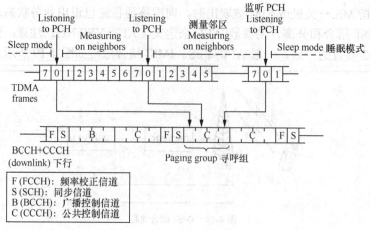

图 4-20　寻呼组

例如：IMSI 后 3 位为 108，MFRMS=6，AGBLK=1，则所属的寻呼组为 MOD(108，(9−1)×6)=12

寻呼组数：COMB：　　　　(3−AGBLK)×MFRMS = 12

NOT COMB：　　(9−AGBLK)×MFRMS =48

2．寻呼方法

GSM 的寻呼过程由 MSC 管理。GSM 有不同的寻呼方法，运营者可以根据 MSC 的参数设置控制寻呼过程。寻呼策略分为本地寻呼和全局寻呼。LOCAL PAGING（本地寻呼）是在一个位置区进行，GLOBAL PAGING（全局寻呼）是在 MSC 中进行（当 VLR 中没有 LAI 时）。在第一次寻呼没响应后（超时后），会进行第二次寻呼，如图 4-21 所示。

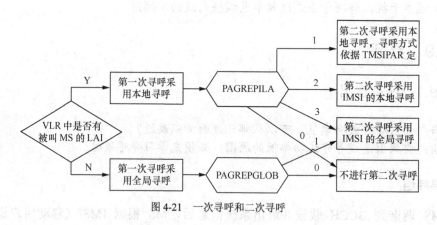

图 4-21　一次寻呼和二次寻呼

如果第一次寻呼发出后，在计时器 PAGTIMEFRST1LA（LOCAL 方式)或者 PAGTIMEF RSTGLOB（GLOBAL 方式）超时后还没有收到手机的响应，将发起第二次寻呼。

如果第一次寻呼采用 LOCAL 方式，参数 PAGREP1LA 决定是否采用第二次寻呼。第二次寻呼发出后，MSC 将启动计时器 PAGTIMEREP1A（LOCAL 方式)，当计时器超时后，系统认为该次寻呼不成功。

学习情境四　GSM 无线网络调整

如果第一次采用 GLOBAL 方式，并且在第一次超时前没有收到手机响应时，参数 PAGREPGLOB 决定是否发起第二次寻呼。如果第二次寻呼发出后，在计时器 PAGTIME REPGLOB 超时后，仍没有回应时，MSC 认为手机不可达。

4.2.9.2　任务解决

学习完寻呼策略后，回到本节提出的任务。

导致寻呼成功率低可能有以下原因：

（1）MS 位置更新频繁（T3212 太小或 CRH 太小），使 SDCCH 拥塞，阻塞了寻呼响应。改进方法是增大 T3212 和 CRH。

（2）寻呼组设置不合理（MFRMS 太大），导致寻呼时间长。改进方法是减小 MFRMS。

（3）二次寻呼时间设置不合理，使二次寻呼不起作用。改进方法是启动二次寻呼，减小 PAGTIMEFRST1LA、PAGTIMEFRSTGLOB 计时器参数。

4.2.10　MS 空闲模式的系统消息

在 GSM 中，当 MS 空闲时，通过 BCCH 接收基站发来的系统信息；当 MS 处于激活模式时，通过 SACCH 接收系统信息。系统信息有以下几种类型。

（1）系统消息类型 1，只在开跳频时发送，包括：

● 小区信道描述

● RACH 控制参数（包括 CB、MAXRET、EC、TX、RE 等参数）

（2）系统消息类型 2，MS 空闲时发送，包括：

● 邻小区描述（指空闲 BCCH 分配表，即 BA 表）

● 允许的 PLMN（NCCPERM）

● RACH 控制参数

（3）系统消息类型 3，在 MS 空闲时发送，包括：

● 小区识别码（CI）

● 位置区识别码（LAI）

● 控制信道描述（包括 AGBLK、MFRMS）

● 小区可选参数（如 DTX、RLINKT）

● 小区选择参数（如 ACCMIN、CCHPOWER）

● RACH 控制参数

（4）系统消息类型 4，在 MS 空闲时发送，包括：

● 位置区识别码（LAI）

● 小区选择参数

● RACH 控制参数

● CBCH 信道描述（可选）

（5）系统消息类型 5，在 MS 忙时发送，包括：

● 邻小区描述（激活 BA 表）

（6）系统消息类型 6，在 MS 忙时发送，包括：

- 小区识别码（CI）
- 位置区识别码（LAI）
- 小区可选参数
- 允许的 PLMN（NCCPERM）

（7）系统消息类型 7/8（可选的）：系统消息 4 的补充和扩展，关于小区重选的系统消息。

（8）系统消息类型 13，GPRS 相关描述。

4.2.11　MS 空闲模式的参数

MS 空闲模式下的参数总结如表 4-3 所示。

表 4-3　　　　　　　　　　　　　　　　MS 空闲模式下的参数

参数类型	参数名	缺省值	推荐值	取值范围	单位
	BSIC			NCC:0～7 BCC:0～7	
RACH 接入控制参数	CB	NO		YES，NO	
	MAXRET	4		1，2，4，7	
邻区描述	MBCCHNO GSM900 GSM1800			1～124 512～885	ARFCN ARFCN
PLMN 允许	NCCPERM			0～7	
控制信道描述	BCCHTYPE	NCOMB		COMB，NCOMB，COMBC	
	SDCCH	1		0～16	
	MFRMS	6		2～9	CCCH 复帧
	T3212	40		0～255	
	ATT	YES	YES	YES，NO	
小区选择参数	ACCMIN	−110	−110	−47～−110	dBm
	CCHPWR GSM900 GSM1800		MSTXPWR	13～43，步长 2 4～30，步长 2	dBm
	CRH	4	4	0～14，步长 2	dB
	CBQ	HIGH		HIGH，LOW	
	CRO	0		0～63	2dB
	TO	0		0～7	10 dB
	PT	0		0～31	20s 一个单位
CBCH 参数	CBCH	NO		YES，NO	
配置参数	AGBLK	1	0	0～1 0～7	
	BTDM	OFF	T3212	6～1530，OFF	分
	GTDM			0～255	分

4.3 予情境三 MS 激活模式下的参数调整

4.3.1 任务提出

任务 1：某国道路段统计的切换次数很高，且总是发生乒乓切换，如何解决？

任务 2：话务统计中如果出现某小区的切出切入比过大时，调整哪个参数能有效地控制？

分析：这两个案例都是切换问题，所以要学习决定切换的算法，即定位算法。

4.3.2 概述

1. 切换的定义和分类

切换是指将一个正处于呼叫建立状态或忙状态的 MS 转换到新的业务信道上的过程。切换类型有多种，根据 MS 当前所占的信道不同，可以分为独立专用控制信道（SDCCH）切换和业务信道（TCH）切换。根据切换前后的网元类型分为小区内切、同 BSC 不同小区之间的切换、同 MSC/VLR 不同 BSC 小区的切换、不同 MSC/VLR 小区之间的切换。根据引起切换的原因，分为由信号强度引起的正常切换、由干扰（话音质量差）引起的紧急切换、由距离引起的紧急切换以及由话务均衡引起的非常规切换。

2. 定位算法概述

切换算法在 GSM 规范里没有详细定义，各厂家实现方式不尽相同。在爱立信设备中，切换算法称为定位算法，但定位算法本身并不能完成切换流程，仅仅提供切换的候选小区排队。定位算法软件是植于 BSC 的 TRH 硬件中。所以，切换是由 BSC 决定和控制的。定位算法是一个提供切换决定的软件算法，可以通过参数加以控制，算法算出来的是 MS 在激活模式下的小区选择；定位算法的输入是 MS 和 BTS 的测量报告，输出是候选小区列表，该列表是以切换性能的优劣来排序的；定位算法不停地工作，一个定位算法的计算周期大约是 480ms（1 个 SACCH 周期），定位算法的结果大部分不执行切换，一般几个周期才执行切换。

3. 测量报告

在通话过程中，基站收发台（BTS）和 MS 要分别监测上下行链路的信号情况，为切换提供依据。MS 要不断监测服务小区下行链路的信号强度和信号质量以及相邻小区的 BCCH 载波的信号强度，并通过 SACCH 经由 BTS 上传至 BSC 中。注意相邻小区只报前六强；BTS 要不断监测服务小区上行链路的信号强度和信号质量以及 TA 值，与 MS 的测量报告一起上传至 BSC 中，如图 4-22 所示。

测量报告中，服务小区有 3 个参数，分别是：

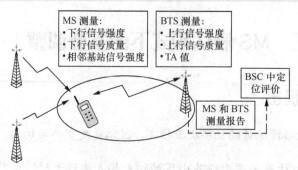

图 4-22　MS 和 BTS 的测量报告

（1）信号强度（Rxlev）：测量报告以信号强度等级 *Rxlev*[0 to 63]表示，对应的测量值 *rxlev* 在−110～−47dBm 范围内。测量值高于−47dBm 的设为 63，低于−110dBm 的设为 0。

（2）信号质量（RxQual）：测量报告以整数值 0～7 表示，该数值是 BER（误比特率）的对数值，0 表示高质量（低 BER），7 表示低质量（高 BER）。定位算法中以 *rxqual* [0 to 100 deci-transformed quality units(dtqu)]转换质量单位。

（3）时间提前量（TA）：是由基站所测的 0～63bit，63 对应 BTS 到 MS 的距离为 35km。

测量方式有全集和子集两种。全集测试指在整个 SACCH 周期（4 个 TCH 复帧）对所有突发脉冲都做测量（测 25×4=100 个样值）；子集测试指当激活了 DTX 功能后，有传输时对突发脉冲的测量（测 3×4=12 个样值）。通常全集用于测量期间没有采用 DTX，子集用于测量期间采用了 DTX。

4．实际功率和有效功率

在开始讲定位算法之前，还要明确一下各功率参考点的设置。功放输出的功率为实际功率，合成器或天线口输出的功率为有效功率。定位算法涉及的发射功率和接收功率，都是指有效功率，如图 4-23 所示。

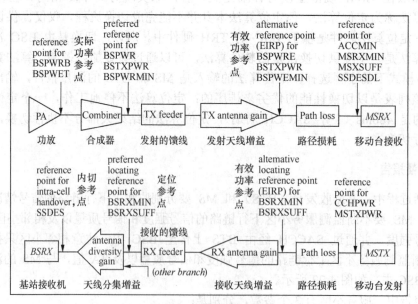

图 4-23　各参考点的功率

图 4-23 中，BSPWRB 是基站 BCCH 载频上的实际发射功率，BSPWR 是其有效发射功率。BSPWRT 是基站 TCH 载频上的实际发射功率，BSPTXWR 是其有效发射功率。一般 BSPWR>BSPWRB，BSTXPWR>BSPWRT，通常取 BSPWRB=BSPWRT。

4.3.3　定位算法

定位算法的主要流程有 8 个步骤：

- 初始化
- 滤波
- 基本排队
- 紧急条件
- 辅助无线网络功能评价
- 组织列表
- 发送列表
- 分配响应

1．初始化

每当 MS 要完成一次切换或者专用信道指派（包括 SDCCH 指派和 TCH 指派），BSC 都会为每一个 MS 初始化一个定位进程。根据上次切换的类型以及是否成功切换生成这次定位进程的惩罚列表。如上次是质差切换，需要对该质差切换小区做惩罚，以免再次回到原小区。

为防止频繁地进行小区切换，系统为两次切换设定一个定时器（TINIT)，每次切换之后需等定时器计完后才能进行下次切换。一般 TINIT=10，单位是 SACCH 周期，即约为 5s。SCHO 是 SDCCH 切换开关。表示是否允许在 SDCCH 上进行切换。取 ON 或 OFF，一般取 ON。

2．测量值的滤波

由于无线信号的波动性，必须对 MS 和 BTS 测量的信号进行滤波处理。滤波就是求测量值的平均，其目的是消除暂时的影响，保证切换命令的可靠，如表 4-4 所示。

表 4-4　　　　　　　　　　　　　　MS 和 BTS 的测量值

测量数据	上下行	小区	测量方式	测量源
信号强度	下行	本小区	全集	MS
信号强度	下行	本小区	子集	MS
信号强度	下行	6 个最强邻区		MS
信号质量	下行	本小区	全集	MS
信号质量	下行	本小区	子集	MS
信号质量	上行	本小区	全集	BTS
信号质量	上行	本小区	子集	BTS
时间提前量				BTS
MS 功率能力（依据手机的等级）				BSC（MS）
测量期间基站是否采用 DTX				BTS
测量期间 MS 是否采用 DTX				MS

（1）信号强度滤波器参数

信号强度滤波器采用的滤波器类型由参数 SSEVALSI/SSEVALSD 决定，SSEVALSI 是指 MS 处于 SDCCH 阶段的测量报告滤波；SSEVALSD 指 TCH 阶段的滤波。部分滤波器还需设置长度，分别由参数 SSLENSI/SSLENSD 控制，如表 4-5 所示。

表 4-5　　　　　　　　　　　　信号强度滤波器参数的选择

滤波器选择 SSEVALSI SSEVALSD	滤波器类型	滤波器长度（SACCH 周期数）
1	通用 FIR 滤波器	2
2	通用 FIR 滤波器	6
3	通用 FIR 滤波器	10
4	通用 FIR 滤波器	14
5	通用 FIR 滤波器	18
6	递归直线平均型滤波器	SSLENSI，SSLENSD
7	递归指数型滤波器	SSLENSI，SSLENSD
8	递归一阶滤波器	SSLENSI，SSLENSD
9	中值型滤波器	SSLENSI，SSLENSD

（2）信号质量滤波器参数

信号质量也需要滤波，原理与信号强度类似。利用 QEVALSI 和 QEVALSD 参数选择质量滤波器。6～9 滤波器的滤波长度是由参数 QLENSI 和 QLENSD 确定，如表 4-6 所示。

表 4-6　　　　　　　　　　　　质量滤波器参数的选择

滤波器选择 QEVALSI QEVALSD	滤波器类型	滤波器长度（SACCH 周期数）
1	通用 FIR 滤波器	2
2	通用 FIR 滤波器	6
3	通用 FIR 滤波器	10
4	通用 FIR 滤波器	14
5	通用 FIR 滤波器	18
6	递归直线平均型滤波器	QLENSI，QLENSD
7	递归指数型滤波器	QLENSI，QLENSD
8	递归一阶滤波器	QLENSI，QLENSD
9	中值型滤波器	QLENSI，QLENSD

对服务小区和相邻小区，滤波的策略有所不同，如图 4-24 所示。对于服务小区的滤波器，在其被测量值充满之前就有正常输出。对于相邻小区的信号强度在开始几个报告测量中被低估。这是出于安全考虑，目的是防止基于不可靠测量而引起切换。

如果测量报告丢失，则用参数 MISSNM 对丢失的测量报告数值做一个限制。小于该值，用线性插值替代；大于该值，则重新开始收集测量报告。一般 MISSNM=3。

SSRAMPSD（SSRAMPSI）是相邻小区滤波器从启动开始到有正常输出的时间，即斜坡持续时间。缺省取 SSRAMPSD =5，SSRAMPSI =2。

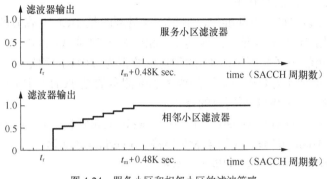

图 4-24　服务小区和相邻小区的滤波策略

滤波器长度太短则有可能会出现误测，太长则有可能会出现反应迟慢。如对于高速移动区域发现切换太慢时（高速公路），则长度应短点，以跟得上快速变化的测量值。而对于非高速移动区，但情况复杂的劣质小区，则长度应大点，以去除个别非规则的差质测量值造成的影响。但对于稳定的网络，长短都一样。

（3）时间提前滤波器参数

一个 BSC 中的所有小区用一个时间提前滤波器，这个滤波器是直线平均滤波器。时间提前滤波器产生滤波后的 TA 值。滤波器长度是由参数 TAAVELEN 定义，缺省取4，无单位。

3．基本排队

这一步是定位算法的核心，目的是产生相邻小区和主服务小区的候选列表。基本排队有两种算法，一种是爱立信 1 算法，基于信号强度和路径损耗排序；另一种是爱立信 3 算法，只基于信号强度排序。分别用 EVALTYPE=1 或 3 定义，如图 4-25 所示。

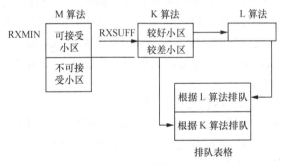

图 4-25　基本排队

基本排队有7个子步骤：

- 基站输出功率下行测量值的修正
- 以最小信号强度条件对邻区进行评价
- 减去信号强度惩罚值
- 以足够信号强度条件对邻区进行评价
- 信号强度的评价（K 算法）

● 路径损耗的评价（L 算法）
● 组合成基本排队列表

（1）基本排队之一，功率修正

定位算法评估是以 TCH 为基准的，但邻区测量到的是 BCCH 载波的功率，所以，需要进行功率的校正。用 BCCH 载频的发射功率 BSPWR 与其他载频的发射功率 BSTXPWR 的差值进行校正，即相邻小区要把 BCCH 的测量值校正为 TCH 的测量值，服务小区只有在测量到的是 BCCH 载频时才需要校正，因为服务小区测量的是 TCH 信道的信号强度。

● BSTXPWR 与 BSPWR 不同时的修正

  SS-DOWNm=rxlevm+BSTXPWRm-BSPWRm m 指的是相邻小区和服务小区

● OL 与 UL 不同时的修正（如果 MS 连接到 overlaid 子小区）

  SS-DOWNs=rxlevs+BSTXPWRUL-BSTXPWROL

● 当 BTS 激活功率控制时，服务小区非 BCCH 载波的测量值也要校正。

（2）基本排队之二，对相邻小区以最小电平条件评估——M 算法

最小电平评估只针对邻区，只有大于最小电平条件的相邻小区才做进一步处理。

  SS_DOWN n≥MSRXMIN n（下行条件）

  SS_UP n≥BSRXMIN n（上行条件）

对于邻区上行 SS_UP n，由于测量报告中无法测量，只能估算。

SS_UP n = MS_PWR n−L n，这里认为上下行链路损耗是一样的。

MS_PWR n = min(P，MSTXPWR n)，P 由 MS 的功率等级决定，MSTXPWR n 是该候选小区设置的 MS 允许最大发射功率。

  L n = BSPWR n−SS_DOWN n

MSRXMIN 和 BSRXMIN 取值：

MSRXMIN：切换到目标小区下行链路的最小信号强度，表示手机能够接收到的最小信号强度。该参数主要针对紧急切换，防止切向信号较弱的小区而产生掉话。提高 MSRXMIN，则控制了在通话时的接入，相当于有效范围缩小；反之则扩大了有效范围。对于信号覆盖好的地区，提高该值，可减少全网切换数，减少弱信号下切换引起的掉话。该参数类似于 MS 空闲模式下的 ACCMIN 参数。一般 MSRXMIN=102，指 MS 接收的最小信号强度为−102dBm。

BSRXMIN：切换到目标小区上行链路的最小信号强度。如 BSRXMIN=150，指 BS 接收的最小信号强度为−150dBm。

（3）基本排队之三，相邻小区信号的惩罚

信号惩罚只针对邻区，包括两种情况：一是定位惩罚；二是小区分层的惩罚。

  p_SS_DOWN p = SS_DOWN p−LOC_PENALTY p−HCS_PENALTY p

① 定位惩罚（LOC PENALTY）包括：

● 切换失败的小区要惩罚。一般惩罚的信号强度和惩罚时间分别为 PSSHF=63，PTIMHF=5。

● 质差的小区要惩罚。一般惩罚的信号强度和惩罚时间分别为 PSSBQ=10，PTIMBQ=15。

● TA 超限的小区要惩罚。一般惩罚的信号强度和惩罚时间分别为 PSSTA=63，PTIMTA=10。

② 小区分层惩罚（HCS PENALTY）

为防止快速移动的移动台切换到低层小区，对低层小区要惩罚。PSSTEMP 表示临时惩罚的信号强度，PTIMTEMP 表示临时惩罚的时间。

（4）基本排队之四，足够电平条件评价

服务小区和相邻小区都要进行是否符合足够电平条件的评价，由阀值参数 MSRXSUFF 和 BSRXSUFF 来判定。当信号强度超过足够电平条件时，称为强信号小区，或称 L 小区，强信号小区按照路径损耗排序。当信号强度低于足够电平条件时，称为弱信号小区，或称 K 小区，弱信号小区按照信号强度排序。

注意，只有上下行都满足足够电平条件时，才称为 L 小区，否则为 K 小区。例如当 MSRXSUFF=0 和 BSRXSUFF=150 时，下行不满足足够电平条件，上行满足，所以还是 K 小区，下行使用 K 算法排队。

Hysteresis（滞后值）和 Offset（偏差值）的含义如图 4-26 所示。

```
HYST A, B = HYST B, A, OFFSET A, B = -OFFSET B, A
```

滞后值用于减少相邻小区的排队值，使之与服务小区比较时变得低估，因此，MS 尽量留在服务小区，这可以防止乒乓切换。滞后值是定义小区与小区之间关系的，它是对称的，两相邻小区有相同的滞后值。偏差值用于改变排队值，它影响小区边界。偏差值也是定义小区和小区之间关系，它是不对称的，两相邻小区的偏差大小相等，符号相反。

KHYST（信号强度滞后值）：该参数的目的是产生一个切换走廊，防止乒乓切换。对切换频繁且切换丢失率较高的相邻小区，适当提高该值。一般城区内取 4 或 5，郊区取 3。

KOFFSET（信号强度偏差值）：推移 K-K 边界。KOFFSETP 为"正"数，使边界外推，KOFFSETN 为"负数"，使边界内收，用于话务均衡。对于拥塞小区可取 KOFFSETN=2 或 3。

注意：KOFFSET 不能大于 KHYST，否则会造成某区域内循环切换（旋转木马效应），即 MS 如果在三个小区重叠的范围内，会不断发生循环切换，从 A 切到 B，再切到 C，再切到 A……如图 4-27 所示。

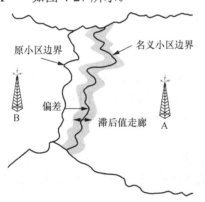

图 4-26　切换边界 Hysteresis 和 Offset

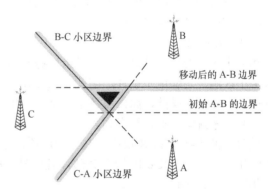

图 4-27　旋转木马效应

爱立信 3 算法前三步（功率修正，M 算法，惩罚）与爱立信 1 算法一样。爱立信 3 算法全部按照信号强度来排序。

```
RANKs=SS_DOWNs
RANKn=p_SS_DOWNn-OFFSETs, n-HYSTs, n
```

爱立信 3 算法用参数 HYSTSEP 来区分服务小区信号强度是高还是低。当相邻小区信号强度高于此值，用大的 HYST，否则用小的 HYST。

- HYST=HIHYST if rxlevn≥HYSTSEP
- HYST=LOHYST if rxlevn<HYSTSEP

一般取值为：

- HYSTSEP=-90（-150～0dBm）
- HIHYST=5（0～63dB）
- LOHYST=3（0～63dB）
- OFFSET=0（-63～63dB）

（5）基本排队之五，根据 K 算法排队

- K 值是与足够电平相比较的相对信号强度

$K\_DOWNm = p\_SS\_DOWNm - MSRXSUFFm$

$K\_UPm = p\_SS\_UPm - BSRXSUFFm$

- 有效 K 值是上下行中低的那个 K 值，但要用滞后值和偏差值来修正

$K\ eff,s = \min(K\_DOWN\ s, K\_UP\ s)$

$K\ eff,n = \min(K\_DOWN\ n, K\_UP\ n) - KOFFSET\ s,n - KHYST\ s,n$

- K 排队值是相邻小区和服务小区有效 K 值的相对值

$K\_RANK\ n = K\ eff,n - K\ eff,s$

$K\_RANK\ s = 0$

（6）基本排队之六，根据 L 算法排队

- 服务小区的有效 L 值

$L_{eff,\ s} = BSPWR_S - p\_rxlev_s$

或者 $L_{eff,\ s} = BSPTXWR_S - p\_rxlev_s$

- 相邻小区有效 L 值需要用滞后值和偏差值加以修正

$L\ eff,n = L\ n + LOFFSET\ s,n + LHYST\ s,n$

- L 排队值是相邻小区的 L 有效值和服务小区的 L 有效值之差

$L\_RANK\ n = L\ eff,n - L\ eff,s$

$L\_RANK\ s = 0$

相邻小区已经排好队之后，为了给服务小区排队，必须确认它是 K-cell 还是 L-cell。如果服务小区满足足够电平条件，它就是 L-cell，否则为 K-cell。如果服务小区是 K-cell，它就与其他 K-cell 一起排队，如果服务小区是 L-cell，它就与其他 L-cell 一起排队。

（7）基本排队之七，组合列表

最后，把 L-cell 和 K-cell 合在一起就构成基本排队列表。L-cell 排在上部，且路径损耗最小的排在最前面，K-cell 排在底部，且信号强度最弱的排在最后。即 L-cell 总是排在 K-cell 的前面，如图 4-28 所示。

4. 紧急切换条件

基本排队后，把符合紧急切换条件的小区提到队列的前面。紧急切换条件为

（1）质差紧急切换条件

$rxqual(uplink) > QLIMUL$（跳频取 55，不跳频取 45）

$rxqual(downlink) > QLIMDL$（跳频取 55，不跳频取 45）

（2）时间提前紧急切换条件

ta >TALIM

离基站近的强信号质差，发生小区内切。在基站边缘的强信号质差，可切换到更坏小区。参数 BQOFFSET 定义了离名义上的小区边界有多远的 MS 有资格进行质差紧急切换。如图 4-29 所示。该参数只能在同层小区间定义，是相对于小区边界的，建议取 3 或 5，在跳频打开时不宜取值过大。

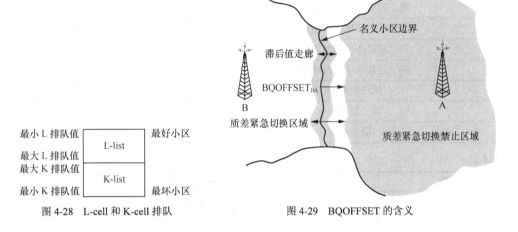

图 4-28　L-cell 和 K-cell 排队　　　　图 4-29　BQOFFSET 的含义

5．辅助无线网络功能评价

这一步主要解决基本排队中只根据信号强度和路损来排序所产生的缺陷。单纯考虑信号强度和路损，体现的是信号覆盖强弱主导的切换。但实际中还有其他类型的切换需求，比如当某一小区在某一时刻偶然出现突发的高话务，我们希望周边的小区能够对其做适当的负荷分担，而不是扩容；再比如 900/1800MHz 双频网结构中，往往 1800MHz 小区由于频段较高而信号较差，但却希望能够从信号较强的 900MHz 小区分担一定比例的话务，这就需要其他的辅助功能来弥补基本排队的不足。

有 6 个辅助无线网络功能来调整队列的次序：
- 分配到另一个小区
- 多层小区结构
- 上/下层子小区结构
- 小区内部切换
- 扩展范围
- 小区负荷分担

6．组织列表

把紧急切换条件和辅助网络功能考虑进去，对基本排队进行修正。如表 4-7 所示，基本排队表中的小区被分为三大类，每类对应于一层。对每层的小区进一步划分，共分为 11 种。

① 层 1～3：层 1 是最低层，具有最高优先权。无线网络动作的优先权如表 4-8 所示。

② 在基本排队表中，排队高于或低于服务小区的小区分别为"好小区"和"坏小区"。

表 4-7   小区分层以后的排队顺序

描述	小区类别
第一层好小区门限值以上	1bo
第一层好小区门限值以下	1bu
第一层坏小区门限值以上	1wo
第一层坏小区门限值以下	1wu
第二层好小区门限值以上	2bo
第二层好小区门限值以下	2bu
第二层坏小区门限值以上	2wo
第二层坏小区门限值以下	2wu
第三层好小区	3b
第三层坏小区	3w
服务小区	S

表 4-8   无线网络动作的优先权

优先级	无线网络动作
1	改变到低层小区
2	超 TA 紧急切换
3	切换到更好小区
4	上层/下层子小区改变
5	小区内切
6	质差紧急切换
7	改变到高层小区

b(better)表示相邻小区排在服务小区之前;

w(worse)表示相邻小区排在服务小区之后。

③ 根据是否满足该层阈值算法,又分为"O 小区"和"U 小区"。

o(over)表示满足该层阈值算法;

u(under)表示不满足该层阈值算法。

7. 发送列表

最终的候选列表是小区选择的基础。如果候选列表是一个空表,即服务小区是最好的,则候选列表不送往中央处理器。在候选列表中的第一个候选小区是"最好"的,这个小区是 MS 最理想连接到的小区,如果在"最好"小区中没有合适的信道,BSC 尝试分配在候选列表中排在下一个小区的信道。

8. 分配响应

分配响应成功,惩罚列表从旧的定位转移到新的定位。如果切换是由紧急条件引起,被丢弃的小区要惩罚,旧的定位删除。BSC 之间的小区切换,没有必要发送惩罚列表,但必须指出切换的原因是由于质差还是由于 TA 超限。

4.3.4 任务解决

学习完定位算法，回到 4.3.1 提出的任务。

任务 1：该路段没有主打信号，多个信号覆盖，强度相差不大。通过调整天线的下倾角，使该路段有一个信号主覆盖，也可以增大参数 KHYST 来减少乒乓切换的次数。

任务 2：切出切入比过大，说明切换发生得太容易，增大 MSRXMIN 值。

4.3.5 断开算法

1. "漏斗型" 断开算法

下行链路断开算法是由 MS 管理，它由参数 RLINKT 控制，该参数是从基站的广播信道发送给 MS 的；在上行链路算法是一样，但是由 BSC 管理。由参数 RLINKUP 控制。RLINKUP=16，RLINKT=16，建议不要取 20 以上的数值。

2. "阀值型" 断开算法

滤波后的时间提前 TA 和参数 MAXTA 比较。如果 TA≥MAXTA，BSC 启动断开连接。MAXTA=63

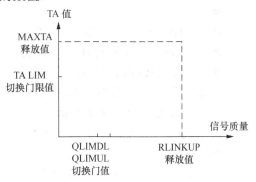

图 4-30 紧急切换门限值和链路断开门限值

3. 参数取值

紧急切换门限值和链路断开门限值的含义如图 4-30 所示。当 TA 值超过 TALIM 时，就会发生由于距离引起的紧急切换。同理，当 RXQUAL 大于 QLIMDL/QLIMUL 时，引起质差紧急切换。一般 QLIMDL/QLIMUL=45（跳频时取 55），TA LIM=61。

当 TA 大于 MAXTA 时，则由于距离太远引起链路释放，当 RXQUAL 大于 QLIMDL/QLIMUL，且计时器计满时间时，则由于质量太差引起链路释放。一般 RLINKUP=16，RLINKT=16，MAXTA=63。

4.3.6 任务提出

案例：有 3 个小区 A、B、C 距离较近，B 和 C 的 BCCHNO 和 BSIC 相同，A 和 B 有邻区关系，和 C 没有邻区关系，将会造成哪种现象？

分析：是否做了邻区关系会影响到切换是否成功，所以，要学习邻区关系的数据制作。

4.3.7 切换数据

同一个 BSC 下的不同小区称为 "internal cell"，不同 BSC 下的小区称为 "external cell"。同一个 MSC 下的不同小区称为 "inner cell"，不同 MSC 下的小区称为 "outer cell"，不同行政区的小区称为 "foreign cell"。还有 overlay/underlay subcell（上/下层子小区），neighbouring cell（相邻小区），如图 4-31 所示。

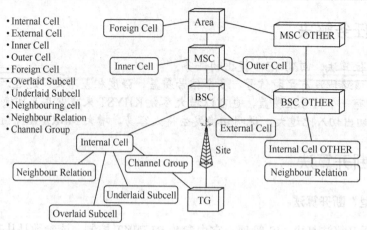

图 4-31　不同类型的小区

切换的种类有 4 种：

● 小区内切。

● 同 BSC 不同小区之间的切换。

● 同 MSC/VLR 不同 BSC 小区的切换。

● 不同 MSC/VLR 小区之间的切换。

下面介绍小区之间切换的数据制作。

（1）同 BSC 的邻区关系数据

假设 A、B 小区为同 BSC 内的邻区，A 的 BSIC=65，BCCHNO=1，B 的 BSIC=65，BCCHNO=2；

RLNRI：CELL=A, CELLR=B;！定义两个小区的邻区关系，同 BSC 为双向切换关系！

RLNRC：CELL=A, CELLR=B, CS=YES;！如果 A、B 小区同站应定义 CS=YES！

RLMFC：CELL=A, MBCCHNO=2;！定义 B 小区的 BCCHNO 为 A 小区的测量频点！

RLMFC：CELL=B, MBCCHNO=1;！定义 A 小区的 BCCHNO 为 B 小区的测量频点！

（2）同 MSC 不同 BSC 的邻区数据

假设 A、B 小区为 MSCA 的小区，A 是 ABSC1 的小区，B 是 ABSC2 的小区，两者为邻区，A 的 BCCHNO=1，B 的 BCCHNO=2；

在 ABSC1 定义 B 小区为 ABSC1 的外部小区！

RLDEI：CELL=B, EXT;！定义 B 为 BSC1 的外部小区！

RLDEC：CELL=B, CGI=460-00-9626-73322, BSIC=65, BCCHNO=2;！定义 B 小区的 CGI、BSIC、BCCHNO，可以在 BSC2 用 RLDEP：CELL=B;打印出 B 小区的参数，这部分参数不能定错，定错会造成无法切换！

RLLOC：CELL=B，BSPWR=52，BSTXPWR=52，BSRXMIN=116，BSRXSUFF=0，MSRXMIN=99,MSRXSUFF=0,SCHNO=ON, MISSNM=3, AW=ON, EXTPEN=ON;

RLCPC：CELL=B, MSTXPWR=33;！定义小区手机的发射功率，一般为 33！

RLNRI：CELL=A, CELLR=B, SINGLE;！越局切换的方向为单向切换！

RLMFC：CELL=A, MBCCHNO=2;！定义 B 小区的 BCCHNO 为 A 小区的测量频点！

在 ABSC2 定义 A 小区为 ABSC2 的外部小区！

RLDEI: CELL=A, EXT；

RLDEC: CELL=A, CGI=460-00-9626-33444, BSIC=65, BCCHNO=1；

RLLOC ： CELL=A BSPWR=52 ， BSTXPWR=52 ， BSRXMIN=116 ， BSRXSUFF=0 ，
MSRXMIN=99, MSRXSUFF=0, SCHNO=ON, MISSNM=3, AW=ON, EXTPEN=ON；

RLCPC: CELL=A, MSTXPWR=33；

RLNRI: CELL=B, CELLR=A, SINGLE；

RLMFC: CELL=B, MBCCHNO=1；

（3）不同 MSC 的邻区数据

　　假设 A 小区为 A2（MSCA BSC2）的小区，B 小区为 B1（MSCB BSC1）的小区，两者为邻
区；A 小区的 BCCHNO=1，B 小区的 BSIC=65，BCCHNO=2；

　　在 MSCA 中定义 B 小区为外部小区！

MGOCI: CELL=B, CGI=460-00-9626-12345, MSC=ZJBMSC；！CGI 及小区所在的 MSC
不能定错！

　　在 A2 中定义 B 小区为外部小区！

RLDEI: CELL=B, EXT；

RLDEC: CELL=B, CGI=460-00-9626-12345, BSIC=65, BCCHNO=2；

RLLOC ： CELL=B ， BSPWR=52 ， BSTXPWR=52 ， BSRXMIN=116 ， BSRXSUFF=0 ，
MSRXMIN=99, MSRXSUFF=0, SCHNO=ON, MISSNM=3, AW=ON, EXTPEN=ON；

RLCPC: CELL=B, MSTXPWR=33；

RLNRI: CELL=A, CELLR=B, SINGLE；

RLMFC: CELL=A, MBCCHNO=2；

　　在 MSCB 中定义 A 小区为外部小区！

MGOCI: CELL=A, CGI=460-00-9627-12345, MSC=ZJAMSC；

　　在 B1 中定义 A 小区为外部小区！

RLDEI: CELL=A, EXT；

RLDEC: CELL=A, CGI=460-00-9627-12345, BSIC=65, BCCHNO=1；

RLLOC ： CELL=A ， BSPWR=52 ， BSTXPWR=52 ， BSRXMIN=116 ， BSRXSUFF=0 ，
MSRXMIN=99, MSRXSUFF=0, SCHNO=ON, MISSNM=3, AW=ON, EXTPEN=ON；

RLCPC: CELL=A, MSTXPWR=33；

RLNRI: CELL=B, CELLR=A, SINGLE；

RLMFC: CELL=B, MBCCHNO=1；

4.3.8　参数小结

以下是基站数据中有关定位算法的数据

RLLOC:CELL=dgCBCE1, BSPWR=55, BSTXPWR=55, BSRXMIN=150, RXSUFF=150,
MSRXMIN=99, MSRXSUFF=0,SCHO=On, MISSNM=3, AW=On；

RLLOC:CELL=dgCBCE2, BSPWR=55, BSTXPWR=55, BSRXMIN=150, RXSUFF=150,
MSRXMIN=99, MSRXSUFF=0,SCHO=On, MISSNM=3, AW=On；

RLLOC:CELL=dgCBCE3, BSPWR=55, BSTXPWR=55, BSRXMIN=150, RXSUFF=150,
MSRXMIN=99, MSRXSUFF=0,SCHO=On, MISSNM=3, AW=on；

! BSPWR：表示在 BCCH 信道上基站发射功率，在定位算法中此值用作参照点；

! BSTXPWR：表示在非 BCCH 信道上的基站发射功率，在定位算法中用作参照点；

! BSRXMIN：表示基站接收时所需的最低的信号强度，看小区是否需要切换；

! BSRXSUFF：表示基站能接收的足够的信号强度，在 L-算法中此值用作参照点；

! MSRXMIN：表示手机接收时所需的最低信号强度，看此小区是否可用来切换；

! MSRXSUFF：表示手机能接收的足够的信号强度，在 L-算法中此值用作参照点；

! SCHO：表示是否允许在 SDCCH 上切换；

! MISSNM：表示允许丢失的测量值的数目；

! AW：表示是否允许接入坏小区。

RLLUC:CELL=dgCBCE1, QLIMUL=55, QLIMDL=55, TALIM=61, CELLQ=high;

RLLUC:CELL=dgCBCE2, QLIMUL=55, QLIMDL=55, TALIM=61, CELLQ=high;

RLLUC:CELL=dgCBCE3, QLIMUL=55, QLIMDL=55, TALIM=61, CELLQ=high;

! QLIMUL：用于切换的上行质量门限值，越高表示越差，质量测量值高于此值，有可能紧急切换或掉话。当不跳频时取 45。

! QLIMDL：用于切换的下行质量门限值，越高表示越差，质量测量值高于此值，有可能紧急切换或掉话。当不跳频时取 45。

! TALIM：最大的定时提前值（TA），TA 与距离有关，越大表示距离基站越远。

! CELLQ：表示小区质量，可用于控制 RPD（TRH）负荷。

! 定位惩罚数据！

RLLPC:CELL=dgCBCE1, PTIMHF=5, PTIMBQ=15,PTIMTA=10,

PSSHF=63, PSSBQ=10,PSSTA=63;

RLLPC:CELL=dgCBCE2, PTIMHF=5, PTIMBQ=15,PTIMTA=10,

PSSHF=63, PSSBQ=10,PSSTA=63;

RLLPC:CELL=dgCBCE3, PTIMHF=5, PTIMBQ=15,PTIMTA=10,

PSSHF=63, PSSBQ=10,PSSTA=63;

! PTIMHF：切换失败后的惩罚时间。

! PTIMBQ：由于质量差引起切换的惩罚时间。

! PTIMTA：由于 TA（定时提前值）太大引起切换的惩罚时间。

! PSSHF：切换失败后的信号强度惩罚值。

! PSSBQ：由于质量差引起切换的的信号强度惩罚值。

! PSSTA：由于 TA（定时提前值）太大引起切换的信号强度惩罚值。

!定位滤波器参数！

RLLFC:CELL=dgCBCE1, SSEVALSD=6, QEVALSD=6, SSEVALSI=6, QEVALSI=6,

SSLENSD=8, QLENSD=10, SSLENSI=4, QLENSI=4, SSRAMPSD=5, SSRAMPSI=2;

RLLFC:CELL=dgCBCE2, SSEVALSD=6, QEVALSD=6, SSEVALSI=6, QEVALSI=6,

SSLENSD=8, QLENSD=10, SSLENSI=4, QLENSI=4, SSRAMPSD=5, SSRAMPSI=2;

RLLFC:CELL=dgCBCE3, SSEVALSD=6, QEVALSD=6, SSEVALSI=6, QEVALSI=6,

SSLENSD=8, QLENSD=10, SSLENSI=4, QLENSI=4, SSRAMPSD=5, SSRAMPSI=2;

! SSEVALSD：表示用于语音和数据的信号强度滤波器类型！滤波器类型

！QEVALSD：表示用于语音和数据的质量滤波器类型　　！1～5：一般的FIR

！SSEVALSI：表示用于信令的信号强度滤波器类型　　！6：直接平均滤波器

！QEVALSI：表示用于信令的质量滤波器类型　　　　！7：指数滤波器

！SSLENSD：表示用于语音和数据的信号强度滤波器长度！8：一阶巴特沃斯

！QLENSD：表示语音和数据的质量滤波器长度　　　　！9：Median

！SSLENSSI：表示用于信令的信号强度滤波器长度　　！

！QLENSI：定义用于信令的质量滤波器长度

RLLDC:CELL=dgCBCE1, MAXTA=63, RLINKUP=16;！定义拆线数据！

RLLDC:CELL=dgCBCE2, MAXTA=63, RLINKUP=16;

RLLDC:CELL=dgCBCE3, MAXTA=63, RLINKUP=16;

！小区层次结构数据！

RLLHC:CELL=dgCBCE1, LEVEL=2, LEVTHR=95, LEVHYST=2, PSSTEMP=0, PTIMTEMP=0;

RLLHC:CELL=dgCBCE2, LEVEL=2, LEVTHR=95, LEVHYST=2, PSSTEMP=0, PTIMTEMP=0;

RLLHC:CELL=dgCBCE3, LEVEL=2, LEVTHR=95, LEVHYST=2, PSSTEMP=0, PTIMTEMP=0;

！LEVEL：小区分层，微蜂窝为1，普通小区为2。

！LEVTHR：小区层次的信号强度门限值。

！LEVHYST：小区层次的信号强度滞后值。

！PSSTEMP：从高层次小区向低层次小区切换时的信号强度惩罚值。

！PTIMTEMP：从高层次小区向低层次小区切换时的时间惩罚值。

4.3.9　任务解决

学习完切换数据制作后，回到4.3.1提出的任务。

将会出现"A切出成功率降低、B接通率降低"的现象，原因是B、C同频同BSIC，A收到C的强信号时，若此时B为弱信号，A误以为收到的C的强信号为B，将发起往B的切换，则A→B切换时将出现：A切出失败，B接入失败。

4.4　子情境四　双频网的优化调整

4.4.1　任务提出

任务：随着用户增加，GSM900MHz频段很快变得拥塞，可以利用1800MHz频段分担一些话务。但1800MHz的电磁波空间损耗比900MHz要大4倍，如果手机按信号强度大小来选择小区的话，通常不会选择到1800MHz频段的小区，那么如何把话务吸引到1800MHz小区呢？

4.4.2　双频网的特点

双频网除射频部分外，DCS1800与GSM900有基本相同的软硬件结构，可以有以下几种组成方案。

（1）DCS 与 GSM 共用 HLR/AUC（归宿位置寄存器/鉴权中心）、EIR（设备识别寄存器）、OMC（操作维护中心），其他网元不共用。

（2）DCS 与 GSM 共用交换子系统，无线侧不共用。

（3）DCS 与 GSM 共用交换子系统和基站控制器，基站不共用。

（4）DCS 与 GSM 共用网络子系统。

双频网的特点：

（1）成倍提高容量，但与双频手机的普及率有关。

（2）不需改变原 GSM 网络结构，两个网络可共用站址。

（3）两个系统可以独立进行频率规划。

（4）DCS 系统使用于话务集中的地区，小区半径小，提高容量。

（5）DCS 与 GSM 共同构成多层网结构，可进一步提高容量。

DCS1800 无线传播特点：

（1）1800MHz 比 900MHz 无线传播损耗高 6dB。

（2）MS 发射功率，DCS 一般低 3dB。

（3）天馈线的损耗要高 0～2dB；

（4）建筑物的穿透损耗大，绕射能力小。

4.4.3 双频手机的特点

双频手机的特点：

（1）支持一个以上的频段。

（2）可以在同一 PLMN 中不同频段之间执行切换、信道指配、小区选择和重选。

（3）MS 具有在允许的所有频段中进行 PLMN 选择的能力。

（4）支持多个功率级别，适应不同频段运行的需要。

双频手机在双网中的功率如表 4-9 所示。

表 4-9 双频手机在双网中的功率

MS	GSM900	DCS1800
1		1W(30dBm)
2	8W(39dBm)	0.25W(24dBm)
3	5W(37dBm)	0.4W(24dBm)
4	2W(33dBm)	
5	0.8W(29dBm)	

4.4.4 双频网优化方法

1. 双频网分层组网的原则

将网络划分为不同的层面和层次。层面之间的区分主要靠控制软件和小区吸收的话务类型不同来区分的。

层面关系：不同频段的蜂窝处于不同的层面上，即全网只划分 900 和 1800 两个层面，而不考虑蜂窝类型。

层次关系：同频段的不同蜂窝，根据其业务特点划分为不同的层次关系，一般全网可划分为微微蜂窝、微蜂窝和宏蜂窝的层次关系。

层面和层次之间，采用话务分担策略是不同的。

2．双频网优化原则

（1）优选原则。控制双频手机在空闲状态下，尽量优选 1800 小区；在通话状态下，尽量保持在发起呼叫时所处的层面上，避免在层间进行不必要的切换。

（2）话务控制原则。尽量减少网络中切换和位置更新次数；尽量使话务在双频网络上均衡分配；在双频小区共同覆盖时，尽量减少双频网之间的频繁切换、频繁位置更新等现象，控制网络的信令流量。

3．双频网的优化方法

（1）小区选择的优化设置。
（2）小区重选的优化设置。
（3）小区切换的优先级设置。
（4）双频网参数优化。

4．小区选择的优化设置

手机在 900MHz 和 1800MHz 重叠的地区，1800MHz 的 $C1=10$ 小于 900MHz 的 $C1=15$，按常理手机应该选择 900MHz 小区，如何让手机一开机，不论接收的信号强度如何，都优先选择 1800MHz 小区？如图 4-32 所示，对 DCS1800 小区设 CBQ=HIGH，CB=NO，对 GSM900 小区设 CBQ=LOW，CB=NO，这样手机一开机就会优先选择 1800MHz 小区。

5．小区重选的优化设置

如果手机按信号强度大小在一开机时选择了 900MHz 小区，如何使手机在小区重选时选择 1800MHz 小区？

1800MHz 小区比 900MHz 小区的 CRO 至少大 5，使 1800MHz 小区比 900MHz 小区的 $C2$ 值大约大 20dB。CRO 增量的幅度可以根据 1800MHz 网络容量以及双频话务统计的结果来确定。网络余量大则增加 CRO；反之则减少 CRO，如图 4-33 所示。为使双频 MS 空闲时尽量留在 1800MHz 小区，也可以设置 1800MHz 小区系统消息 2 中不包含相邻的 900MHz 小区，但为了能正常切换，在系统消息 5 中包含相邻的 900MHz 小区频率表。

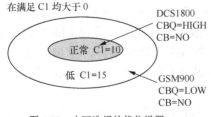

图 4-32　小区选择的优化设置

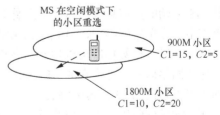

图 4-33　小区重选的优化设置

6. 小区切换的优先级设置

将双频网采用分层分级结构，DCS1800 为第一层，具有较高的优先级；GSM900 为第二层。使通话状态的双频手机尽量驻留在 1800MHz 小区。实际双频网建设中，一般不通过切换来提高 1800MHz 的话务量，因为会导致切换次数增加和通话质量下降，当然掉话的可能性增加。

7. 双频网参数优化

（1）多频段指示（MBCR）

在单频段的 GSM 系统中，移动台向网络报告邻区测量结果时，只需报告一个频段内信号最强的 6 个邻区的内容。当多频段共同组网时，运营者通常根据网络的实际情况希望移动台在越区切换时，优先进入某一个频段。因此希望移动台在报告测量结果时不仅根据信号的强弱，还需根据信号的频段。参数"多频段指示（MBCR）"即用于通知移动台需报告多个频段的邻区内容。

多频段指示（MBCR）取值，如图 4-34 所示。

0-MS 不考虑频段，按信号强度报告 6 个最强的邻区。

1—本频段外的 1 个信号强度最强小区

2—本频段外的 2 个信号强度最强小区

3—本频段外的 3 个信号强度最强小区

MBCR 设置原则：

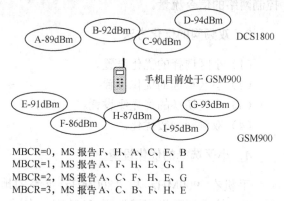

图 4-34 多频段指示（MBCR）

- 各频段的业务量基本相同，运营者对频段无选择性时，应设置多频段指示为"0"。
- 各频段的业务量明显不同，运营者希望移动台能优先进入某一频段，应设置多频段指示为"3"。
- 介于上述两种情况间时，可设置多频段指示为"1"或"2"。
- 一般希望移动台能尽可能地工作在 1800MHz 频段上。因此应设置 GSM1800 小区的切换优先级较高，相应的多频段指示应选择"3"为宜。

MBCR 传送：

- 多频段指示（MBCR）包含于信息单元"邻小区描述"中，在每个小区广播的系统消息 2ter 和 5ter 中发送。
- 在单频系统中，不应该使用系统消息 2ter 和 5ter。因此不存在参数"多频段指示"。

（2）CLASSMARK 早送控制（ECSC）

对于每个 MS 均有一些关于 MS 能力的信息，如 MS 的功率等级、支持的加密算法、是否支持 MS 起始的短消息等，这些信息称为 MS 的 CLASSMARK，这些信息一般存放在网络的数据库中。在单频网络中，MS 的 CLASSMARK 一般不发生变化，当 MS 接入网络请求服务时，网络通过查询数据库可以得到这些信息，不需要 MS 向网络报告。若 MS 的这些数据发生变化或网络向 MS 查询它的 CLASSMARK 时，MS 通过发送 CLASSMARK CHANGE 消息向网络报告自己的 CLASSMARK。

由于双频组网的出现，双频手机应运而生。而在不同的频段中，同一双频手机的

CLASSMARK 往往是不同的，如功率等级等。当手机接入网络时，网络并不清楚手机目前在哪一个频段，因此也无从得到 MS 的 CLASSMARK。这样势必会造成手机每次接入网络时，网络均要询问手机的 CLASSMARK。所以在 GSM 规范 Phase2plus 中增加了"CLASSMARK 早送"的选项，当网络采用这个选项时，支持这个选项的手机在接入网络后会在尽可能早的时间向网络发送 CLASSMARK CHANGE 消息，这样就避免了网络的查询过程。

- 格式

YES：小区采用"CLASSMARK 早送"选项。

NO：小区不采用"CLASSMARK 早送"选项，默认值为 NO。

- 传送：此参数在系统消息类型 3 中发送。
- 设置及影响：这项功能是适应双频组网的情况而产生的，因此在单频组网的情况下，建议将此参数设置为"NO"；在双频组网、允许双频手机在双频网络之间进行切换的情况下，将此参数设置为"YES"，可以减少信令流量。在双频组网的情况下，应将网络中所有小区的此参数设置为同一值，不能有一个或多个小区的此参数设置为不同的值，否则引起网络质量的下降。

4.4.5　任务解决

学习完双频网的优化方法后，回到 4.4.1 提出的任务。

一般双频网参数设置：MBCR=3，CLASSMARK=YES。

方法一：设 1800MHz 小区，CBQ=HIGH，CB=NO；设 900MHz 小区，CBQ=LOW，CB=NO；使 MS 开机时不论收到信号强度如何，优先选择 1800MHz 小区。

方法二：设 1800MHz 小区 CRO>5，使手机即使开机时选了 900MHz 小区，重选时选择 1800MHz 小区。

方法三：设 1800MHz 小区，LAYER=1，设 900MHz 小区，LAYER=2。

4.5　子情境五　小区分层结构及参数调整

4.5.1　任务提出

任务 1：小的小区限制了覆盖，而大的小区限制了容量。如何兼顾覆盖和容量？

任务 2：双频网中，手机开机时选择了 1800MHz 小区，在移动过程中能否切向 900MHz 小区？如果可以，切换条件怎样？可否通过调整切换条件来均衡话务？

任务 3：有什么办法可以避免快速移动的移动台切入覆盖范围不大的微蜂窝？

4.5.2　小区分层的作用

小区分层指结合大小小区的特点，采用双频带 900MHz/1800MHz，把小区分为 2～3 层，可以在不同层之间分配业务。小区分层功能在定位算法中加以考虑，由 BSC 实现。

1．解决无缝覆盖与通信热点问题

分层小区结构功能把蜂窝网络分成两到三层，较高层用于大的小区，较低层用于小的小

区。例如：在普通蜂窝网络中加进大的小区以提供无缝覆盖，则大小区作为普通小区的"伞形"小区。若在普通蜂窝网络中加进微蜂窝以解决通信热点问题，则普通小区又是微蜂窝小区的"伞形"小区，在不同层之间可以切换话务。如图 4-35 所示。因此，在大小小区混合的地方，可以获得足够好的质量和足够大的容量，虽然服务小区不总是最好的小区。

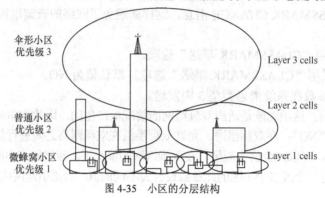

图 4-35　小区的分层结构

2．通过给不同的层分配优先级来解决拥塞

层还可以看成是优先级的标志，层越低优先级越高。有时需要使某一层小区优先而不管它的信号大小如何。例如：双频网络中，双频手机为了不使 900MHz 频段拥塞，应该选择 1800MHz 频段，则必须给 1800MHz 频段的小区分配更高的优先级。定位算法要考虑每一层的优先级，会影响到小区排队次序。

3．高层小区的作用

一般情况下，层小区结构使 MS 导入低层小区。高层小区的作用如下。

（1）提供盲点覆盖。当 MS 接收的信号强度低于门限值时，将切换到更高层小区。

（2）提供富裕容量。如果低层小区拥塞，MS 可选择高层小区。当允许指配到更坏小区时，可选择比服务小区更坏的小区。

（3）解决无线干扰。当在质差紧急条件时，MS 可切换到高层小区。

注意：在小区分层结构中，手机倾向于切向低层小区，是否只考虑层的优先级而不考虑信号强度？不是，MS 在不同层之间的切换既要考虑层的优先级，又要考虑是否满足信号强度条件。

4.5.3　分层小区的主要参数

1．分层小区的主要参数

Layer：定义小区属于哪个层，也即是小区的优先等级。这个参数在每个小区中都要定义。

Layerthr：定义各层小区之间切换的信号强度门限值。它对于层 1 和层 2 的小区都要设置。

Layerhyst：是信号强度的迟滞值，它对于层 1 和层 2 的小区都要设置。

2．各参数使用说明

（1）Layer 的设置

1800MHz 小区设为 Layer =1，900MHz 小区设为 Layer =2。如果在网络中应用 HCS（小

区分层结构）功能，加入微蜂窝和宏蜂窝。宏蜂窝要定义为层 2 小区（Layer = 2），而微蜂窝定义为层 1 小区（Layer = 1）。

（2）Layerthr 的设置

如果想用一个微蜂窝小区去吸引周围宏蜂窝小区的负荷，参数 Layerthr 的值应设置得尽可能低，但要满足微蜂窝小区边界上的 C/I 和 C/A 电平的要求。

如果微蜂窝小区受到"保护"并且干扰电平低。参数 Layerthr 的值可以设置至一个较低的值。如果干扰电平较高，参数 Layerthr 的值应不能太低，应有所增大。即干扰低取得低，干扰高取得高。

如果微蜂窝小区有自已的专用频带（干扰小），那么参数的值可以设置得更低，可低至 −95dBm。如果微蜂窝小区的频率复用较紧密，则参数 Layerthr 的值要取高些，这是由于微蜂窝小区间同频干扰较大。

频率复用紧密（如9复用），Layerthr 取大，频率复用不紧密（如12复用），Layerthr 取得小。

（3）Layerhyst 的设置

当 MS 处于服务小区时，其信号强度下降到 Layerthr（s）−Layerhyst（s）以下，MS 要向相邻小区切换。当在一个低层的小区（layer 1 or 2）的信号强度低于这个门限值，而这时在同层或低层中没有合适的小区可选择，将会执行一个向高层小区的切换，直到低层小区产生一个高于相应的门限值的信号强度时才能切回低层小区。相邻小区指高层小区、同层小区、低层小区，如图 4-36 所示。

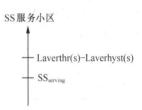

图 4-36　服务小区切出的门限值

切换到相邻小区，相邻小区信号强度门限值 Layerthr(n)+Layerhyst(n)，如果服务小区是层 3 小区，当处于层 1 和 2 的相邻小区的信号强度增大到 Layerthr(n)+Layerhyst(n)值之上的时候，相邻小区将会作为候选基站，这时，即使在基站排队中相邻小区比当前小区排得后，低层小区的优先等级仍然比当前层的小区的优先等级高，如图 4-37 所示。

3．小区分层在定位算法中考虑

在定位运算中的基本排队执行后，小区被分成三组，每层一组。以比当前服务小区好还是差作为条件，尽管三个组中仅有一个服务小区，这个条件仍然应用于所有的组中。比服务小区好的层 1 小区称为"1b"；差的层 1 小区称为"1 w"等，MS 收到的信号强度比门限值高的称为 over，低的称为 under。服务小区在这里是一个层 2 小区。每个组的相邻小区再依据信号强度在门限值之上或下进一步细分，其目的是为了定义各组之间的优先次顺。这个优先次顺必须要防止在各层之间出现乒乓效应，如图 4-38 所示。

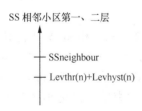

图 4-37　相邻小区切入的门限值

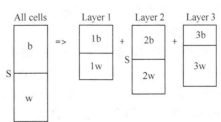

图 4-38　小区分层在定位算法中考虑

小区排队的先后次序如表 4-10 所示。

表 4-10　　　　　　　　　　　　　　　小区排队的先后次序

描述	小区类别
第一层好小区门限值以上	1bo
第一层好小区门限值以下	1bu
第一层坏小区门限值以上	1wo
第一层坏小区门限值以下	1wu
第二层好小区门限值以上	2bo
第二层好小区门限值以下	2bu
第二层坏小区门限值以上	2wo
第二层坏小区门限值以下	2wu
第三层好小区	3b
第三层坏小区	3w
服务小区	S

例 7　如图 4-39 与表 4-11 所示，相邻小区的排队次序是怎样的？

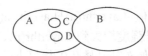

- 4 个小区都定义相邻小区。
- A 和 B 是宏蜂窝，处于第 2 层。
- C 和 D 是微蜂窝，处于第 1 层。
- 服务小区是 C。

图 4-39　4 个定义了邻区关系小区

表 4-11　　　　　　　　　　　　　　　小区分层相关参数

服务小区处于第一层，如 C 层			
CELL	Layer	Layerthr	Layerhyst
A	2	−87	2
B	2	−87	2
C	1	−90	2
D	1	−90	2

解答：（1）若没有采用小区分层（HCS），则按信号强度（SS）的强弱，候选小区排队次序：A、B、D。

（2）采用了 HCS，服务 C 小区的切换门限值为：−90−2=−92，相邻 A 小区切换门限值为−87+2=−85。同理，相邻 B、D 小区切换门限值分别为−85、−88。小区类型以 A 为例，−84dBm 大于−93dBm，则 A 小区为 better；又因为−84dBm 大于−85dBm，所以 A 小区又为 over，A 小区为第 2 层，故 A 小区类型为 2bo。依此类推。候选小区列表次序为D、A、B。

表 4-12		计算层小区切换门限值和小区类型	
这种设置给出以下层小区改变门限值			
CELL	信号强度	层改变门限	小区类型
A	−84	−85	2bo
B	−86	−85	2bu
C	−93	−92	服务小区
D	−87	−88	1bo

例 8　如图 4-40 所示，1800MHz 小区较闲，900MHz 小区较忙，如何调整使 1800MHz 小区吸纳更多的话务？

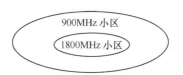

图 4-40　小区分层的话务均衡

解答：把 1800MHz 小区设为第一层，且降低 Layerthr，使手机不容易切出，但容易切入；同时把 900MHz 小区设为第二层，且升高 Layerthr，使手机不容易切入，但容易切出。

4.5.4　对快速移动台的管理

快速移动的移动台是微蜂窝网络的一个难题，这是由于快速移动的移动台可能引起过多的切换和掉话，从现在的微蜂窝网络的经验来看这个难题可以解决。采用临时惩罚参数 PSSTEMP 和 PTIMTEMP 能防止快速移动的 MS 接入低层的小区。

1．进入低层小区的惩罚

为防止快速移动的 MS 切换至低层小区，对低层小区的信号强度进行临时性惩罚。

PSSTEMP：是低层小区信号强度的惩罚偏差值。

PTIMTEMP：是低层的相邻小区惩罚作用时间。

只有一、二层小区要惩罚。小区临时惩罚列表被加入常规小区惩罚列表中。常规惩罚列表包括小区切换失败、TA 超限和质差。某一小区可同时存在两个惩罚列表中，这种情况下，惩罚值相加。

2．离开低层小区

当 MS 在层 1 小区起呼而快速移动，就需把 MS 引入更高层小区，其机制是判断 MS 是否高速移动。

THO：定义测量若干个切换所用的时间间隔。

NHO：在 THO 持续时间内，切换次数超过 NHO，则认为 MS 是"快速"的。

FASTMSREG：决定此功能是否激活。

4.5.5 参数总结

小区分层参数总结如表 4-13 所示。

表 4-13　　　　　　　　　　　　　小区分层参数取值

参数名称	缺省值	推荐值	取值范围	单位
Layer	2		1, 2, 3	
Layerthr	−75		−150～0	dBm
Layerhyst	2	2	0～63	dB
PSSTEMP	0	0	0～63	dB
PTIMTEMP	0	0	0～600	5
FASTMSREG	OFF		ON, OFF	
THO	30		10～100	5
NHO	3		2～10	

例子：以下是有关小区分层的数据定义。

RLLHC:CELL=dgCBCE1, Layer=2, Layerthr=95, Layerhyst=2, PSSTEMP=0, PTIMTEMP=0

4.5.6 任务解决

学习完小区分层后，回到 4.5.1 提出的任务。

任务 1 的解决办法是：把微蜂窝和宏蜂窝组合，采用多频带 900MHz/1800MHz，采用 2～3 层小区结构，可以在不同层之间分配业务。低层小区负责容量，高层小区负责覆盖。

任务 2 的解决办法是：双频网中，手机开机时选择了 1800MHz 小区，在移动过程中是可以切向 900MHz 小区，1800MHz 小区切出的门限值为 Layerthr（s）–Layerhyst（s），900MHz 小区接收的门限为 Layerthr（n）+Layerhyst（n）。减少 Layerthr 值，则不容易切出，1800MHz 小区承担更多的话务，反之，则减少话务。

任务 3 的解决办法是：打开快速移动台管理机制，采取一组参数 PSSTEMP、PTIMTEMP 对微蜂窝小区进行临时惩罚，则快速 MS 就不会进入微蜂窝小区。

4.6 子情境六 MS 动态功率控制

4.6.1 任务提出

任务 1：在一个小区中，MS 离基站有远有近，如果 MS 以一个固定功率发射，将带来怎样的问题？

任务 2：为什么感觉手机电池在城市里比在农村耐用？

分析：这两个任务都和 MS 的发射功率有关，由此引出 MS 的动态功率控制功能。

4.6.2 MS 动态功率控制的作用

在一个小区中，MS 离基站有远有近，如果 MS 以一个固定功率发射，将带来怎样的问题？近处 MS 的信号将"淹没"远处 MS 的信号，这称为"远近效应"。所以，希望 MS 的发射功率随着离基站的远近做自动调整，离基站近则降低发射功率，反之则提高发射功率。MS 的动态功率控制有如下作用：

1．MS 的电池功率损耗降低

当 MS 采用功率控制时，其损耗可以降低，通话时间增加。

2．避免基站接收机处于饱和状态

如果 MS 离 BTS 太近，会使接收机饱和。若对 MS 的输出功率加以限制，则无线频率的阻塞就会减少。在呼叫建立期间，MS 动态功率控制算法有一个初始模式，可以控制 BTS 接收机的饱和问题。

3．干扰降低

采用功率控制后，使整个网络的辐射功率下降，干扰减少。即网络中的上下行同频干扰和邻频干扰减少。

4．信号质量对输出功率的影响

计算功率控制命令时，要考虑话音质量（RXQUAL），当质差时，要增加输出功率。

4.6.3　MS 动态功率控制算法

1．MS 的输出功率相对于路径损耗的关系

在调整区域，MS 输出功率随着路径损耗的增加以等级方式增加；当 MS 与基站连接且离基站很近，路径损耗小、质量好，MS 以最低功率发射，虽然基站接收的信号超过了期望值，MS 不能进一步降低功率，只能以最低功率发射（如图 4-41 所示左边部分）。相反，当 MS 离基站很远、路径损耗大时，MS 只能以最大功率发射，不能再增加功率（如图 4-41 所示右边部分）。即 MS 功率调整是有一定范围的，不是在整个信号范围内都可以调整的。图 4-41 为 MS 与路径损耗的关系，没有考虑语音质量对功率的影响。

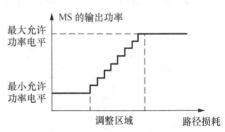

图 4-41　MS 输出功率与路径损耗的关系

2．BTS 的接收功率

如图 4-42 所示，每段直线的解释如下：

（1）①路径损耗很大，MS 以最大功率发射，MS 功控不起作用。

（2）③MS 功控起作用，BTS 接收到的信号功率近似为一个常数，略微随着距离增加变小。

（3）④路径损耗很小，MS 以最小功率发射，MS 功控不起作用。

当考虑到话音质量时，MS 输出功率依据接收质量向上或向下调整，如图 4-43 所示。

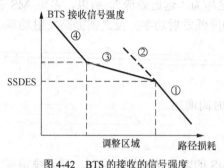

图 4-42　BTS 的接收的信号强度

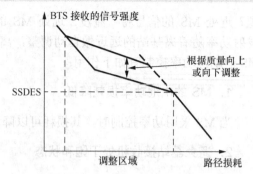

图 4-43　考虑了话音质量时，BTS 接收信号与
路径损耗的关系

MS 动态功控可以在 SDCCH 和 TCH 上进行。在 SDCCH 上是否激活动态功控由参数 SDCCHREG 决定。通话期间，BTS 测量上行 SS 和话音质量，并把测量值加进测量报告送往 BSC，以便 BSC 计算出 MS 新的输出功率。两次功率命令最小的时间间隔由参数 REGINT 控制，REGINT 必须小于 SACCH 周期。MS 每隔 13 个 TDMA 帧改变一次输出功率，一个 SACCH 周期改变 8 次，每次调整步长为 2dB，即一个 SACCH 周期最大功率变化范围为 16dB。

3．功率控制算法

功率控制算法是在 BSC 中的软件算法，如图 4-44 所示，分为 3 个步骤：

第一步，测量准备。估计丢失的测量值，决定是采取全测试还是子测试。

第二步，测量值滤波。去除临时的波动值，保证功率控制等级的稳定性。

第三步，计算功率等级。计算功率等级获取所希望的信号强度和信号质量。

（1）测量准备

BTS 执行上行链路信号强度和信号质量的测量，测量方式依据 MS 是否采取了 DTX 而定，当采取了 DTX 时用子测试，没有采取 DTX 时用全测试，如表 4-14 所示。

表 4-14　　　　　　　　　　　　　　　　　BTS 的测量值

数据描述			源
信号强度	上行	全测试	BTS
信号强度	上行	子测试	BTS
信号质量	上行	全测试	BTS
信号质量	上行	子测试	BTS
MS 的功率电平			MS
MS 是否采用非连续发射			MS

在 MS 的测量报告中发送有关是否采取 DTX 的信息，BSC 利用此信息来决定上行链路的测量是采用全测试还是子测试，如图 4-45 所示。

功率调整模式分为初始化调整和稳定调整两种。初始化调整是发生在呼叫建立期间快速下调功率，或立即指配和切换时的快速下调功率。初始化调整的特点是只能向下调整，不考虑语音质量。稳定调整是发生在滤波器充满以后，其特点是可以向上或向下调整，不考虑语音质量，只要有 MS 的功率电平和上行信号强度，就执行调整。

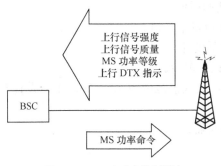

图 4-44　BSC 中功率控制算法

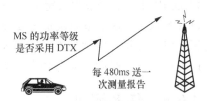

图 4-45　MS 发送有关是否采用 DTX 的信息

（2）测量值滤波

测量出来测量值要用滤波器进行滤波。滤波器有三种长度。

● INILEN——初始化调整滤波器长度。

● QLEN——稳定调整时信号质量滤波器长度。

● SSLEN——稳定调整时信号强度滤波器长度。

只要滤波器一充满，功率调整就开始，REGINT 参数是控制两次功率命令的最小时间间隔。移动台（MS）的功率控制，使基站信号强度达到的目标值有两个：

（3）计算功率等级

INIDES——初始化调整的目标值；

SSDES——稳定调整的目标值，一般 INIDES 比 SSDES 高。

MS 功率控制时各参考点的功率如图 4-46 所示。

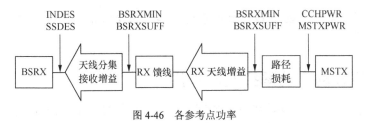

图 4-46　各参考点功率

BTS 为了达到期望的信号强度和信号质量，MS 的功率调整值为：

Pu（i）=ai*（SSDESUL-SS）+βi*（QDESUL_dB-Q）　i= 1, 2

a1= LCOMPUL/100，β1= QCOMPUL/100

a2= 0.3，β2= 0.4

SS、Q 都是经过滤波以后的平均值，

pu=MAX(pu1,pu2)

pu 取整数= int(pu/2) * 2

如果整数 pu≥0，那么未限制的手机发射功率为 PWR_O=MAXTXPWR;

如果整数 pu<0，那么未限制的手机发射功率为 PWR_O=MAXTXPWR-整数 pu。

4.6.4　MS 动态功率控制主要参数

MS 动态功率控制主要参数有以下 6 种。

SSDESUL：在调节区域中定义的上行信号强度期望值。

QDESUL：定义由 BTS 中接收机测量到的期望质量电平值。

QLENUL：质量滤波器的长度，每个子小区都要设置。

LCOMPUL：这个参数决定将要补偿的路径损耗是多少。

QCOMPUL：这个参数决定将要补偿的质量值，其取值范围为 0～100，不能设置至 100 的原因是它会在运算中增加不稳定的风险。

REGINTUL：是两次动态功率调节之间的时间间隔。

4.6.5 任务解决

学完 MS 的功率控制以后，回到 4.6.1 提出的任务。

任务 1：近处 MS 的信号将"淹没"远处 MS 的信号，这称为"远近效应"。所以，希望 MS 的发射功率随着离基站的远近做自动调整，离基站近则降低发射功率，反之则提高发射功率，这就是 MS 的动态功率控制作用。

任务 2：因为城市用户密度高，基站范围小，所以，手机的发射功率较低。而农村基站覆盖范围较大，手机发射功率较大，耗电。

4.7   子情境七 BTS 动态功率控制

4.7.1   任务提出

任务：如果在路测中发现移动台离基站不远，但接收信号太弱，排除硬件故障和阻挡，该如何处理？

4.7.2   BTS 动态功率控制的作用

BTS 动态功控是在手机接收到满足预期信号强度和信号质量的前提下，尽量降低基站的发射功率，目的是降低本连接对其他连接的干扰，降低基站的功率消耗。在手机与基站很近的情况下，降低手机接收机饱和导致灵敏度下降的可能性。

4.7.3   BTS 动态功率控制算法

1. BTS 动态功控运算法则

动态功率控制在 TCH 和 SDCCH 上进行，SDCCH 上的动态功率控制由参数 SDCCHREG 来关闭和激活。在 BCCH 载波上的所有信道都以最大功率发射，也即不进行动态功控。功率控制的周期时间由参数 REGINTDL 来决定，最小的时间周期是一个 SACCH 周期（480 ms），基站能够在每个时隙上改变其输出功率。输出功率的改变每步 2 dB。最大的变化范围为 30 dB。每 SACCH 周期的最大范围也是 30 dB。参数 STEPLIMDL 可以限制每 SACCH 周期调整 2 dB。

2．动态功率控制

动态功率控制包含下列三个运算过程。

（1）测量准备：测量数据丢失评估和应用的测量类型的选择(full set or subset)。

（2）测量滤波器：对测量的数据进行滤波以排除一些暂时性的变化，确保下一个功率控制命令能够稳定。

（3）功率控制命令的计算：为了达到期望的信号强度和质量，必须计算 BTS 的功率控制值，在计算功率控制值时有一些规定来限制其计算过程。

① 计算两个基本功率调整量：pu1/pu2，得到不限制的功率命令

```
Pu(i)=ai*(SSDESDL-SS) +βi*(QDESDL_dB-Q)  i= 1, 2
a1= LCOMPUL/100, β1= QCOMPUL/100
a2= 0.3, β2= 0.4
```

SS、Q 都是经过滤波以后的平均值。

```
pu=MAX(pu1,pu2)。
```

② 功率命令的限制

最高功率命令为 0，即最大输出功率为 BSPWRT。

最低功率命令为以下 3 项里最大的：

ⅰ）-30，每个 SACCH 周期的 BTS 最大功率变化范围不能超过 30dB。

ⅱ）BSPWRT-（最小 BTS 输出功率，受基站硬件限制）。

ⅲ）BSTXPWR-BSPWRMIN。

③ 功率命令的转换：每单位表示下调 2dB

```
PLused=Int（-pu/2)[0……15]
```

PLused=0 对应于基站满功率发射，PLused=15 对应于基站发射功率下调 30dB。

4.7.4　BTS 动态功率控制主要参数

BTS 动态功率控制主要参数有以下几种。

SSDESDL：在调整区域下行信号强度期望值，这个参数在每个小区中都要设置。

QDESDL：定义由 MS 中接收机测量到的期望质量电平值。这个参数每个小区都要设置。

SSLENDL：固定的信号强度滤波器的长度。

LCOMPDL：这个参数决定将要补偿的路径损耗是多少。

QLENDL：质量滤波器的长度。

QCOMPDL：这个参数决定将要补偿的质量是值，其取值范围为 0～100。不能设置至 100 的原因是它会在运算中增加不稳定的风险。

REGINTDL：调节的时间间隙，这个参数每个小区都要设置。

SDCCHREG：SDCCH 信道上调节的开关控制参数。

4.7.5　任务解决

学完 BTS 动态功控后，回到 4.7.1 提出的任务。

解决方案：可以增加 SSDESDL，使 MS 期望接收的信号强度增强。

4.8 子情境八 小区负荷分担

4.8.1 任务提出

任务：一个小区的业务负荷经常在一个短时间内出现很大的统计变化。例如在一定的时间内，可能有的小区业务繁忙而相邻的小区有很多空闲的信道，相反的情况也会出现。如果不管这种情况，将出现小区忙闲不均，造成资源浪费。

分析：话务均衡的方法有很多，如调整天线的下倾角，控制 MS 空闲模式接入的方式，及切换时的优先级等，但那都是静态调整话务的方法，不适合在时间上话务变化快的情况。有没有一种实时的动态调整话务的方法？

4.8.2 小区负荷分担（CLS）概述

CLS 功能是在业务高峰期把一部分业务的负荷分配到相邻的较空闲小区。小区负荷分担功能是集成在定位算法中的一部分，这个功能在 BSC 中执行。CLS 的特点：

（1）小区的切换边界会随着本身话务负荷情况进行动态调整。

（2）个别热点地区的话务量能够在热点地区得到平均。

（3）能够提高网络的容量，提高现有设备和中继的运行效率。

（4）小区负荷分担功能会增加网络中业务负荷不平衡部分的切换数量。

（5）此功能只针对通话模式，与空闲模式无关。

4.8.3 小区负荷分担（CLS）算法

CLS 算法有三个步骤：

（1）激活 CLS 功能；

（2）负荷监测；

（3）重新排队。

1. 激活 CLS 功能

在 BSC 内的激活小区负荷分担功能，LSSTATE=ACTIVE（不激活为 INACTIVE）为 BSC 数据。在小区内激活小区负荷分担功能，CLSSTATE=ACTIVE（不激活为 INACTIVE）为小区数据。

注意：如果 CLSSTATE 激活，LSSTATE 也必须被激活。

2. 负荷监视

BSC 通过测量各小区空闲 TCH 数来监视小区的负荷。对负荷的监视周期由 BSC 的交换参数 CLSTIMEINTERVAL 给出。当服务小区 TCH 的空闲度小于等于 CLSLEVEL（百分数）时，则边界话务切向邻区。当相邻小区 TCH 空闲度大于等于 CLSACC（百分数）时，则接收切换。HOCLSACC 取 ON 表示允许由于负荷分担引起的切换，OFF 表示不允许。

注意：CLSLEVEL<CLSACC，如图 4-47 所示，触发小区负荷分担门限值。

3．重新排队

当小区 TCH 的空闲度下降至 CLSLEVEL 以下时，定位算法重新排队，并使用一个参数 RHYST，它是一个线性迟滞值，以百分比的形式给出。常规定位算法使切换切向"更好"小区，而考虑了 CLS 功能的定位算法使切换切向"更坏"小区。

CLSRAMP：在该参数指定的时间内，迟滞值由最大降至最终值。

采用阶梯化变化的 RHYST 目的有两个：

（1）首先选择特别靠近切换边界的移动台。

（2）在某一时刻被选中做切换的移动台是少数。如果在同一时刻太多的负荷分担切换发生，则可能引起网络的不稳定。

如图 4-48 所示，当 RHYST=0%时，没有 MS 可以做负荷分担的切换；当 RHYST=25%时，滞后区域 25%的 MS 可以做负荷分担切换；当 RHYST=50%时，滞后区域 50%的 MS 可以做负荷分担切换；当 RHYST=75%时，滞后区域 75%的 MS 可以做负荷分担切换；当 RHYST=100%时，滞后区域 100%的 MS 可以做负荷分担切换。

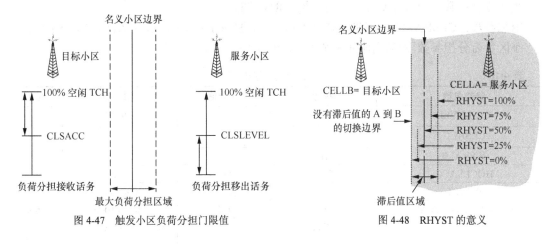

图 4-47　触发小区负荷分担门限值　　　　图 4-48　RHYST 的意义

4．小区负荷分担发生的条件

服务小区条件：

（1）在指配期间不允许发生负荷分担切换。

（2）如果满足紧急切换条件，则不允许发生负荷分担切换。

相邻小区条件：

（1）相邻小区排队时必须比服务小区差。

（2）相邻小区与服务小区同属于一个 BSC。

（3）相邻小区与服务小区应是同一层小区。

（4）小区的 HOCLSACC 必须打开（ON），小区所属的 BSC 必须打开 CLS，即 LSSTATE=ACTIVE。

CLSLEVEL 和 CLSACC 不同设置对应小区中的 TCH 数如表 4-15 所示。

表 4-15 不同设置对应小区中的 TCH

No. of TRXs	10%	15%	20%	25%	30%	35%	40%
1(7 TCHs)	0	1	1	1	2	2	2
2(14TCHS)	1	2	2	3	4	4	5
3(21 TCHs)	2	3	4	5	6	7	8
4(28 TCHs)	2	4	5	7	8	9	11
5(36 TCHs)	3	5	7	9	10	12	14

例如：假设两个小区，每个都有 3 个 TRX，并且其中一个小区比它相邻小区更拥塞。对于高负荷小区的设置是：CLSLEVEL = 15 和 CLSACC = 40；对于它相邻小区的设置是：CLSLEVEL = 10 和 CLSACC = 25。

解答：从表中可以看出：当高负荷小区仅有 3 个或更少的空闲信道时将会执行负荷分担功能。它的相邻小区如果有 5 个或更多（CLSACC =25）的空闲信道时将会接受负荷分担触发的切换。

4.8.4 小区负荷分担（CLS）主要参数

主要控制参数：CLSLEVEL、CLSACC、RHYST。

附加参数：CLSRAMP、CLSTIMEINTERVAL、HOCLSACC、LSSTATE、CLSSTATE。

小区负荷分担参数取值范围和缺省值，如表 4-16 所示。

表 4-16 小区负荷分担参数取值

参数名称	缺省值	推荐值	取值范围	单位
CLSLEVEL	20	—	0 to 99	%
CLSACC	40	—	0 to 100	%
CLSRAMP	16	5	0 to 30	s
HOCLSACC	OFF	ON	ON.OFF	
RHYST	75	100	0 to 100	%
CLSTIMEINTERVAL	100	100	100 to 1000	ms
LSSTATE	INACTIVE	—	ACTIVE, INACTIVE	
CLSSTATE	INACTIVE	—	ACTIVE, INACTIVE	

4.8.5 任务解决

学完小区负荷分担功能后，回到 4.8.1 提出的任务。

可以开启小区负荷分担功能来动态调整话务。BSC 参数设置 LSSTATE=ACTIVE，小区参数设置 CLSSTATE=ACTIVE，CLSLEVEL=20，CLSACC=40，RHYST=100%。

4.9 子情境九 空闲信道的测量

4.9.1 任务提出

任务 1： BSC 分配空中的信道资源，按照什么规则来分配？

任务 2： 若网络中安装了不规范的直放站，则带来了上行干扰，有什么办法可以发现？一般会出现什么现象？

4.9.2　空闲信道测量的目的

空闲信道测量（ICM）是指 BTS 对空闲信道（包括 TCH 和 SDCCH）上行链路进行测量。ICM 的目的有两个：

（1）测量结果用于信道指配。系统优先指派干扰电平最小的信道。

（2）测量结果用于上行干扰电平的统计。作为频率规划的评价。

该功能能降低网络的干扰，提高网络的总体运行质量，但加重处理器负荷。

ICMSTATE 的 3 种设置：

（1）ACTIVE：BSS 测量空闲信道干扰电平，并将空闲信道干扰电平用于统计和信道指配过程。

（2）PASSIVE：BSS 不测量空闲信道干扰电平。

（3）NOALLOC：BSS 测量空闲信道干扰电平，并将其用作统计目的，不用作信道指配。

一般建议设为 ACTIVE 或 NOALLOC，若处理器过载的特殊情况下，设为 PASSIVE。

注意：测量功能是在每个小区上进行的，当采用了跳频功能时，不能够统计出每一个特定频率上的干扰信息。

4.9.3　空闲信道测量技术

1．基本运算法则

当一个信道变为空闲，BTS 则连续对其上行链路的信号强度进行测量，以确定它属于哪个干扰等级。由于无线信道干扰的随机性，BTS 需在规定的时间内对测量的上行干扰电平做平均处理，其平均的周期由参数 INTAVE（若干个 SACCH 周期）确定。

在此之后，只有当空闲信道的干扰带发生改变时，BTS 才向 BSC 报告，BSC 接收到信息后会把空闲信道放入相应的干扰等级中。如果干扰带没有变化，BTS 将不会报告给 BSC。

INTAVE：默认值取 6。

2．干扰等级划分

每个小区定义 5 个干扰等级，可由 4 个参数 LIMIT1～LIMIT4 来设置。干扰等级在 rxlev 中取值范围为 0～63。这些参数定义了较低的 4 个干扰等级的上限。

干扰等级之间的关系如图 4-49 所示，LIMIT1<LIMIT2<LIMIT3<LIMIT4，LIMITs（LIMIT1 至 LIMIT4）应该根据网络中的干扰情况来进行调节。

如果 LIMITs 采用了默认值，则话务统计数据中指示出：95 % 的空闲信道处于干扰等级 1 中，这说明了网络中上行链路的干扰没有问题。如果测量值多数集中在等级 4、5 中，则说明上行干扰较严重。无线

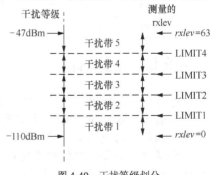

图 4-49　干扰等级划分

网络中的干扰分为上行和下行干扰，下行干扰一般由频率规划不当或天线下倾角过小造成，而上行干扰主要由直放站造成。

3．信道释放

当信道正常释放，它将会被放进与信道分配时相同的干扰等级中；若不正常释放，如掉话时，信道将会被放进比它分配时高一级的干扰等级中。例如：假设一个信道分配时处于干扰等级2，如果正常释放，它将被放入干扰等级2之中；如果不正常释放，它将会被放进干扰等级3中。

在一个信道释放后，BTS 将会把这个信道的上行链路干扰测量报告在两个 SACCH 周期后送到 BSC。

4．信道解闭

当一个信道被解闭，BSC 把该信道放在最低的干扰带，BTS 在两个 SACCH 周期内向 BSC 发送上行干扰测量，就如同信道释放一样。

4.9.4　空闲信道测量的主要参数

1．主要参数

LIMIT1～LIMIT4：规定空闲信道测量时各个干扰等级的范围。每个参数定义各个干扰等级的最高值。这个参数在每个小区中都要定义。

INTAVE：BTS 用于对一个信道计算其上行链路干扰值时所用的 SACCH 周期数。这个参数每个小区都要定义。

ICMSTATE：是 BSC 中应用空闲信道测量功能的状态设置参数。

2．参数取值范围和缺省值

参数取值范围和缺省值如表 4-17 所示。

表 4-17　　　　　　　　　　　　　参数取值范围和缺省值

参数名称	缺省值	推荐值	取值范围	单位
LIMIT1	2	2	0～62	
LIMIT2	6	6	0～62	
LIMIT3	12	12	0～62	
LIMIT4	22	22	0～62	
INTAVE	6	6	1～31	SACCH 周期

4.9.5　任务解决

学习完空闲信道的测量功能，回到 4.9.1 提出的任务。

任务 1：基站执行对空闲信道的测量功能，并把测量值用不同的干扰带来划分。系统优先指派干扰电平最小的信道。

任务 2：如果在 BSC 中查到某个基站的 ICM 多数集中在 4、5 等级，说明有较严重的上行干扰，一般是不规范的直放站引起，可关闭直放站进行验证。通常会带来掉话率高的现象。

4.10 子情境十 小区内切

4.10.1 任务提出

任务：引起切换的原因是信号强度、质量、距离三者之一。在小区边缘，一般信号较弱质量也较差，切换是不是只能发生在两个小区边缘？

4.10.2 小区内切的作用

当信号强度较高，无论是上行链路还是下行链路在同一时间测量到的质量较差时，可以确定它的干扰较严重，并且干扰仅在当前占用的 TCH 或 SDCCH 上存在。在这种情况下，可以切换到在本小区内较好的信道上来保证通话质量，即强信号质差时发生内切。小区内切功能可以避免短暂的干扰，长期干扰还是通过小区重新规划来解决。

4.10.3 小区内切算法

信号质量相对于信号强度的对应表，如表 4-18 所示（quality vs signal strength function），FQSS 表定义了每个信号强度值对应的接收质量，如果接收质量值超过该定义值，将会发生小区内切换。

表 4-18　　　　　　　　　　　信号质量与信号强度对应表

RXLEV	rxqual
<=30	Infinity
31	60
32～35	59
36～38	58
39～41	57
42～45	56
46～48	55
49～52	54
53～55	53
56～58	52
59～62	51
≥63	50

把表 4-18 转换成图的形式，如图 4-50 所示。

如果满足以下条件，则发生小区内切。

　　If　　$rxqual\_ul > QOFFSETUI, + FQSS(RXLEV\_UL + SSOFFSETUL)$

　　or

　　If $rxqual\_ul > QOFFSETUI, + FQSS(RXLEV\_UL + SSOFFSETUL)$

其中：$RXLEV\_UL$ 和 $RXLEV\_DL$ 是滤波后的接收信号强度值，是基站或手机实际测量到的值，而不是在定位算法中应用的评估信号强度。

rxqual_ul 和 *rxqual_dl* 是滤波后的接收信号质量值，是以 dtqu 为单位的。

SSOFFSETUL 和 SSOFFSETDL 是信号强度的偏差（OFFSET）参数，它们能够使曲线在水平方向移动。这两个参数用于调节小区内切换在上行和下行链路中的切换门限电平。

QOFFSETUL 和 QOFFSETDL 是信号质量的 OFFSET 参数，它们能够使曲线在垂直方向移动，可获得小区内切换的期望质量电平（切换门限值）。

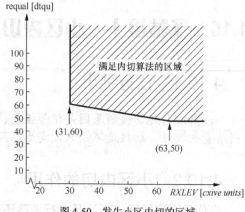

图 4-50　发生小区内切的区域

例：假设 SSOFFSETUL = 10 和 QOFFSETUL = 5；*RXLEV_UL* 的接收值为 31；确定该小区内切换在哪个 *rxqual_ul* 电平值以上发生？

答：SSOFFSETUL 被加入这个 *RXLEV_UL* 值中，总和用于作为 FQSS 表中的指标，31 +10 = 41。在表中这个指标对应的信号质量值为 57。QOFFSETUL 被加入这个值中：57 +5 = 62。这意味着 *rxqual_ul* 必须大于 62 dtqu 才允许进行小区内切换。

如果总和(*RXLEV_UL* +SSOFFSETUL) 小于 31，则禁止小区内切换。如果总和 (*RXLEV_UL* +SSOFFSETUL)大于 63 时，评估会继续进行。

从 FQSS 表中可见，增加 SSOFFSET 值和降低 QOFFSET 值都是鼓励内切。

4.10.4　小区内切控制参数

在 TMAXIHO 时间内连续内切次数小于 MAXIHO 时，每发生一次内切换，内切计数器加 1，当内切次数大于 MAXIHO 时，则内切换计数器复位为 0，禁止内切，等过了 TIHO 时间才允许内切；当 TMAXIHO 计满后，小区内切要在 TINT+TIHO 计满后才发生。IHOSICH 用来规定在信令信道上能不能进行小区内切换，如图 4-51 所示。

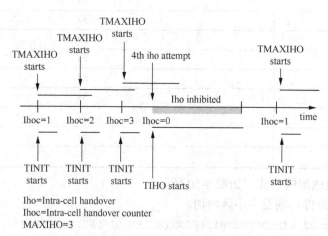

图 4-51　小区内切参数的含义

内切换参数取值如表 4-19 所示。

表 4-19 内切换参数取值表

参数名称	缺省取值	推荐值	取值范围	单位
HNDSDCCH	1	1	0,1	
IHO	OFF	ON	ON,OFF	
SSOFFSETUL	0	10	−30 to 30	dB
SSOFFSETDL	0	10	−30 to 30	dB
QOFFSETUL	0	freq. hop; 0 no freq. hop; −10	−50 to 50	dtqu
QOFFSETUL	0	freq. hop; 0 no freq. hop; −10	−50 to 50	dtqu
TMAXIHO	6	7	0 to 60	seconds
MAXIHD	3	freq. hop; 2 no freq. hop: 3	0 to 15	
TIHO	10	2	0 to 60	Seconds
IHOSICH	OFF	OFF	ON, OFF	

4.10.5 任务解决

回到 4.10.1 提出的任务：切换有两个小区之间的切换，也有小区内部更换信道，称为小区内切。内切发生在强信号质差的情况下。

4.11 子情境十一 双 BA 表

4.11.1 双 BA 表的定义

1. MS 测量的目的

MS 在空闲状态下：会不断地测量服务小区和相邻小区的 BCCH 载波的信号强度。这些测量的结果用于选择最好的小区来锁定。

MS 在激活模式下：测量服务小区的信号强度和误码率，同时也测量相邻小区的 BCCH 载波的信号强度。这些测量结果用于定位运算和 BTS 的功率控制。

2. 双 BA 表的定义

双 BA 表的功能为空闲模式和激活模式下提供合适的测量频率。空闲 BA 表在 BCCH 的系统消息 2 中发送，激活 BA 表在 SACCH 的系统消息 5 中发送。

LISTTYPE 定义这个表用于空闲模式还是用于激活模式。取值 IDLE 或 ACTIVE。

MBCCHNO 定义要测量的邻区频点，最多可定义 32 个。

（1）空闲 BA 表

空闲模式 BA 表包括服务小区的 BCCH 载波，以及相邻小区的 BCCH 载波。

当一个 MS 开机时，它将会扫描最近接收到的 BA 表，如果 MS 已经移动，将出现这样的情况，移动台测量旧表中的一个信号强度非常弱的小区并且锁定上面。如果这个表非常短并且不包含当前 MS 所在地的最好小区，这时 MS 还会继续锁定在"差"小区上。在这样的环境下建立呼叫是非常不利的，如果空闲的 BA 表包含较多的频率，这种情况是可以避免的。

空闲 BA 上有很多的频率，意味着每个频率的测量样值少，这将会减小空闲模式的测量精度，这也是一个不能不考虑的问题。

（2）激活 BA 表

激活模式 BA 表必须与定义的相邻小区相对应，服务小区的 BCCH 载波应不包括在激活模式表中。

一个短的激活模式表对切换执行比一个长的表好。如果应用一个长的激活模式表，则每小区的测量样值将会较少，结果导致测量精度降低，同时它也会使 MS 花费更多的时间去解译不相关小区的 BSIC 码。此外，如果这时解码不成功，那么 MS 将会花费额外的时间再对这个小区的 BSIC 码进行再解码尝试，同时在它重新解译其他小区的 BSIC 码之前它的等待时间将会更长。因此，在一般情况下，激活模式的 BA 表中的频率不要超过 15 个。

4.11.2　BA 表的更新方式

附着状态的 MS，有两个方法用于更新 BA 表，默认方法和立即方法。参数 MRNIC 定义 BA 表是否采用立即更新方法（YES OR NO）。

默认更新：在系统信息中发旧的激活模式 BA 表——新的激活模式 BA 表——，BSC 等待 5s 时间后再发送新的空闲模式 BA 表，花得时间较长。

立即更新方法：新的空闲和激活模式 BA 表会分别被立即发送至空闲和激活的 MS。新表被贮存在 BSC 中以代替旧表。这意味着处于更新过程中的 MS 将会在一个最大为 5s 的时间发送可能不正确的测量报告。

当要改变激活模式下的测量表时，推荐使用默认方法；改变空闲模式下的 BA 表可用立即更新方法。

4.11.3　BA 表的参数取值

参数的取值如表 4-20 所示。

表 4-20　　　　　　　　　　　　　　　　BA 表的参数取值

参数名称	缺省值	推荐值	取值范围	单位
MBCCHNO GSM DCS1800 PCS1900			1 to 124 512 to 885 512 to 810	
LISTTYPE	—		ACTIVE IDLE	
MRNIC	—	激活模式列表: MRNIC 空闲模式列表：—	MRNIC	

4.12　子情境十二　分配到其他小区

该功能是在立即指配（SDCCH）已经完成，当准备分配话务信道（TCH）时，可以分配本小区的 TCH，也可以分配其他小区的 TCH。如果其他小区在定位候选列表中排在第一位，这叫"分配到较好小区"。如果服务小区或较好小区拥塞，这个呼叫可以在比当前服务小区差的小区上建立，这个叫"分配到较差小区"。

该功能相关参数：

（1）ASSOC：指派到其他小区的开关参数，为 BSC 级参数。

（2）AW：指派至差小区开关参数，为小区级参数。必须先开启 ASSOC，再开启 AW。

（3）IBHOASS：指派到外部小区的开关参数，为 BSC 级参数。

（4）AWOFFSET：该参数为信号强度偏差值。它定义了拥塞的服务小区与邻区间能够发生指派至差小区的最大范围，只有在这个范围内，"差小区"才能被列入指派列表。例如：终端测量到服务小区信号强度为–70dBm，AWOFFSET=15，那么指派至"差小区"的信号强度必须大于或等于–85dBm，不同的邻区该参数可以设置不同。

 # 小结

本章介绍了利用天馈线测试仪进行天馈线维护的方法，通过案例介绍了天线在网优中的调整。详细阐述了 MS 在空闲模式和激活模式下的算法，重点理解小区选择、小区重选及定位算法。学会通过 ACCMIN、CRO 参数调整对空闲模式话务均衡，学会调整 CRH 减少乒乓位置更新次数。学会通过调整 KOFFSET 进行激活模式话务均衡，通过调整 KHYST 减少乒乓切换次数，理解定位算法所涉及的参数含义。

本章还介绍来了其他几种无线网络功能及其相应的参数设置和调整，其实质就是通过参数调整来均衡话务、降低干扰、降低拥塞、提高资源的利用率。

 # 练习与思考

天馈线部分

一、单选题

1．在使用 SiteMaster 之前，必须对之（　　　）校准。

A．负载　　　　　B．开路　　　　　C．短路　　　　　D．以上三种都要

2．请问下列关于天线的描述哪些是正确的？（　　　）

A．天线的机械下倾角度过大会导致天线方向图严重变形(即主瓣前方产生凹坑)。

B．电子下倾通过改变天线振子的相位使得波束的发射方向发生改变，各个波瓣的功率下降幅度是相同的。

C．当天线下倾角增大到一定数值时，天线前后辐射比变小，此时主波束对应覆盖区域逐渐凹陷下去，同时旁瓣增益增加，造成其他方向上同频小区干扰。

D．当天线以垂直方向安装时，它的发射方向是水平的，由于要考虑到控制覆盖范围和同频干扰，小区制的蜂窝网络的天线一般有一个下倾角度。

3. 100 米 1/2 软跳线的损耗是（　　）dB。

A. 4.3　　　　　　　B. 7.7　　　　　　　C. 33　　　　　　　D. 3

4. 以下所测天馈线系统的回波损耗（　　）是合格的。

A. 15dB　　　　　　B. 10dB　　　　　　C. 7.7dB　　　　　　D. 4.3dB

5. 若天馈线的驻波比是 1.2，对应的回波损耗是（　　）dB。

A. 19　　　　　　　B. 20　　　　　　　C. 21　　　　　　　D. 22

6. 回波损耗＿＿＿＿越好，0 表示＿＿＿＿（　　）。

A. 越大，完全匹配。　　　　　　　　　　B. 越大，完全反射。

C. 越小，完全匹配。　　　　　　　　　　D. 越小，完全反射。

7. 目前，天线下倾主要有＿＿＿＿和＿＿＿＿两种方式。（　　）

A. 机械下倾，电调下倾。　　　　　　　　B. 混合下倾，远端下倾。

C. 机械下倾，远端下倾。　　　　　　　　D. 电调下倾，远端下倾。

二、多选题

1. 测试天线 VSWR 可采用 （　　）。

A. 安立 S331D　　　　　　　　　　　　B. 安捷伦 N9330A

C. MPA7300　　　　　　　　　　　　　D. 以上都可以

2. 在使用 Site Master 之前，必须对之进行哪些设置？（　　）。

A. 校准。

B. 设置馈线损耗参数，如 LOSS=0.043dB/m

C. 设置馈线的传播参数，如 PROP V=0.89

D. 不需设置

3. 影响无线覆盖的主要因素有（　　）。

A. 天线的挂高和方向　　　　　　　　　　B. 天线的增益

C. 内置电倾角和机械倾角　　　　　　　　D. 天线水平半功率角和垂直半功率角

4. 在移动通信网络中，天线下倾的主要作用是（　　）。

A. 使小区覆盖范围减少　　　　　　　　　B. 增强覆盖范围内的信号强度

C. 减少干扰　　　　　　　　　　　　　　D. 提高天线的增益

5. 天线增益的单位有（　　）。

A. dBi　　　　　B. dB　　　　　　C. dBd　　　　　　D. dBm

6. 天线的选用主要考虑（　　）。

A. 增益　　　　　B. 半功率点张角　　　　C. 前后比　　　　　D. 工作频段

三、判断题

1. 因全向天线是垂直安装的，所以它没有下倾角。（　　）

2. 终端负载阻抗和特性阻抗越接近，反射系数越小，驻波系数越接近于 1。（　　）

3. GPS 天线要装在区域内最高点，不得有阻挡。（　　）

4. 全向天线没有增益，而定向天线才有增益。（　　）

5. 双极化天线就是两个任意的单极化天线合在一起。（　　）

6. 当来波的极化方向与接收天线的极化方向不一致时，在接收过程中通常都要产生极

化损失。（　　）

7．高速公路覆盖一般选用半功率点张角小，增益高的天线。（　　）

MS 空闲模式与激活模式部分

一、单选题：

1．移动台在空闲状态下的小区选择和重选是由网络实体（　　）来决定的？

A．MSC　　　　　B．BSC　　　　　C．BTS　　　　　D．MS

2．（　　）的小区禁止 PHASE 2 手机起呼。

A．CBQ=HIGH，CB=YES；　　　　　B．CBQ=LOW，CB=NO；

C．CBQ=HIGH，CB=NO；　　　　　D．CBQ=LOW，CB=YES。

3．周期位置更新的主要作用是（　　）。

A．防止对已正常关机的移动台进行不必要的寻呼。

B．定期更新移动用户的业务功能。

C．防止移动台与网络失步。

D．防止对已超出信号覆盖范围或非正常掉电的移动台进行不必要的寻呼。

4．若要改变小区实际覆盖范围，则可调整（　　）参数。

A．BSPWRB　　　B．BCCHNO　　　C．CCHPWR　　　D．ACCMIN

5．当移动台处于空闲状态时，如何确定它属于哪个寻呼组？（　　）

A．移动台根据自身的 IMSI、以及系统消息里的 MFRMS 和 AGBLK 参数来计算出来

B．MSC 根据移动台的 IMSI、以及系统消息里的 MFRMS 和 AGBLK 参数来计算出来

C．BSC 根据移动台的 IMSI、以及系统消息里的 MFRMS 和 AGBLK 参数来计算出来

D．当前小区根据移动台的 IMSI、以及系统消息里的 MFRMS 和 AGBLK 参数来计算出来

6．如果发现小区的信令信道出现拥塞，最有效的方法是调整下列哪个参数？（　　）

A．SDCCH　　　B．RLINKT　　　C．KOFFSET　　　D．LOFFSET

7．通过在位置区边界的小区设置（　　）参数，可防止乒乓位置更新。

A．KHYST　　　B．CRO　　　C．CRH　　　D．KOFFSET

8．如果空闲状态下手机用户改变所属小区会通知网络吗？（　　）

A．会　　　　　　　　　　　B．不会

C．会，如果同时改变了位置区的话　　D．会，如果同时改变了所属 BS

9．移动台在多久时间内没有做周期性位置登记，就可认为它关机。（　　）

A．T3212　　　B．GTDM　　　C．BTDM　　　D．GTDM+BTDM

10．有一个用于覆盖的高层小区，给其配置一个载波，按照可能的参数设置，该小区可以有几个用户同时全速通话。（　　）

A．7　　　　　B．6　　　　　C．5　　　　　D．8

11．以下关于几种说法，哪个是错的？（　　）

A．调整 KOFFSET 的值可以调整小区的话务，它实质上通过调整基站的 EIRP 功率来实现的

B．调整 KHYST 值可以调整两个相邻小区间的切换缓冲区域的大小

C．如果出现乒乓切换，可以通过调整 KHYST 值来克服

D．如果小区的话务太忙，可以通过调整 KOFFSET 来转移话务

12．对于有快速移动台的小区，下列哪种调整方法是不合适的？（　　　）

A．减小 TAAVELEN 的值使其适应快速移动的无线环境

B．减小 SSRAMPSI 的值使其适应快速移动的无线环境

C．减小 SSRAMPSD 的值使其适应快速移动的无线环境

D．增大 SSRAMPSD 的值使其适应快速移动的无线环境

13．对于信号强度的惩罚，下列哪个是错误的？（　　　）

A．在定位算法过程，惩罚包括 LOC 及 HCS 两种

B．LOC 惩罚只包括质差切换惩罚和超 TA 切换惩罚

C．HCS 惩罚是发生在二层小区向一层小区切换的情况

D．当切换失败、低质量紧急切换和过大时间提前（Timing Advance）紧急切换定位算法会执行相应的惩罚

14．RLNRC：CELL=A，CELLR=B，KOFFSETN=3；指令执行后的结果是（　　　）。

A．A 小区的信号强度比 B 小区的信号强度大约 3dB

B．两小区的 K 边界将向 A 小区推移

C．两小区的 K 边界将向 B 小区推移

D．将会降低两小区间的切换频度

15．在某 BSC，所有小区的 BSRXSUFF=0 AND MSRXSUFF=150 时，定位算法时将采取以下哪种方法？（　　　）

A．只采取上行 K 算法　　　　　　　　　　B．只采取下行 K 算法

C．只采取下行 L 算法　　　　　　　　　　D．启用上行 L 算法及采用下行 K 算法

16．高速公路或铁路上测试时，发现小区之间的切换比较慢，造成切换前弱信号，解决这一问题最有效的方法是调整如下的哪个参数？（　　　）

A．SSLENSD　　　　　B．SSDESL　　　　　C．SSLENDL　　　D．LCOMPDL

17．已知某服务小区的 4 个邻小区 A、B、C、D，它们的参数设置都为：BSPWR=BSTXPWR=43，MSRMIN=95，BSRXMIN=106，MSTXPWR=30，邻小区的强度分别为 SSA=−75dBm，SSB=−92dBm，SSC=−94dBm，SSD=−96dBm，不满足最小信号强度的小区为（　　　）。

A．D　　　　　　B．D、C　　　　　C．D、C、B　　　　D．D、C、B、A

18．已知 MS 离服务小区基站的距离大概 5.5km，为使 MS 在该位置会发生 TA 切换，下面哪组参数设置较合理（　　　）。

A．TALIM=8，MAXTA=9　　　　　　　　B．TALIM=10，MAXTA=10

C．TALIM=8，MAXTA=12　　　　　　　　D．TALIM=12，MAXTA=14

19．已知 A，B 两小区采用下行 K 算法，小区间参数 KOFFSET=0，KHYST=3，MS 在 A 小区内通话，下行质量 rxqual=6，服务小区 A 的信号强度为−75dBm，邻小区 B 的信号强度为−80dBm，如果 MS 能从 A 小区质差切换到 B 小区，下面哪组参数设置比较合理（　　　）。

A．qlimdl=75，bqoffset=6　　　　　B．qlimdl=55，bqoffset=6

C．qlimdl=55，bqoffset=3　　　　　D．qlimdl=75，bqoffset=3

20．邻区上行信号强度是通过（　　　）得到？

A．BTS 测量

B．MS 测量

C．MSPWRn−BSTXPWRn+SS_DOWNn，其中 MSPWRn 为 MS 发射功率，SS_DOWNn 为校正的邻区下行信号强度 tch

D．MSPWRn−BSPWRn+SS_DOWNn，其中 MSPWRn 为 MS 发射功率，SS_DOWNn 为校正的邻区下行信号强度

21．下列哪些因素能够影响到系统的切换性能？（　　　）

A．频率及 BSIC 规划、逻辑信道的映射方案及 BA 表的长度。

B．多层小区间的门限值及逻辑信道的映射方案。

C．频率及 BSIC 规划、多层小区间的门限值及 BA 表的长度。

D．上面三个答案都不对。

22．切换的话务统计中发现 A 小区到 B 小区有大量的 HO REQUEST，而却没有 HO COMMAND，不可能是以下哪种原因造成的？（　　　）

A．A 小区与周围的小区存在 CO-BB。

B．如果 A-B 小区是跨 BSC 的两个小区，有可能是 A 小区或 B 小区所在 BSC 上面关于 EXTERNAL CELL 数据的定义有错。

C．如果 A-B 小区是跨 MSC 的两个小区，有可能是 A 小区或 B 小区所在 MSC 上面关于 OUTER CELL 数据的定义有错。

D．B 小区拥塞严重所造成的。

23．若要将某 BCCH 载波的实际发射功率由 41dBm 改为 43dBm，则应改变哪个参数？（　　　）

A．BSPWR　　　　　B．MSTXPWR　　　　　C．BSPWRB　　　　　D．BSPWRT

其他无线网络功能部分

一、单选题：

1．下列关于小区内切换的几种说法，哪种是错误的？（　　　）

A．在每个小区中，小区内切换所能够进行的次数是由参数 MAXIHO 定义的，切换超过这个数值后将不能进行切换

B．小区内切中有 TINIT、TIHO 及 TMAXIHO 三个计数器

C．计数器 TINIT 是两次小区内切换发生的最小时间间隔

D．当 TMAXIHO 计满后小区内切要在 TINIT+TIHO 计满后才能发生

2．如果下列链路的 LEVTHR=90，LEVHYST=3，移动台将可能在下列哪个电平上切出一层小区？（　　　）

A．−65dBm　　　　　B．−75 dBm　　　　C．−85 dBm　　　　D．−95 dBm

3．小区内切换将在（　　　）的情况下发生。

A．强信号质差；　　　B．弱信号质差；　C．AW=ON 时；　D．小区拥塞时

4．以下关于分配到其他小区（Assignment to Another Cell）的描述，哪项是错误的？（　　　）

A．分配到其他小区功能是应用在分配 TCH 时的

B．分配到其他小区是指移动台的空闲状态时通过运算自身的定位算法选出一个比当前小区更好或更差的小区用于建立呼叫

C. 分配到更好小区可以提高通话质量

D. 分配到更差小区可以充分利用网络资源，提高接通率

5. 下列关于负荷分担功能的描述，哪种说法是错误的？（　　）

A. 当小区的空闲信道数满足 CLSLEVEL 的要求时可以向相邻小区转移话务

B. 当小区的空闲信道数满足 CLSACC 的要求时可以向相邻小区转移话务

C. 当小区的空闲信道数满足 CLSACC 的要求可接受分担过来的话务

D. 一个小区可以设置成只接收话务而不能向外转移话务

6. 如果发现 BSC 空闲信道测量结果是四、五级干扰带内的信道数较大，可能是：（　　）。

A. 该小区的频率干扰太严重，应进行频率调整

B. 小区周围可能存在同频放大器而出现上行链路干扰，应检覆盖区域内的同频放大器

C. 区的发射下线的下倾角太小，结果接收到太多的干扰信号，应增大下倾角

D. 区的接收天线的灵敏度太大，应更换低增益的天线

7. 以下关于小区负荷分担（Cell Load Sharing）的描述，哪项是错误的？（　　）

A. 小区负荷分担仅限于对 TCH 的负荷进行分流

B. 小区负荷分担只能分流靠近边界的话务

C. 小区负荷分担可以在不同的 BSC 之间进行，但必须在同一 MSC 内

D. 小区负荷分担的切换只有在目标小区的话务负荷低到一不定程度时才能进行

8. BSTXPWR=43，BSPWRMIN=20 时，动态功率的最大调整范围是：（　　）。

A. 30dBm　　　　　B. 62 dBm　　　　　C. 23 dBm　　　　　D. 13 dB

 实训项目

项目一、用 SITEMASTER 测量天馈线。

任务一、在频域—驻波比模式下测试电缆的性能，判断哪些频点不可用。

任务二、在故障定位（DTF）模式下测试电缆的性能，判断天馈线故障点的位置。

任务三、在电缆损耗模式下测试电缆的平均损耗。

任务四、在故障定位（DTF）模式下测试电缆的长度。

任务五、用天馈测试仪测试馈线的相对光速。

项目二、学会 TEMS Pocket 5.1 K790i 测试手机工程模式下的使用。

任务一、分析测试点的信号强度和话音质量情况。

任务二、观察空闲模式和激活模式下，测试手机界面变化及理解所测参数的含义。

任务三、会锁频和锁频段测试。

项目三、学会 TEMS 软件测试和分析 GSM 网络。

任务一、学会 TEMS_Investigation_8.0.3 软件的安装。

任务二、熟悉 GSM 网络语音业务测试。

任务三、熟悉 GSM 网络数据业务测试。

任务四、理解测试过程中各参数的含义。

任务五、会对测试数据进行分析。

第二模块
直放站和室内分布
系统部分

【学习目标】
（1）掌握直放站的作用、分类及应用；
（2）掌握无线宽带直放站、无线选频直放站、光纤直放站的工作原理；
（3）熟练掌握直放站各主要技术指标及测试方法。

5.1 直放站概述

对于边远村镇、公路隧道以及建筑物内部等移动电话信号覆盖较弱的地方，若要改善信号覆盖情况，有什么既省又快的方法？

最好的办法是采取无线覆盖补点工程，通过安装直放站等移动中继设备和信号分布系统，改善覆盖较差或话务密集地区的移动通信网络质量，进一步扩大移动电话信号覆盖范围和系统容量的工程建设项目。这是我们网络扩容工程建设项目的一个重要补充部分。

无线覆盖补点工程分为：

（1）室外直放站工程：用于覆盖边远地区村镇和公路隧道。

（2）室内覆盖系统工程：用于大型建筑物如大楼、商场、酒店等室内的移动电话信号覆盖。

无线覆盖补点工程的意义：

（1）扩大基站覆盖范围、室外盲区覆盖。

（2）提高信号质量，改善通话效果。

（3）话务量重新分配，提高经济效益。

（4）减少基站数量，降低成本。

5.1.1 直放站作用

直放站（Repeater）是一种利用射频放大的技术所构成的双向放大器。直放站在下行链路中，由施主天线在现有的覆盖区域中拾取信号，通过带通滤波器对带外的信号进行极好的隔离，将滤波的信号经功放放大后再次发射到待覆盖区域。在上行链路中，覆盖区域内的MS 手机的信号以同样的工作方式由上行放大链路处理后发射到相应的基站，从而达到基站与手机间信号的正常传递。

直放站在网络优化中，弥补了基站覆盖不足的缺陷，形成了新的覆盖手段。采用直放站后，可以减少基站数量、降低建网成本，如图 5-1 所示。

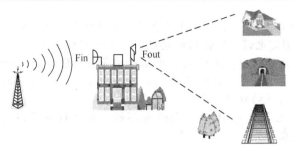

图 5-1 直放站

5.1.2 直放站耦合方式

直放站的耦合方式分为直接耦合和间接耦合两种。直接耦合是从收发天线直接耦合信号，间接耦合是通过无线方式在施主基站和直放站之间传递信息，如图 5-2 所示。

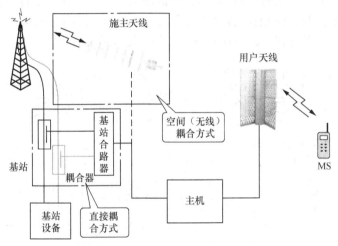

图 5-2 直放站的耦合方式

5.1.3 直放站的分类

直放站有很多种，根据分类方式不同，可以分为以下几种：

（1）按制式分：GSM、AMPS、ETACS、DCS、CDMA、3G 等。

（2）按频选方式分：宽带、选带、选频。

（3）按传输方式分：射频（无线）、光纤、移频、微波拉远。

（4）按功率大小或应用场合分：室内、室外。

5.2 直放站工作原理及特点

5.2.1 任务提出

任务 1： 某高速铁路，怎样做无线覆盖使切换发生的次数尽量少？

分析：使覆盖高铁的每个小区形状呈狭长型，可以减少切换次数，但如何可以做到呢？

任务 2：A 使用固定电话，B 使用移动电话（直放站信号）。

第一种情况：两者通话中，A 听到 B 的话音质量差，B 听到 A 的话音质量正常；

第二种情况：两者通话中，B 听到 A 的话音质量差，A 听到 B 的话音质量正常。

试分析以上两种情况的故障原因。

分析：第一种情况显然是 B 的上行信号不好，第二种情况显然是 B 的下行信号不好。那是什么原因造成的呢？

5.2.2 室外无线宽带直放站

移动通信直放站主要由施主天线、重发天线、馈缆系统、直放主机、电源及保护系统以及防雷、避雷系统等部分组成，如图 5-3 所示。施主天线和重发天线由于收发共用，所以必须采用双工器。上下行支路是一样的，采用两级放大。第一级低噪放，放大电压幅度；第二级高功放，放大功率。中间的选频模块是带通滤波器，分别调在上下行工作频段上。监控单元分别和要监控的有源设备相连，告警信息通过 MODEM 发往监控中心。装有 OMT 软件的 PC 机通过接口与监控单元相连，实现对直放站的调测和故障管理。

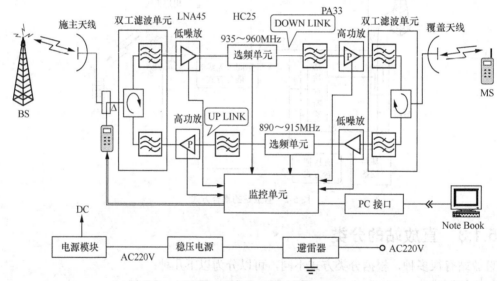

图 5-3 无线宽带直放站工作原理

无线宽带直放站的特点：

（1）采用空间信号直放方式，信道透明，需考虑收发天线的隔离。

（2）设备安装简单，投资少、见效快，无需使用传输电路。

（3）工作带宽较宽，不受施主小区的载波数，跳频方式和扩容限制。

（4）互调干扰和噪声电平较大。

（5）主机增益大，但每载波输出功率小，覆盖范围也较小。

5.2.3 室外无线选频直放站

为了克服无线宽带直放站的缺点，采用选频直放站，其频谱图和工作原理图分别如

图 5-4 和图 5-5 所示。

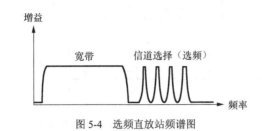

图 5-4 选频直放站频谱图

图 5-5 选频直放站工作原理

无线选频直放站特点：

（1）对指定的基站载波信号选频放大，有几个选频模块就放大几路信号。

（2）载波增益高，覆盖范围大。

（3）受限施主小区的载波数，跳频方式和扩容，互调干扰和噪声电平较小。

5.2.4 光纤直放站

光纤直放站由近端机和远端机构成。从发射天线处直接耦合的射频信号经近端机转换为光信号，再由光纤送至远端机。远端机处于要覆盖的地方，把光信号再转换为射频电信号发射出去，如图 5-6 所示。光纤直放站可以是宽带的、选频段的和选频的。在传输允许的情况下建议选用，尽量避免无线直放站的使用。

光纤直放站与无线直放站在传输方式等方面有较大差别。以下就光纤直放站的传输方式、光纤直放站的应用分类以及光纤直放站光传输距离的计算做详细介绍。

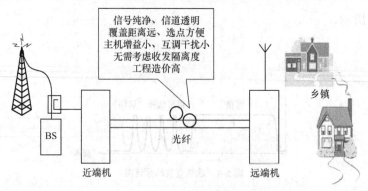

图 5-6　光纤直放站

1．光纤直放站的几种传输方式

（1）普通传输方式

普通传输方式（利用备用光纤）适用于光缆中有一对现成多余空闲光纤的情况，这种方式既可利用 1.31μm 波长窗口传输光信号，也可利用 1.55μm 波长窗口传输光信号，如图 5-7 所示。

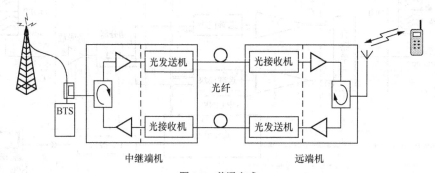

图 5-7　普通方式

（2）兼容方式

光纤中的 1.31μm 波长窗口已经被其他信号占用时，可以通过波分复用器将中继站信号复用到 1.55μm 波长的窗口上，实现中继站信号与其他信号同纤传输，如图 5-8 所示，这就是兼容方式（波分复用）。

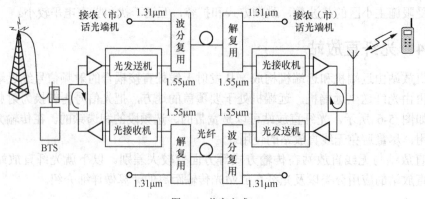

图 5-8　兼容方式

（3）同纤传输方式

光缆中如仅有一根空闲光纤，可以采用上下行信号同纤传输方式。分别用单模光纤中的 1.31μm 和 1.55μm 窗口来传输上下行信号，如图 5-9 所示。

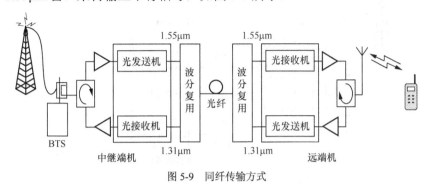

图 5-9　同纤传输方式

2．光纤直放站的应用分类

光纤直放站在实际应用中的拓扑结构分为以下 3 种：

（1）点到点传输方式，如图 5-9 所示。

（2）点到多点传输方式应用——串联型。多用于高速公路、铁路覆盖，如图 5-10 所示。

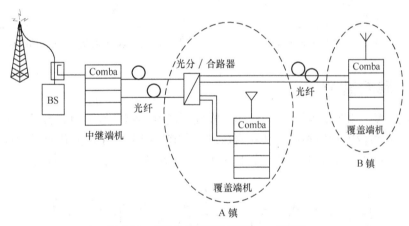

图 5-10　点到多点传输方式应用——串联型

（3）点到多点传输方式应用——星型，如图 5-11 所示。

3．光纤直放站光传输距离的计算

如图 5-12 所示，总时延=$T_{b-r}+T_r+T_{r-m}$，其中 T_{b-r} 为光纤时延，T_r 为直放站时延，取 5μs，T_{r-m} 为直放站与移动用户覆盖区最大时延。根据 GSM 系统要求，T_A 最大值为 63，对应时延为 233μs，假定光纤直放站最大有效覆盖半径为 3km，传输时延为 9.9μs，T_{b-r}=233/2-T_{r-m}=116.5-5-9.1=101.2μs。光纤时延为 5μs/km，则光纤直放站最大有效传输距离为 20.3km。

如图 5-13 所示，一路时延=$T_{b-r}+T_r+T_{r-m}$，另一路为 T_{b-m}，其中 T_{b-r} 为光纤时延，T_r 为直放站时延，取 5μs，T_{r-m} 为直放站与移动用户覆盖区最大时延，T_{b-m} 为基站至移动台最大时延，为满足不造成同频干扰要求：（$T_{b-r}+T_r+T_{r-m}$）-T_{bm}<16μs（4 个 T_A）。

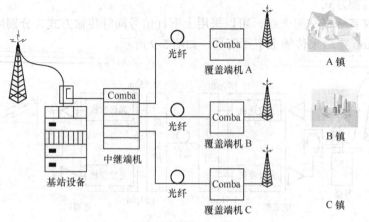

图 5-11　点到多点传输方式应用——星型

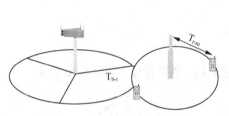

图 5-12　光纤直放站光传输距离的计算

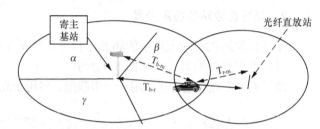

图 5-13　传输时延对光纤直放站的限制

5.2.5　移频直放站

无线直放站输入和输出频率相同，如果收发隔离度不够，容易引起自激。为了克服这个缺点，采用输入和输出频率不同的移频直放站，如图 5-14 所示，其优点是提高了收发隔离度，防止自激，缺点是占用频率多。由于有近端机和远端机，因此价格较贵。

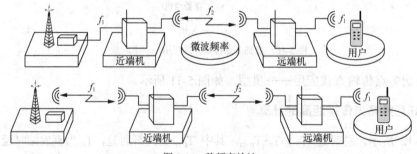

图 5-14　移频直放站

5.2.6　微波拉远直放站

微波拉远直放站属于移频直放站，由近端机、远端机、ODU（室外单元）和微波天线构成，如图 5-15 所示。目前支持 GSM900、DCS1800 和 WCDMA，其中 GSM900、DCS1800

支持 8 载波，WCDMA 支持 1 载波。近端机从基站天线口耦合到射频信号，转换到数字域进行处理，再变换至微波频段发射，远端机在覆盖侧接收到来自 ODU 的信号，转换到数字域处理，最后调制到射频信号进行覆盖。

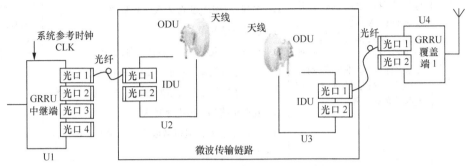

微波 GSM 数字射频拉远系统（系统配置：基本功能）

图 5-15　微波拉远直放站

其特点是：

（1）系统通过微波中继的方式，大大降低了其他系统的干扰，有效解决了新建（或搬迁）基站机房选址困难或投资过大问题。

（2）解决了传统无线直放站的同频传输易自激问题，具有工程安装方便的优点。

（3）解决了无法铺设光纤地区的覆盖问题，具有建站迅速的特点。

5.2.7　数字光纤直放站

数字光纤直放站（GRRU）如图 5-16 所示，是利用数字中频技术将模拟信号数字化后进行光传输的直放站类设备。目前在国内各省市已经有了大规模应用，在行业内有多种不同的名称，如数字光纤直放站、射频拉远、数字拉远、GRRU 等，其核心技术为数字化中频技术，为目前无线补充覆盖产品中技术含量较高，系统指标较高的新一代产品。表 5-1 示出了各类直放站的特点和应用。

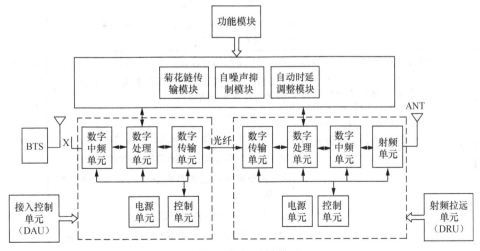

图 5-16　数字光纤直放站

表 5-1  各类直放站的特点和应用

直放站种类	作用	特点	应用范围
室外型无线宽带直放站	通过该设备对所在地基站与移动用户之间的射频信号进行接收和转发，并对工作频段内指定的基站信号进行带通放大，对其他无关的信号则滤除抑制，增强上下行信号场强，扩大基站覆盖范围	A．采用空间信号直放方式，为透明信道 B．工程选点需考虑收发天线的隔离 C．设备安装简单 D．投资少、见效快，无需使用传输电路 E．工作带宽较宽，一般在 2~19MHz 之间 F．不受施主小区的载波数，跳频方式和扩容限制 G．互调干扰和噪声电平较大 H．主机增益大，但每载波输出功率小，覆盖范围也较小	适用于施主小区的载波数较多且施主基站采用了高频跳频技术的边远村镇和公路
室外型无线选频直放站	通过该设备对施主基站与移动用户之间的射频信号进行接收和转发，并对施主基站信号进行载波选频放大，对其他无关的信号则滤除抑制，增强上下行信号场强，扩大基站覆盖范围	A~D 点同上 E．工作带宽为 200kHz F．只对选定的载波进行放大，一般可放大 1~4 个载波信号，最多 8 个，载波数越多，价格越贵 G．受施主小区的载波数，跳频方式和扩容限制 H．互调干扰和噪声电平较小 I．主机增益大，每载波输出增益较大，覆盖范围也较大	适用于施主小区的载波数较少且施主基站没有采用高频跳频技术的边远村镇公路
室外型光纤直放站	通过该设备对基站与移动用户之间的射频信号通过光纤传输进行接收和转发，并对工作频段内指定的基站信号进行放大，对其他无关的信号则滤除抑制，增强上下行信号场强，扩大基站覆盖范围。GSM 光纤直放站也分为宽带和载波选频两种	A．采用基站直接耦合方式，经光纤中继设备将信号传输到远端覆盖区，GSM 光纤中继距离在 20km 以内 B．输出信号频率与输入信号频率相同，透明信道 C．不存在直放站收发隔离问题，选点方便 D．价格较高，需要租用或自行铺设光纤 E．主机增益较小 F．互调干扰较小，噪声电平较大 G．一个光中继设备可同时与多个覆盖端机连接，覆盖范围较大	适用于无法安装无线直放站的边远村镇和公路，还可用于将空闲小区的信号引入高话务区，进行话务分流
室内型无线宽带直放站	通过该设备把室外基站信号引入室内，并对工作频段内指定的基站信号进行带通放大，对其他无关的信号则滤除抑制，增强上下行信号场强，改善室内覆盖效果	A．采用空间信号直放方式，为透明信道 B．输出端一般连接室内覆盖系统，工程选点无需考虑收发天线的隔离 C．设备安装简单 D．投资少、见效快，无需使用传输电路 E．工作带宽较宽，一般在 2~19MHz 之间 F．不受施主小区的载波数，跳频方式和扩容限制 G．互调干扰和噪声电平较大 H．增益较小，输入功率不能过大，输出功率也较小	适用于话务量不高，面积不大的小型室内覆盖系统

续表

直放站种类	作用	特点	应用范围
室内型无线选频直放站	通过该设备对施主基站与移动用户之间的射频信号进行接收和转发，并对施主基站信号进行载波选频放大，对其他无关的信号则滤除抑制，增强上下行信号场强，扩大基站覆盖范围	A～D 点同上 E. 工作带宽为 200kHz F. 只对选定的载波进行放大，一般可放大 1～4 个载波信号，价格较高 G. 受施主小区的载波数，跳频方式和扩容限制 H. 互调干扰和噪声电平较小 I. 增益较小，输入功率不能过大，输出功率也较小	可用于施主小区载波数较少且不采用跳频技术，话务量不高，面积不大的小型室内覆盖系统

5.2.8 任务解决

回到 5.2.1 提出的任务。

案例 1：可以采取光纤直放站远端机串联的方式，把普通小区形状拉成狭长型。相串联的远端机覆盖天线覆盖的各小区属于同一个小区，不发生切换。因此减少了切换次数。

案例 2：针对第一种情况：A 听到 B 的话音质量差，说明 B 所在的覆盖区上行存在问题。问题可能是：上、下行不平衡；上行增益不足；上行模块起控；上行弱自激；上行模块故障（载波坏等）；上行噪声有干扰等。

针对第二种情况：B 听到 A 的话音质量差，说明 B 所在的覆盖区下行存在问题。问题可能是：上、下行不平衡；下行自激；下行模块故障（载波坏等）等。

5.3 直放站主要性能参数

5.3.1 任务提出

任务：有一无线直放站工程，由于物业问题，业主不允许把施主天线安装在室外，施主天线只能紧贴着玻璃窗户安装在室内，如此一来，施主天线接收到的室外站信号强度相对较弱，不过接收到的室外站信号强场能满足直放站的最小开机要求。直放站开通后不能打出电话，造成干扰现象。请问是什么原因造成的？怎么解决？

由此引出直放站的主要性能参数有：

（1）输出功率和增益

（2）互调产物、互调抑制比、3 阶截获点

（3）杂散辐射

（4）频带选择性

（5）噪声系数

（6）时延

（7）带内波动

（8）隔离度（应用问题）

5.3.2 输出功率和增益

1. 输出功率

保证直放站正常工作下所能得到的有效输出功率，一般是取直放站 1dB 压缩点回退 6～11dB 所对应的输出功率，如图 5-17 所示。

1dB 压缩点指：在放大器 $P_o \sim P_i$ 曲线中，实际曲线偏离理想曲线 1dB 处的功率，称为 1dB 压缩点。是直放站工作在线性工作区内的最大输出功率，但由于该点为临界点，工作不稳定，所以一般直放站允许的输出功率要比 1dB 压缩点回退几 dB。

室外无线宽带直放站的输出功率一般在 33dBm（2W）以上，但为所有通过直放站信号的功率总和，若通过的信号越多，每信号的功率越小，所以宽带直放站的覆盖范围较小。

室外无线载波选频直放站，直放站有两个选频信道时，每载波信号的输出功率一般在 30～33dBm；4 个选频信道，每载波信号的输出功率衰减 3dB；8 个选频信道，每载波信号的输出功率衰减 6dB。

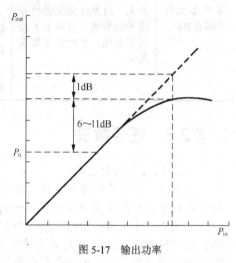

图 5-17　输出功率

室内无线宽带直放站，国内无委会和信息产业部的要求为不大于 17dBm（50mW）。

2. 增益

直放站在线性状态下最大输入电平时的放大能力。设主机额定增益为 G_{max}，输入功率为 F_{in}，输出功率为 F_{out}，则 $F_{out} = F_{in} + G_{max}$ 称为满增益输出。另外，直放站的上行增益和下行增益是分开调节的，但为了达到上下行平衡，一般设为一致。

室外无线直放站一般要求在 80～95dB 之间，太低则输出功率无法满足覆盖要求，太高又很难满足隔离度的要求。

室外光纤直放站一般比室外无线直放站低一些，在 45～65dB 之间，主要是因为光纤传输损耗小，容易得到较高的输出功率，另外还要防止上行噪声电平过高影响施主基站。

室内直放站一般比室外无线直放站低一些，在 50～70dB 之间，主要原因是防止噪声电平和干扰过高影响施主基站和覆盖效果。

5.3.3 互调产物、互调抑制比、3 阶截获点

1. 互调产物

互调产物：指与载波信号频率有某一特定频率关系的两个或多个带内信号，由于直放站内部器件的非线性而相互调制产生的互（交）调干扰信号，它是衡量直放站抑制各种干扰的能力的指标。对于直放站，我们主要考虑的是可能落在工作带宽内的三阶互（交）调产物 IM_3，如图 5-18 所示。

根据 GSM 11.26 标准和国家无委的要求，当增益调到最大时：

在 900MHz 频段，互调产物小于−36dBm（带内）。

在 1800MHz 频段，互调产物小于−30dBm（带内）。

2．互（交）调抑制比

载波信号的功率电平与最高互调干扰信号的功率电平之比 IMD，它也是衡量直放站抑制各种干扰的能力的指标。如图 5-19 所示，可见 IMD 与 IM3 的关系为：$IMD=P_0-IM_3$。

根据 GSM 11.26 标准的要求，当增益调到最大时：

在 900MHz 频段，IMD 大于 70dBc（带内）。

在 1800MHz 频段，IMD 大于 50dBc（带内）。

图 5-18 三阶互调产物

我国《900MHz 直放站技术要求及测试方法》标准中要求：在直放站 1dB 压缩点输出功率回退 6dB 时，在 900MHz 频段，IMD 大于 30dBc（带内）。

3．三阶互调截获点

三阶互调截获点用于衡量放大器抑制三阶互调产物的能力。如图 5-20 所示，可见，$IP_3 = P_0 +IMD$。

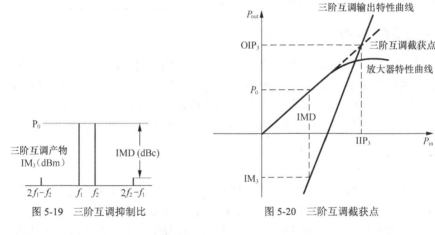

图 5-19 三阶互调抑制比　　　　　图 5-20 三阶互调截获点

5.3.4 杂散辐射

在除工作带宽内和由于正常调制和切换瞬态引起的边带以及离散频率上的辐射外，杂散辐射一般分为由天线连接处、电源引线引起的传导型杂散辐射和由机箱以及设备的结构引起的辐射型杂散辐射两种。杂散辐射主要是指带外的杂散辐射，带内的杂散很小可忽略不计。

根据 GSM 11.26 标准和国家无委的要求，当增益调到最大时，在 900MHz 频段，杂散辐射小于−36dBm（带外）；在 1800MHz 频段，杂散辐射小于−30dBm（带外）。

5.3.5 频带选择性

如图 5-21 所示，在工作带宽外±Δf 处的带外增益抑制度=G'−G。根据 GSM 11.26 关于直放站的规范要求，带外增益抑制度的标准为：设 f_1、f_0、f_2 分别为滤波器带宽的下限、中心频率和上限，直放站增益为 85dB，如表 5-2 所示。

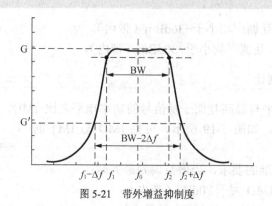

图 5-21 带外增益抑制度

表 5-2 带外抑制度

频率	增益衰减	频率	增益衰减
f_1−5MHz	<−60dB	f_2	<−3dB
f_1−1MHz	<−50dB	f_2+400kHz	<−35dB
f_1−600kHz	<−45dB	f_2+600khz	<−45dB
f_1−400kHz	<−35dB	f_2+1MHz	<−50dB
f_1	<−3dB	f_2+5MHz	<−60dB
f_0	0dB		

5.3.6 噪声系数

直放站输入端的信噪比$(S/N)_i$与输出端信噪比$(S/N)_o$的比值 N_F，用 dB 表示。噪声系数是衡量信号通过直放站，叠加了直放站本身产生的噪声后信号信噪比变坏程度的指标。理想情况下 N_F（dB）为 0，但由于直放站本身会产生噪声，所以一般大于 0。

我国《900MHz 直放站技术要求及测试方法》标准中要求噪声系数小于 4dB。

5.3.7 隔离度

直放站使用要取得良好的效果，必须保证施主天线和覆盖天线满足隔离度要求，一般要求在 100dB 以上。如果不满足隔离度要求，就可能出现自激现象。上行自激表现为基站干扰电平升高、接收灵敏度下降、接续时间长、手机发射功率异常升高，严重时闭塞基站；下行自激表现为信号质量为 2～3 级以上、掉话率高、场强小于−85dBm 时难于保证正常通话。

从图 5-22 可以看出隔离度：

隔离度 $I = F/B_D + F/B_P + L_P + L_W$

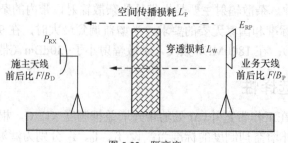

图 5-22 隔离度

隔离度要求 $I > E_{RP} - P_{RX}$

实际要求 $I - 10dB > E_{RP} - P_{RX}$

$P_{RX} > E_{RP} + 10dB - F/B_D - F/B_P - L_P - L_W$

工程上要求：$I > G+10dB$ 冗余。

为了满足收发天线隔离度的要求，安装收发天线时应注意：

（1）收发天线应选用方向性好、前后比高的定向天线。

（2）收发天线应尽量背对背，距离尽量远。

（3）收发天线间最好有阻碍物来加大隔离，所以收发天线中一般有一面在建筑物的墙边安装，利用建筑物做阻碍。

（4）收发天线尽量不要安装在同一水平面上，所以安装收发天线一般是一高一低，增加收发天线间的垂直距离。

施主天线应安装在与施主基站可视通的地方，以接收直射波信号，此时施主天线的方向性越尖锐越好。若无法与施主天线可视通，接收到的施主基站信号可能是反射波，此时施主天线的方向性就不能太尖锐，最好采用有反射挡板、波瓣角在 30°左右的施主天线。覆盖天线考虑到隔离度和覆盖范围的问题，一般选用波瓣角为 65°～90°的定向天线，安装在覆盖效果最好的方向。

5.3.8 任务解决

回到 5.3.1 提出的任务，原因是直放站自激了。直放站工程中直放站收发天线的隔离度必须大于直放站系统工作增益。如果隔离度过小，则会产生自激。可采取拉大收发天线距离、将收发天线高低错位、在收发天线间设置障碍物、加大收发天线的前后比等方法提高直放站的隔离度；也可以在保证直放站能开启，满足信号源功率输出要求的前提下，降低直放站系统工作增益。

5.4 直放站问题分析和故障定位

5.4.1 直放站故障告警

直放站主要有以下几种告警。

● 电源掉电	● 电源故障
● 信道本振失锁	● 上下行低噪放故障
● 上下行功放过功率	● 上下行功放欠功率
● 上下行功放过温	● 上下行功放驻波告警
● 自激告警	● 门禁告警
● 光收发模块故障	● 信源告警

5.4.2 直放站故障处理流程

图 5-23 为直放站故障处理流程。

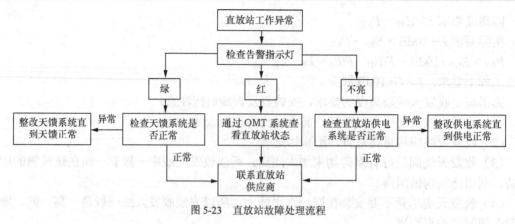

图 5-23　直放站故障处理流程

5.4.3　直放站故障处理案例

1. 信源小区不明确

直放站的验收要求是室内直放站信源小区要比次强小区信号强 6dB 以上，室外直放站要比次强小区信号强 10dB 以上。而由于信源小区的天线以及功率等方面的调整，导致直放站（宽带）的信源小区变得混乱，进而在直放站覆盖范围内，信号比较杂乱，引起话音质量差问题。

解决此类问题，需要跟直放站厂家或直放站维护人员一起解决。

第一步，测试选定几个候选小区，记录符合要求的小区的 BCCH。

第二步，根据此 BCCH，利用频谱仪，通过调整施主天线的方向角，观察施主天线在什么位置时，此 BCCH 的信号最强、且强于次强小区 6dB 以上，然后固定施主天线位置；

第三步，对施主天线调整位置后，对直放站覆盖范围进行效果验证，若已达到需求，则问题解决，若否，则按上述方式继续调整；

第四步，若上述操作均不能解决问题时，可以考虑调整信源小区的功率，以提高在当地直放站的主导性。

2. 信源小区扩容后引起通话断续

从工作带宽来说，直放站分宽带和选频两种类型，其中选频直放站有载频模块的限制（最多放大 8 个频点），当由于话务容量需要，信源小区扩容至 8 个载波以上时，超出了此类直放站能放大的频点数，导致某些信源小区频点不能被放大，信号强度较低，引起弱信号质差，影响话音质量。

对于选频直放站覆盖范围内出现问题，应该先检查信源小区的频点数。若发现以上问题则联系相关人员解决。如：拱北名门大厦的直放站类型为选频，信源小区为龙泉阁 2，由于话务容量需要对该小区进行了扩容，频点数超过了 8 个，结果几天后就接到该处用户的投诉。

3. 直放站引起时间色散

GSM 系统采用的均衡技术只能处理延迟 4bit 的反射信号，相当于 15μs（即 4bit×3.7μs/bit）的色散。而超过 15μs 的长延迟反射信号，均衡器无法处理。而 15μs 对应的距离为 4.5km（即 15μs×3×100000000m/s=4500m），即只有当直射信号与障碍物的反射信号之间的路径差大于均衡器窗口（4.5km）时，就有可能出问题。因此当直达信号与被障碍物反射的信号之间路程差大于 4.5km（15μs）以及 C/R<12（C 为直达信号强度，R 反射信号强度）时就有可能出现时间色散问题。

光纤直放站就需要考虑这个问题（信源小区和覆盖小区可能重叠时），解决的办法就是更换信号源。如斗门方正电路板厂的光纤直放站开通后就遇到这个问题，更换信源后解决。

 小结

通过学习，要求掌握直放站的性能指标含义，学会在不同的场合下选择合适的直放站类型。在安装工程中，特别注意隔离度要达到要求。

 练习与思考

一、单选题

1. 广东移动 GSM900 直放站的工作频带应满足（　　）。

A．下行 930～954MHz，上行 885～909MHz

B．下行 930～960MHz，上行 885～915MHz

C．下行 954～960MHz，上行 909～915MHz

2. 分别在直放站的输入端和输出端测试上下行噪声电平，要求直放站的上行噪声小于（　　）dBm。

A．−30　　　　　　　B．−36　　　　　　　C．−120

3. 标准输出负载是一个能承受被测设备输出功率的（　　）Ω非辐射性电阻负载。

A．50　　　　　　　　B．75　　　　　　　　C．125

4. 当以下（　　）设备的施主基站载波扩容时，应相应对其直放站进行扩容。

A．宽带直放站

B．频带选频直放站

C．载波选频直放站

5. 直放站系统中覆盖天线与施主天线之间的隔离度应大于直放站实际工作增益加上（　　）dB 的冗余储备。

A．3　　　　　　　　　B．5　　　　　　　　C．10

6. 要求在设计覆盖范围内 95%的位置上所测得的手机接收信号强度不得低于（　　）dBm。

A．−93　　　　　　　B．−90　　　　　　　C．−85

7. 下列直放站采用的设备中，（　　）没有信号放大功能。

A．直放机　　　　　B．有源天线　　　　　C．耦合器　　　　　D．干线放大器

8. 以下关于直放站施主天线的描述，（　　）是正确的？

A. 位置越高越好　　　　　　　　　B. 位置越低越好

C. 尽量使用全向天线　　　　　　　D. 尽量使用方向性好的天线

9. 直放站天线隔离度不足会引起（　　　）。

A. 烧坏直放机模块　　　　　　　　B. 直放站自激不工作

C. 堵塞基站　　　　　　　　　　　D. 业务天线发射功率过大

10. 对于选频直放站的频点改变是由（　　　）操作。

A. BSC 终端

B. 自动随施主信号频率变化而变化

C. 本地终端设置

11. 室内电梯覆盖为免入电梯发生掉话一般使用（　　　）直放机。

A. 光纤　　　　　B. 宽频　　　　　C. 选频　　　　　D. 微波

12. 直放站不宜作为信号源覆盖（　　　）。

A. 信号盲点　　　　B. 民居平房　　　　C. 山区道路　　　　D. 高层建筑

13. 直放站三阶互调指标的测试，哪个说法是错误的？（　　　）

A. 在 $2f_1-f_2$ 处测量　　　　　　　B. 在 $2f_2-f_1$ 处测量

C. 在 $(f_1+f_2)/2$ 处测量　　　　　　D. A 和 B

二、多选题

1. 以下哪些器件不是宽带直放站的内部器件（　　　）。

A. 低噪放　　　　　　B. 载波选频模块　　　C. 电调衰减器　　　　D. 双工滤波器

E. 波分复用器　　　　F. 腔体滤波器　　　　G. 监控模块　　　　　H. 电源模块

2. 直放站具有以下哪些作用（　　　）。

A. 转发基站信号，扩大基站覆盖范围

B. 盲区覆盖，改善现有网络的覆盖质量

C. 改善接收信号质量，提高基站信号的信噪比

D. 话务分流

3. 对负载最基本的要求是（　　　）。

A. 阻抗匹配　　　　　B. 所能承受的功率　　　　C. 改变信号强度

4. 干扰基站的原因有（　　　）。

A. 上行输出噪声干扰

B. 放大器线性不好（交调过大）

C. 下行交调产物串入上行干扰基站

5. 通常测试直放站系统质量的仪表有（　　　）。

A. 频谱仪　　　　　　　　　　　　B. Sitemaster

C. TEMS　　　　　　　　　　　　D. 光功率计

三、问答题

1. 请描述无线直放站的特点。

2. 请描述直放站干扰基站的原因。

3. 请简述收发信隔离度的测试方法。

【学习目标】

（1）掌握室内分布的组成、分类及应用场合；

（2）掌握室内分布相关设备的功能和特性；

（3）掌握室内分布系统故障排查思路和方法；

（4）掌握室内分布系统的设计原则。

6.1 室内分布系统概述

6.1.1 任务提出

任务 1：某大楼由直放站引入室内无线覆盖，大楼内接收场强很强，但是无法打电话，是什么原因造成的？

分析：下行接收场强正常，但无法打电话，初步判定是设备上行链路部分存在问题。究竟如何判断是哪一部分出现问题呢？

任务 2：某大楼共 12 层，用同一信号源覆盖，其中地下室和 1 层手机无法通话，其余楼层通话正常。

分析：应该不是信号源故障，是地下室和 1 层的分布系统出现故障，而其他楼层的分布系统正常。如何找出故障点？

6.1.2 室内分布系统的作用

室内分布系统的作用，即在建筑物里面需要覆盖或解决话务的地方，通过安装一定数量的小型室内天线或其他辐射信号的方式，使信号均匀地分布在建筑物的每一个角落，从而消除室内盲区，改善室内移动通信的话音质量、网络质量和系统容量，如图 6-1 所示。

室内覆盖的作用包括以下几个方面。

（1）室内盲区的覆盖。

（2）解决大型室内场所信道拥挤问题。

（3）改善高层小区切换频繁的问题。

（4）吸纳话务量。

（5）建筑物内场强的均匀分布。

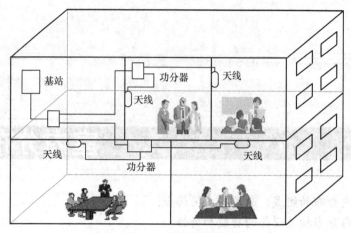

图 6-1　室内分布系统

6.1.3　室内分布系统组成

室内分布系统是由信号源、分布系统组成，如图 6-2 所示。

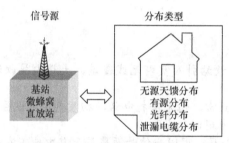

图 6-2　室内分布系统的组成

6.2　各类分布系统的组成特点和应用场合

6.2.1　无源天馈信号分布系统

信号源通过耦合器、功分器等无源器件进行分路，经由馈线将信号尽可能平均地分配到每一付分散安装在建筑物各个区域的低功率天线上，从而实现室内信号的均匀分布，解决室内信号覆盖差的问题，如图 6-3 所示。

无源分布系统主要由以下几部分组成。

（1）馈线：有 1/4″、1/2″、1/2″超柔、7/8″、13/8″等多种规格，主要使用 1/2″和 7/8″两种馈线。

（2）无源器件：主要有功分器、耦合器、合路器、电桥、衰减器、负载、连接头等。

（3）室内天线：主要使用挂墙和吸顶的小型低增益室内天线。

（4）对于线路损耗严重的系统还可加装干线放大器。

无源天馈信号分布系统的特点：

（1）系统由馈线、室内天线、功分、耦合等无源器件组成，造价较低。

（2）系统引入噪声低。

（3）设计较复杂，需要考虑馈线和无源器件的损耗和能量分布问题。

（4）工程布放馈线难度较大。

（5）每天线口输出功率较难做到一致，信号覆盖均匀程度一般。

（6）覆盖范围较小。

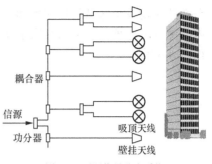

图 6-3　无源信号分布系统

无源天馈信号分布系统适用场合：无源射频分布系统适合于一个微蜂窝覆盖十几层楼左右，建筑面积约 3,000～8,000m^2 的场合；适合于一个室内直放机覆盖 800～5000m^2 的面积。若更大的面积，一般无源射频分布系统很难满足覆盖需要。对于较大型的建筑覆盖，需增加干线放大器（中继），以补偿信号在传输过程中的损耗。

6.2.2　射频有源信号分布系统

射频有源信号分布系统是使用小直径同轴电缆作为信号传输路径，利用多个小功率放大器对线路损耗进行补偿，再经天线对室内各区域进行覆盖，以便克服无源天馈分布系统布线困难、覆盖范围受馈线损耗限制的问题，如图 6-4 所示。

有源信号分布系统主要由以下几部分组成：

（1）主要有功分器、耦合器。

（2）有源室内天线。

（3）干线放大器。

（4）同轴电缆或馈线。

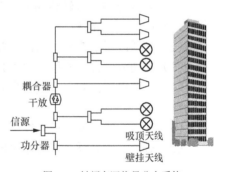

图 6-4　射频有源信号分布系统

射频有源分布系统的特点：

（1）所有器件包括干线放大器、各类功分器、耦合器、天线等均需提供电源，所以称为有源天线分布系统，造价较高。

（2）系统引入噪声和干扰较大。

（3）工程设计主要考虑噪声和干扰的问题。

（4）工程施工较方便。

（5）通过控制各干线放大器的增益可使每天线口输出功率达到一致，信号覆盖较均匀。

射频有源分布系统的适用范围：主要用于布线困难、对信号质量要求较高的重要场所，如政府机关大楼。用于补偿干线及器件的功率损耗，常用于覆盖较大型的写字楼、住宅小区等。

6.2.3　光纤信号分布系统

光纤信号分布系统是把基站或微蜂窝直接耦合的信号转换为光信号，利用光纤传输到分

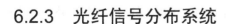

布在建筑物各个区域的远端单元，再把光信号转换为电信号，经放大器放大后通过天线对室内各区域进行覆盖，从而克服了无源天馈分布系统因布线距离过长而线路损耗过大的问题，如图 6-5 所示。

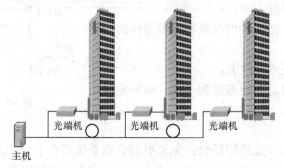

图 6-5　光纤信号分布系统

1．光纤信号分布系统的组成

（1）主机单元：主要完成与基站信号的电平适配，下行 RF 信号的光调制、分路输出功能、上行光信号的光电转换功能以及告警功能等。一般主机单元带有许多光收发模块（接口单元，支持单双模光纤）。

（2）光纤：用于信号传输，一般使用单模光纤。

（3）光功分、合路器等：用于光信号的分路和合成，也可集成到主机单元上。

（4）远端单元：对天线接收到的手机信号以及主机单元发来的光信号进行电光/光电转换和功率放大。

（5）室内天线，也可把天线集成到远端单元上，如光纤有源天线。

（6）对于某些光纤系统还需提供双工器、隔离器或环形器等收发分路的器件。

2．光纤信号分布系统的特点

（1）系统主机单元和远端单元均有光端机的功能，造价较贵。

（2）系统引入噪声较大。

（3）工程设计简单，无需计算馈线损耗，主要考虑上行噪声电平的问题。

（4）工程施工方便。

（5）覆盖范围较大。

（6）需要有光纤传输资源。

3．光纤信号分布系统的适用场合

主要用于布线困难、垂直布线距离较长或有裙楼、附楼的大型高层建筑物的室内覆盖。

6.2.4　漏缆信号分布系统

信号源通过泄漏电缆把信号传送到建筑物内各个区域，同时通过泄漏电缆外导体上的一系列开口，在外导体上产生表面电流，从而在电缆开口处横截面上形成电磁场，把信号沿电缆纵向均匀地发射出去和接收回来，如图 6-6 所示。

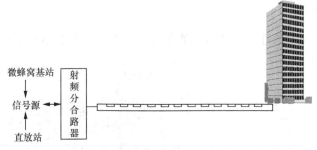

图 6-6 漏缆信号分布系统

1．漏缆信号分布系统组成

（1）泄漏电缆：一种特殊的同轴电缆，既可用作信号的传输，又可代替天线把信号均匀地发射到自由空间。

（2）无源器件。

（3）对于线路损耗严重的系统还可加装干线放大器。

2．漏缆信号分布系统的特点

（1）系统主要由泄漏电缆、功分耦合器件组成，造价很高。

（2）系统引入噪声和干扰少。

（3）工程设计主要考虑泄漏电缆的线路损耗和耦合损耗问题以及采用何种布线方式最节省漏缆数量。

（4）一般采用线径较粗的漏缆，施工难度较大，但可布放于天花上或地板上。

（5）信号覆盖很均匀。

3．漏缆信号分布系统的适用场合

适用于隧道、地铁等天馈分布系统难以发挥作用的地方，也可用于对覆盖信号强度的均匀性和可控性要求较高的大楼覆盖。

6.2.5　不同信号源的分布系统

1．基站为信号源

室内覆盖如果话务量较大，一般采用基站为信号源，如图 6-7 所示。

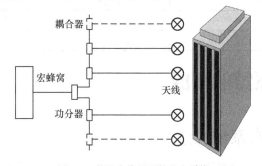

图 6-7　基站为信号源的分布系统

2．直放站为信号源

室内覆盖如果话务量较小，一般采用直放站为信号源，如图 6-8 所示。

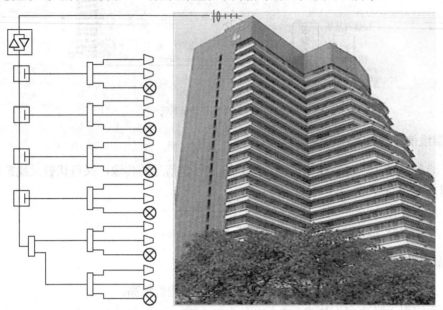

图 6-8　直放站为信号源的分布系统

3．室内分布信号源的选择

室内信号源选基站和直放站的比较，如表 6-1 所示。

表 6-1　　　　　　　　　　　室内信号源选基站和直放站的对比

比较项目	使用基站	使用直放站
1．是否增加容量	根据需要增加容量	不能增加容量
2．信号质量	好	一般
3．对网络的影响	小	控制不好影响很大
4．是否需要传输设备	需要	不需要
5．是否需要重新频率规划	需要	不需要
6．是否需要调整参数	需要	支持
7．是否支持容量动态分配	不支持(容量预分配)	支持
8．是否支持多运营商	不支持	支持
9．安装时间	较长	较短
10．投资	较多	较少

6.3　室内分布系统的组成

6.3.1　室内分布系统构成

室内分布系统由信源、合路器件、分配器件、辐射天线几部分构成，如图 6-9 所示。

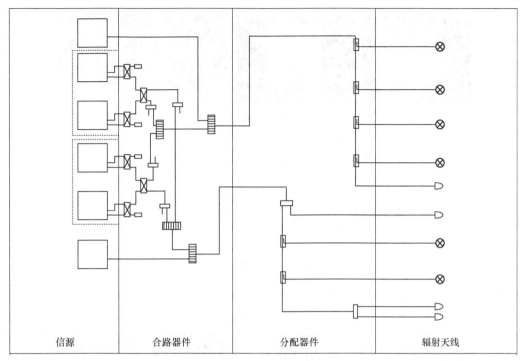

图 6-9 室内分布系统的组成

室内分布系统常用器件如图 6-10 所示。

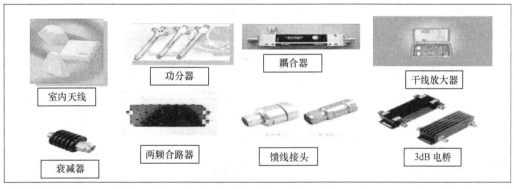

图 6-10 室内分布系统常用器件

6.3.2 室内分布系统天馈线

1. 室内天线

定向天线的波瓣赋形具有方向性，用于定向覆盖。常用的定向天线有对数周期天线，用于走廊或城中村覆盖；挂壁天线，用于会议室或展览大厅、电梯及较为空旷的地下停车场；八木天线，用于拾取施主小区信号或连接扫频仪查找干扰源，如图 6-11 所示。

全向天线的波瓣赋形为 360°，用于全向覆盖。目前室内覆盖采用的主要有吸顶全向天线，其频段基本在 806～960/1710～2500 MHz，如图 6-12 所示。

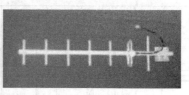

图 6-11　定向天线

图 6-12　全向吸顶天线

全向吸顶天线的指标如表 6-2 所示。

表 6-2　　　　　　　　　　　　　　全向吸顶天线指标

电气性能指标	IXD-360/V03-NN 全向吸顶天线	
工作频率	806～960/1710～2500 MHz	
阻抗	50Ω	
增益	2.1/5.2 dBi	
驻波比	≤1.35	
极化方式	垂直极化	
水平波瓣圆度(dB)	806～960	±1.2
	1710～2500	±1.2
垂直波束宽度	806～960	约 85°
	1710～2500	约 40°
功率容量	80W	
机械性能指标		
接头	N 型 K 头	
体积	直径 170mm，高 70mm	
天线罩颜色	透明	
重量	约 0.6kg	

定向天线的指标如表 6-3 所示。

表 6-3　　　　　　　　　　　　　　定向天线指标

电气性能指标	IWH-090/V08-NN 壁挂天线	ODP-065/V10-NN 定向板状天线	ODP-075/V09-NN 室外定向板状天线
工作频率	806～960/1710～2500 MHz	806～960/1710～2500 MHz	806～960/1710～2500 MHz
阻抗	50Ω	50Ω	50Ω
增益	6.94/8.29 dBi	10.2/11.4 dBi	8.67/9.29dBi

续表

电气性能 指标	IWH-090/V08-NN 壁挂天线		ODP-065/V10-NN 定向板状天线		ODP-075/V09-NN 室外定向板状天线	
驻波比	≤1.40		≤1.40		≤1.40	
极化方式	垂直极化		垂直极化		垂直极化	
水平波束 宽度	806～960	90±15°	806～960	65±10°	806～960	75±10°
	1710～2500	65±12°	1710～2500	50±10°	1710～2500	65±12°
垂直波束 宽度	806～960	约65°	806～960	约50°	806～960	约65°
	1710～2500	约55°	1710～2500	约40°	1710～2500	约55°
前后比	806～960	6	806～960	15	806～960	≥6
	1710～2500	12	1710～2500	15	1710～2500	≥12
功率容量	80W		80W		500W	

2. 馈线

馈线是传输射频信号（高频电流）的传输线缆。目前室内覆盖采用的馈线都为 $50\,\Omega$ 射频同轴电缆，具有阻燃特性。常用馈线及其指标如表 6-4 所示。

表 6-4 常用馈线及指标

频率(MHz)	损耗(dB/100m)		
	1/2″馈线	7/8″馈线	1-5/8″馈线
800	6.5	3.3	2
960	7.1	3.7	2.2
1800	10.0	5.2	3.2
2100	11	5.7	3.5
2500	12.1	6.2	3.8
阻抗(Ω)	50	50	50
一次最小弯曲半径	70mm	210mm	500mm
多次最小弯曲半径	120mm	360mm	800mm

从表 6-4 中可看出线径越小、频率越高，损耗越大。所以，一般 1/2″馈线用于支路，7/8″馈线用于主干线，13/8″馈线用于超大型站点的主干线（较难施工，需施工条件允许）。

不同直径的馈线，1/2″馈线尺寸是 1.27cm，7/8″馈线尺寸是 2.2225cm，13/8″馈线尺寸是 4.1275cm（注：1 英寸=2.54cm），馈线外形如图 6-13 所示。

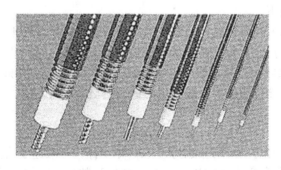

图 6-13 不同直径的馈线

3. 光纤

传输光信号的光导纤维类型有单模光纤和多模光纤。多模光纤的芯径大（60mm 左右），标准工作波长为 850/1310nm，传输距离近，成本低。单模光纤的芯径小（10mm 左右），标准工作波长为 1310/1550nm，传输距离可达到 20km 以上，成本高。光纤衰减常数如表 6-5 所示。

表 6-5　　　　　　　　　　　　　　　　光纤衰减常数

工作波长	850nm	1310nm	1550nm
单模光纤（A 级）	/	≤0.35dB/km	≤0.25dB/km
多模光纤	3～3.5dB/km	0.6～2.0dB/km	—

4. 接头

接头是设备、器件和线缆之间的连接器件，如图 6-14 所示。常用接头类型有 N 型、DIN 型（同型号接头分公、母）。接头对接的原则是同大小（同为 N 型或同为 DIN 型）的公母头对接，如果大小不一则采用转接头转换后再对接（N 型接头不能与 DIN 型接头直接对接，必须采用转接头）。

图 6-14　各种接头

按连接器接口的大小分类常见的类型有 DIN(16/7)型、N 型与 SAM 型。DIN 常用于宏基站射频输出口的连接，N 型常用于室内分布器件的连接，SAM 型常用于设备内部器件的连接。按连接器接口的形状可分为 K 型与 J 型两种。K 型就是常说的母头，J 型就是常说的公头。

6.3.3　无源器件介绍

无源器件的种类有：功分器、耦合器、电桥、合路器、衰耗器、负载。

无源器件的指标如下。

（1）插入损耗：输入功率通过无源器件引起的传输损耗，一般小于 0.5dB。

（2）带内波动：是指在有效工作频带内最大和最小电平之间的差值，一般小于 0.3 dB。

（3）驻波比：无源器件的其余端口与标称阻抗负载相连接，被测端口与无损耗传输线相连接并当作其负载时，该传输线中驻波电压的最大值与最小值之比。

1. 功分器

功分器是用于将信号功率平均分配为 2、3 或 4 路，一般用于支路上，各功分器的损耗如表 6-6 所示。功分器有微带（Wilkinson）功分器和腔体（电抗）功分器两种。如图 6-15

和图 6-16 所示。

图 6-15　微带功分器

图 6-16　腔体功分器

表 6-6　　　　　　　　　　　　各类功分器的损耗

功分器类型	纯耦合损耗(dB)	插入损耗(dB)	直通损耗(dB)	应用值(dB)
二功分	3	0.1	3.1	3.2
三功分	4.8	0.1	4.9	5.0
四功分	6	0.1	6.1	6.2

功分器把功率平均分配，其损耗是分配损耗加上插入损耗。插入损耗与器件的集成工艺有关，目前一般好的器件其插入损耗能控制在 0.1dB 左右。

2. 耦合器

定向耦合器是广泛应用的元件之一，如图 6-17 所示。它是一种四端口器件，当电磁波从端口（1）输入时，除了有一部分能直接从端口（3）输出外，同时，还有一部分能量耦合到端口（2）或端口（4），从端口（2）或（4）输出。从端口（4）输出时，称为"同向定向耦合器"。从端口（2）输出时，称为"反向定向耦合器"。如果在端口（4）或端口（2）内置匹配负载，则称之为单向耦合器，否则为双向耦合器。

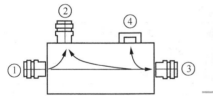

图 6-17　耦合器

耦合器能将信号功率按不同比例分配到不同支路上。耦合器主要有 6dB、10dB、15dB、20dB、30dB 和 40dB 几种类型，他们的损耗如表 6-7 所示。

表 6-7　　　　　　　　　　　　各种耦合器的损耗

耦合度(dB)	纯耦合损耗(dB)	插入损耗(dB)	直通总损耗(dB)	应用值(dB)
6	1.3	0.1	1.4	1.4
10	0.5	0.1	0.6	0.6
15	0.1	0.1	0.2	0.2
20	0	0.1	0.1	0.2
30	0	0.1	0.1	0.2
40	0	0.1	0.1	0.2

功分器、耦合器均分微带和腔体两种，现在使用的都是腔体功分器/耦合器，微带插损高，容量低，而腔体的一般插损为 0.1dB，最高容量 200W。

3. 电桥

电桥是个四端口网络，如图 6-18 所示。它的特性是两口输入、两口输出。两输入口相互隔离，两输出口各输出输入功率的 50%，并且输出信号相位相差 90°。电桥其实是一种耦合度为 3dB 的特殊定向耦合器，其两个输出端口等幅平衡输出，相位相差 90°，此时称为3dB 电桥。

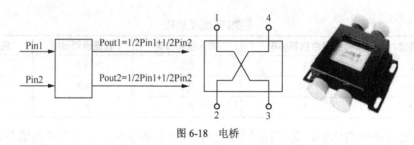

图 6-18 电桥

4. 合路器

合路器分为同频合路和多频合路两类，如图 6-19 所示。同频合路是用于同一频段信号的合成，定向耦合器、3dB 电桥以及功分器均为这类产品。选频合路或称为多频合路器，同系统不同频段的信源或多个系统信号源（如 GSM、CDMA、DCS 等）经过合路器合路输出。

按输入输出端口分，有二进一出（2：1），二进二出（2：2），三进一出（3：1），三进三出（3：3），四进一出（4：1），四进四出（4：4）的合路器，各合路器的参数如表6-8 所示。

（1）同频段合路器：用于将几路同频段信号合成为一路信号。

表 6-8　　　　　　　　　　　　不同合路器的参数

	2：2合路器	2：1合路器	3：1合路器	4：1合路器
特性阻抗	50Ω			
使用频率范围	800～960MHz			
驻波比	≤1.1	≤1.1	≤1.2	≤1.2
耦合损耗	3±0.4dB	3±0.4dB	<5.5dB	<6.5dB
隔离度	>30dB	>30dB	>25dB	>25dB
最大输入功率(每端口)	≥350W	≥100W	≥100W	≥100W

（2）双频段合路器：用于将 900MHz 和 1800MHz 频段信号或 GSM 与 3G 信号合成为一路信号。表 6-9 为双频段合路器的参数。

表 6-9　　　　　　　　　　　　双频段合路器参数

特性阻抗		50Ω
使用频率范围	900MHz 输入端	800～1000MHz
	1800MHz 输入端	1700～2000MHz
驻波比		<1.2

续表

特性阻抗		50Ω
插入损耗	900MHz 输入端	<0.3dB
	1800MHz 输入端	<0.5dB
隔离度		>40dB
最大输入功率	900MHz 输入端	>100W
	1800MHz 输入端	>50W

2∶1 合路器与 2∶2 合路器相比，每路输出同样是 3dB 损耗，但 2∶1 合路器输出比 2∶2 少一路，即总功率减少了一半，可覆盖面积少了一半。因此，尽量使用 2∶2 合路器。依此类推，多进多出合路器比多进单出合路器功率大，覆盖范围大。

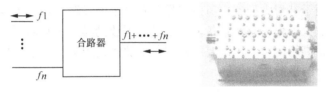

图 6-19　合路器

5．衰减器

衰减器是由电阻元件组成的四端网络，其主要用途是调整电路中信号大小、改善阻抗匹配，用于衰减多余的信号强度，如图 6-20 所示。一般用于对输入信号强度有限制的室内型直放站、有源信号分布系统和室内光纤信号分布系统。衰耗器在相当宽的频段范围内相移为零，其衰减和特性阻抗均与频率无关，多采用 5dB、10dB、15dB、20dB、30dB、40dB 等。

图 6-20　衰耗器

6．负载

负载是终端在某一电路（如放大器）或电器输出端口，接收电功率的元器件、部件或装置统称为负载，如图 6-21 所示。对负载最基本的要求是阻抗匹配和所能承受的功率。表 6-10 为各种功率负载的参数。

表 6-10　　　　　　　　　　　　各种功率负载的参数

		2W 负载	5W 负载	10W 负载	25W 负载	50W 负载
特性阻抗		50Ω				
使用频率范围		0～3GHz				
驻波比	1GHz	≤1.05	≤1.05	≤1.05	≤1.05	≤1.05
	2GHz	≤1.12	≤1.12	≤1.12	≤1.15	≤1.15

图 6-21　负载

6.3.4　干线放大器

干线放大器是用于补偿大型室内覆盖信号分布系统的线路损耗，干线放大器采用双端口全双工设计。干线放大器作为有源设备，需要考虑干放的噪声系数问题，它对分布系统下行灵敏度和上行噪声抬高均有影响，需要严格控制干放的使用数量。干放也具备上下行增益调节功能，保证上下行的平衡。

6.3.5　任务解决

回到 6.3.1 提出的任务。

任务 1：方法一，在网管处查告警信息或用操作维护软件连上直放站查看告警信息，发现是上行功放故障。

方法二，将天馈部分断开，对无线直放站设备进行离网测试。用上行信号源作为无线直放站的上行输入，用频谱仪测设备的上行输出功率，并计算设备的上行增益，发现设备的上行增益仅有 30dB，相当于上行低噪放的增益，初步判定上行功放故障。对上行各模块逐一测量输出功率，证实上行低噪放正常，而上行功放无增益。更换上行功放模块，故障被排除。

任务 2：用测试手机测试发现除地下室和 1 层以外的所有楼层信号都正常，而 1 层信号很弱，部分区域使用室外频点，地下室更是盲区。检查直放站设备，输入输出功率均正常，由此排除了设备故障，判定为天馈系统故障。断开设备，用驻波比测试仪 Sitemaster 测试，发现距离测试点 40m 处有断点，结合故障区域在 1 楼和地下室两层，可以判定主干线上 1 楼附近的某无源器件损坏。连接上设备，在 1 楼处，测量主线上一功分器的 2 输出端口功率，发现该功分器损坏。更换该功分器后，地下室和 1 层可以正常通话，故障被排除。

6.4　室内分布系统指标和要求

6.4.1　室内分布系统指标

室内分布系统主要指标为：边缘场强、覆盖率、通好率。

1. 覆盖边缘场强

为保证信号质量，覆盖信号强度必须满足最低载噪比要求，否则将出现误码、质差。

同频干扰保护比：$C/I \geq 9\text{dB}$（开跳频）

同频干扰保护比：$C/I \geq 12\text{dB}$（不开跳频）

邻频干扰保护比：

200kHz 邻频干扰保护比：$C/I \geq -6\text{dB}$（工程值）

400kHz 邻频干扰保护比：$C/I \geq -38\text{dB}$（工程值）

边缘场强=干扰强度+要求的 C/I。

2．覆盖率

覆盖区域内覆盖信号场强大于等于边缘场强的百分比值。影响覆盖率的几个因素：功率大小、路径损耗、遮挡损耗。

3．通好率

覆盖区域内通话质量达到要求，即要求误码率低于一定标准，一般要求 RxQual 小于等于 3 级的比例>95%。影响因素包括：信源小区、设备调试、干扰信号、边缘场强。

6.4.2　室内分布系统覆盖效果要求

对室内分布系统覆盖效果的要求如下。

（1）信号分布：基本做到信号均匀分布，边缘场强一般大于−85dBm。

（2）噪声电平：从基站接收端位置测试上行噪声电平，要求噪声电平均小于−120dBm。

（3）天线输出功率：符合国家环境电磁波卫生标准，天线的发射功率 10～15dBm/每载波之间。每付天线可覆盖的区域面积在 500～1000 平方米。

（4）驻波比：

● 从基站信号引出处测试，前端未接任何有源器件或放大器，其驻波比要求小于 1.3。若测试口至末端天线数量小于 5 付时，驻波比应小于 1.4。若中间有放大器或有源器件，在放大器输入端处加一负载或天线，所有有源器件应改为负载或天线再进行驻波比测试。

● 从管井主干电缆与分支电缆连接处测至天线端的驻波比应小于 1.4，距离超过 100m 或所接天线超过 10 付时，驻波比应小于 1.3。

● 从放大器输出端测试至末端的驻波比，前端未接任何放大器或有源器件，其驻波比要求小于 1.3；若从测试口分支计起，天线数量小于 5 付时，驻波比应小于 1.4。

● 对于双波段器件及天线，其驻波比指标可相应地增大 0.05～0.1，但测试频率范围应为 800～2000MHz。

（5）通话质量：

● 要求在通话过程中话音清晰无噪声，无断续，无串音，无单通等现象。

● 用 TEMS 进行误码率（RxQual）的测试，等级为 3 以下的测试点的数量应占 95% 以上。

● 室内、室外之间的通话切换正常。

（6）掉话率：要求通话测试过程中掉话率不得高于 1%（包括室内外的切换），并且无线接通率达到 90%（含）以上。若信号源为直放站，则所转发基站的掉话率在设备安装后比设备安装前不应有所增大。另外，设备安装后对原有网络运行不造成干扰。

6.5　室内覆盖系统对通信网络的影响及解决方法

6.5.1　不同类型的室内覆盖系统对通信网络的影响

1．以基站（含微蜂窝）为信号源的室内覆盖系统

（1）对于没有使用干线放大器的无源信号分布系统，引入的噪声干扰很小，所以基本不会对信号源基站和室外通信网络造成影响。

（2）对于使用了干线放大器的无源信号分布系统，必将产生噪声和干扰，有可能对信号源基站造成不良影响，但由于建筑物的衰减作用基本不会对室外网络造成影响。

（3）对于有源信号分布系统，由于使用了多级放大器，也将产生较大的噪声，有可能对信号源基站造成不良影响。

（4）对于光纤信号分布系统，由于使用了光端机，噪声也较大，可能对信号源基站造成不良影响。

2．以室内直放站为信号源的室内覆盖系统

在前面的论述中已阐明了室内直放站必将引入噪声和干扰，不仅可能会对施主基站及其用户区造成影响，还可能会对邻近基站造成不良影响。由此可见，若采用室内直放站为信号源，室内覆盖系统最好选用引入噪声较少的无源信号分布系统。

6.5.2　室内覆盖系统可能对通话质量造成的影响

室内分布系统与直放站类似，对移动网影响有以下几项：

（1）掉话率增高，特别是质差断线。

（2）通话质量差，误码率高，通话时断时续。

（3）信噪比低，出现信号很强却打不了电话的情况。

（4）造成基站 C/I 及附近基站 C/A 下降，有些是严重干扰，情况严重时会造成基站长期闭塞。

总的来说，室内覆盖系统对通信网络造成的影响主要是由系统中的放大器等有源器件产生的噪声和干扰所引起的，只要系统中尽量少采用放大器器件，就不会对网络造成不良影响。

6.5.3　影响室内覆盖系统覆盖效果的原因

室内覆盖系统的覆盖效果与信号源和信号分布系统的选取、系统设计、设备性能以及施工质量等因素密切相关，而造成覆盖效果差的根本原因还是噪声和干扰的问题。以下从这几方面阐述影响室内覆盖系统覆盖效果的原因。

1．信号源选取的影响

室内覆盖系统信号源选取是否正确，对室内覆盖系统的覆盖效果影响很大。一般来说，

信号源的选取主要从以下几个方面加以考虑。

（1）话务量

在高话务量的地方不应选择室内直放站为信号源，因为：①室内直放站将大大加重施主基站的话务负荷，引起施主基站拥塞严重。②室内直放站覆盖区内的用户越多，在上行链路上的噪声和干扰越严重。

（2）要求覆盖的范围

对于室内覆盖系统，覆盖范围的大小主要取决于信号源的输出功率。如果要求覆盖的范围较大，就不宜选择室内直放站为信号源，因为室内直放站的输出功率一般较小，若要大面积覆盖需要加装干线放大器来补偿线路的损耗，而多级放大器必将引入更多的噪声和干扰，影响覆盖效果。另外微蜂窝的输出功率也不大，对于要求覆盖范围很大的室内覆盖系统建议选择大站作信号源。

（3）所处位置的网络状况

若室内覆盖系统所处位置的网络状况很复杂，如大城市的闹市区中，周围的信号频密，同频、邻频干扰较多，就不宜采用室内直放站作为信号源，特别是宽带直放站，因为这将会把大量的干扰引入并放大，加重这些干扰的程度，同时还在上下行链路增加大量噪声和互调干扰，大大影响覆盖效果和整个网络质量。

2．信号分布系统选取的影响

（1）对于信号源为室内直放站的室内覆盖系统，不宜选取有源分布系统和光纤分布系统，主要是考虑噪声的影响。

（2）如果要求室内覆盖系统的信号覆盖很均匀，那么每个天线口的输出功率就要做到基本一致，这对于无源分布系统来说是很难做到的，比较适宜采用有源系统和漏缆系统。

（3）对于布线距离很长而且施工难度很大的地方，不宜采用馈线作为传输载体，建议采用光纤分布系统。

3．系统设计的影响

系统设计是否合理是影响室内覆盖系统覆盖效果最重要的因素。如果在系统设计时不能从上下行链路功率、边缘场强的取定、系统噪声的计算、天馈线布放位置、周边网络干扰情况等方面充分综合考虑，则必将影响系统的覆盖效果。

（1）上下行链路功率的计算

室内覆盖系统的覆盖范围主要取决于下行链路功率，只有在引入了有源器件后才需要考虑上行链路信号和噪声功率对系统覆盖效果的限制。这里将主要就下行链路功率的计算进行讨论。

计算下行链路功率必须考虑信号源的输出功率、馈线、无源器件的功率损耗、室内无线传播损耗、边缘场强等。如果任意部分的功率计算错误，将导致设计的系统能量分布与实际情况不同，无法达到预期的覆盖效果。在实际情况中，室内无线传播损耗是很难估算的，因为每个建筑物因建筑装修材料、结构不同而对无线信号的衰减不一，很难找到统一的室内无线传播模型。计算室内无线传播损耗最准确的方法是采用模拟场强测试的方法，这将在下面设计要求中介绍。

（2）边缘场强的取定

边缘场强是指在需要覆盖的区域内手机最少能接收到的信号强度，它的取定将直接影响整个系统的能量分布设计，如果边缘场强取定得过高，会造成能量浪费，增加成本；如果取定得太低，会造成覆盖区域减少，室内边缘地区切换掉话增加，影响整体覆盖效果。边缘场强的取定主要取决于基站和手机的接收灵敏度、无线信号多径传播衰落以及干扰和噪声的影响，必须把这些因素综合考虑才能正确选取边缘场强，这也将在下面设计要求中介绍。

4. 噪声的影响

对于使用了放大器等有源器件的室内覆盖系统，噪声是影响系统覆盖效果的重要因素，在做系统设计时必须考虑噪声特别是上行链路噪声问题。如果系统采用多级放大器，设计时还需要考虑如何设置各级放大器的增益和噪声系数以尽量减少噪声对系统的影响。以下就从整套系统而非单个放大器来分析噪声的问题。

若系统中只采用了一级放大器，则该放大器的噪声系数 N_F 即为整个系统的噪声系数。对于信号源基站来说，引入该放大器后将导致系统噪声电平提高 N_F，为减少噪声对系统的影响，可将上行增益下降 N_F 以上，此时到达 BTS 的噪声电平可以维持原有水平，但放大器覆盖的用户到达 BTS 的信号会比无源系统用户信号弱 N_F，信噪比也下降 N_F，若为保证信噪比不变，则必须提高放大器覆盖区的边缘强度 S_S，覆盖变小。若系统采用了多级放大器级联，整个系统的噪声系数就必须考虑各级放大器的噪声系数和增益。理论推导可得 n 级级联放大器的噪声系数为

$$(N_F)_{1、2\dots n}= N_{F1}+(N_{F2-1})/G_1+(N_{F3-1})/(G_1 \times G_2)+\dots (N_{Fn-1})/(G_1 \times G_2 \times \dots G_n)$$

由此可见，多级放大器的噪声系数取决于一、二级。当出现多级放大器时，最关键的第一级不仅要求它噪声系数低，而且要求增益尽可能大，但在室内覆盖系统中，由于每级之间还接入其他用户，因此，应与纯放大器的多级串联有不同的考虑，即应将所有用户状态综合起来考虑。以下将以二级放大器为例说明在多级放大器级联的系统中如何考虑噪声（主要考虑上行噪声）的影响，如图 6-22 所示。

图 6-22 中 A1 和 A2 分别为第一级和第二级放大器（上行的第一级即为下行的末级）。在这里，G_1 并不能认为是第一级放大器的增益。因为在室内系统

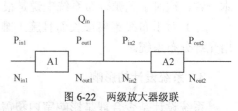

图 6-22 两级放大器级联

中，第一级和第二级中间存在馈线、功分器、耦合器等器件。G_1 应为第二级信号输入电平与第一级输入信号电平之差，即 $G_1=(P_{A2})_{in}/(P_{A1})_{in}$，$N_{F1}$、$N_{F2}$ 分别是 A1、A2 的噪声系数，则系统噪声系数为：

$$N_F 系统 = N_{F1} +(N_{F2}-1)/G_1$$

系统增加的噪声为：

$$N_{out2}-N_{in1}= [N_{F1} \times G_1 +(N_{F2}-1)] \times G_2 \times N_{in1}$$

那么系统噪声系数和噪声电平有如下几种情况：

（1）$G_1 > 1$ 时，系统噪声系数和噪声电平主要取决于 G_1 和 N_{F1}，此时噪声系数最小，但系统引入噪声电平却最大。若 $G_1 \gg 1$，则系统的噪声系数和噪声电平与 N_{F2} 关系不大，N_F 系统 $\gg N_{F1}$，$N_{out2}-N_{in1} \gg N_{F1}*G_1*G_2* N_{in1}$。

（2）$G_1=1$（即 A1 的增益刚好与 A1 和 A2 间的线路损耗抵消）时，系统噪声系数 N_F 系统 $= N_{F1} +N_{F2}-1$，增加噪声电平为 $N_{out2}-N_{in1}= [N_{F1}+N_{F2}-1) \times G_2 \times N_{in1}$ 主要取决于 N_{F1}、N_{F2}，并且比 $G_1 > 1$ 时的噪声系数大，噪声电平要小。

（3）$G_1<1$ 时，若 $G_1*N_{F1}\leq1$，第一级噪声已降至 -121dBm 以下，对第二级影响不大，系统与 G_1 无关，此时系统引入噪声电平最小，但系统噪声系数最大。

对于由 Q_{in} 即从第二级放大器直接引入的用户信号情况就不一样了。

（1）$G_1>1$ 时，Q_{in} 的信号信噪比将严重下降，若为保证 Q_{in} 的信噪比与 P_{in1} 一致，则必须提高 S_S，即减少 Q_{in} 的覆盖，则从第二级放大器直接引入的用户区的覆盖效果将比第一级放大器的用户区差。

（2）$G_1=0$ 时，P_{in1} 与 Q_{in} 信号的信噪比将一致，覆盖效果也一样。

（3）$G_1<1$ 时，情况与第（1）种相反，第一级放大器的用户区的覆盖效果将比从第二级放大器直接引入的用户区差。

所以，当我们设计的系统对于每一个天线覆盖情况要求一致时，采用第（2）种方式。但若 A1 级的 N_{F1} 很小，只有 4dB 以下，则我们不妨取 $G_1=1/N_{F1}$，此时 P_{in1} 与 Q_{in} 的信噪比差别很小，而 N_{F1} 不对下级产生噪声，整个系统的覆盖效果都得到保证。

对于有源分布系统，情况与上述的分析类似，只是有源分布系统中的有源放大器件的增益一般较小而且不可调，所以对每级特别是第一级的噪声系数都要求尽量低。建议有源系统中的放大器采用第（2）或第（3）种级联方式，尽量减少噪声电平的引入。某些情况下，需要在有源系统中与系统接入处上行信号加衰减器，以降低噪声电平。

对于光纤分布系统，由于采用了光端机、放大器等有源器件，所以系统噪声系数也较高，某些情况下，也需要在光纤系统与系统接入处上行信号加衰减器，以降低噪声电平。

5．干扰的影响

在室内覆盖系统中，干扰来自两方面：室外的外部干扰和系统自身由于有源器件的存在而产生的互调干扰。

来自室外的干扰主要是建筑物周围基站的信号干扰。在某些情况下，建筑物的外部区域能够接收到很强的外部基站信号，此时在取定室内覆盖系统边缘场强时就必须考虑一定的干扰储备，否则这些外部区域将无法接收到稳定的室内信号，切换频繁，影响覆盖效果。

系统自身产生的互调干扰影响问题在直放站部分已做介绍，主要是造成上下行链路误码率高，通话质量差，以及由于 C/I 比下降而造成的覆盖范围减少等不良影响。

6．天馈线的布放位置

由于室内信号最终是由天线进行收发的，天线的布放位置和有效输出功率也将直接影响系统的覆盖效果。天线的布放位置会影响系统信号分布的均匀程度，如果天线布放过密会引起干扰和重叠区过大，布放太疏又无法满足边缘场强的要求。

天线的布放位置要考虑室外信号的干扰问题，如果天线布放在室内过于中间的位置，那么窗边的室内信号将较弱，但由于在窗边一般能接收到较强的室外信号，将对室内信号造成很大的干扰，导致信号不稳定，切换频繁，影响室内边缘覆盖效果，所以建议室内天线布放在靠外部的地方。

7．设备性能的影响

室内覆盖系统中的设备主要有两大类：有源设备（直放站、干线放大器等）和无源设备（天馈线、功分、耦合器件等）。无论是哪类设备，它们的性能指标好坏都对系统覆盖效果影

响很大。

对于有源设备，它们的性能指标与直放站系统基本一样，对系统的影响在前面已介绍过，主要还是几个重要指标：如噪声系数、互调干扰对系统覆盖效果影响较大。

对于无源设备，最重要的指标是驻波比和信号损耗量。驻波比主要影响是会引起回波和反射波加大，进一步削弱了直射有用信号，同时造成信噪比的下降，从而影响覆盖信号质量并减少了覆盖范围。损耗主要影响系统的能量损耗，如果设备对信号的损耗量小，就可以用较少的设备来完成系统覆盖，不仅节省成本，也可减少引入噪声、干扰的可能性。

6.6 室内覆盖工程设计、安装、测试的要求

室外移动网络建设的关键是频率规划及覆盖范围的设计，而对于室内覆盖系统更主要的是如何选择合适的分布系统及天线安装位置，以求达到覆盖效果的同时，不会对周边网络造成影响。图 6-23 为室内覆盖工程实施流程图。以该流程图为线索介绍如何正确设计及安装调测室内覆盖系统。

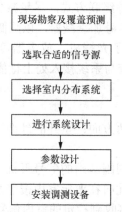

图 6-23 室内覆盖工程实施流程图

6.6.1 现场勘察及覆盖预测

1. 现场勘察

在进行设计之前，我们必须要对室内覆盖的地方进行调查和了解。

（1）需要进行覆盖的原因

- 话务过于繁忙
- 覆盖盲区
- 外部干扰严重，信号不稳定

（2）需要覆盖的范围

- 覆盖的楼层数和面积
- 是否需要覆盖电梯
- 是否需要覆盖地下停车场等特殊地方

（3）需要覆盖建筑物的结构

● 我们首先需要拿到建筑结构图，了解机房、弱电管井的位置以及各楼层的结构，以确定设备布放位置和施工布线的走向和路由。

● 了解建筑物的建筑装修材料，以大致估算无线传输损耗。

（4）周围的环境情况

2. 覆盖预测

进行覆盖预测就是通过测试和估算得出需要覆盖区域各处的场强情况。由于室内场强情况很难估算准确，现在一般采用模拟场强测试的方法，即采用小型发射机（TEMS TRANSMITTER）装在拟放天线的位置，利用场强接收设备或测试手机（TEMS 测试手机）对要求覆盖的区域进行测试。

（1）首先进行扫频，选出较干净的频率，此频率可作为信号源基站的频率或室内直放站的施主基站。

（2）设置发射机的发射功率和发射信道，然后对覆盖区各方向，特别是边缘位置进行测试，记录下各测试点测得的信号强度。

（3）通过发射机的发射功率和测得的各点信号强度计算出覆盖区各区域的无线传播损耗情况。

6.6.2　选取信号源

室内分布系统的信号源来源于基站（微蜂窝）或直放站两种。设计时信号源的选取主要从以下几个方面加以考虑。

● 话务量

● 要求覆盖的范围

● 所处位置及对网络影响程度

● 成本

6.6.3　选取信号分布系统

室内信号分布系统选择的原则如下。

（1）造价，尽可能采用成本低的方式，同时必须保证系统质量。

（2）施工的难度，尽量考虑施工比较容易实现，特别是馈线的施工。

（3）天线的位置、数量和输出功率，在保证覆盖的同时用比较少的天线，比较低的输出功率。

（4）考虑受制条件，综合采用各种分布系统。

6.6.4　分布系统设计

分布系统设计是室内覆盖系统工程最关键的一个步骤。在做系统设计时需要充分考虑以下几个问题：

（1）边缘场强的取定

（2）系统能量分布计算

（3）系统噪声的计算

（4）天馈线布放位置

1. 取定边缘场强

边缘场强主要取决于接收灵敏度、衰落储备及干扰储备和噪声储备。

（1）手机的接收机灵敏度一般取-104dBm。

（2）在室内覆盖系统中，多径传播现象比室外系统更突出，特别是近场区，因此，在考虑快衰落储备时应有比较大的余量，一般取 10~15dB；而慢衰落储备在室内系统中一般不去做太多的考虑。

（3）干扰储备需分情况而定。

● 如果需要覆盖区域为信号盲区或只能接收到较弱的外部信号，处于在正常 4/12 的频率复用模式下，干扰储备可取 5~10dB。

● 如果需要覆盖区域周围信号干扰严重，则干扰储备需要取 10dB 以上。

（4）噪声储备：当系统存在有源器件时，就必须考虑 5~10dB 的噪声储备，而光纤系统更要预留 10~15dB 的噪声储备。

综合上述各点，在一般情况下，边缘场强的取值为-85dBm。

2. 系统能量分布计算

系统能量分布计算是系统设计中最复杂的一个环节，需要精确计算信号源的输出功率、天线输出功率、布线长度、馈线、无源器件的功率损耗、室内无线传播损耗、边缘场强等。

（1）首先取定信号源的输出功率，一般来说室内直放站取值为 15~25dBm，微蜂窝基站为 33dBm，大站取 35~40dBm。

（2）选取天线输出功率：首先根据模拟场强测试的结果和取定的边缘场强的值大致推算每付天线的输出功率。同时也考虑电磁波对人体的影响。根据我国国家标准 GB9175-88《环境电磁波卫生标准》，对于酒店及写字楼按一级安全标准设计，每天线有效输出功率应在 10~15dBm 之间；对于商场、商贸中心，可按二级标准设计，每天线有效输出功率应在 23dBm 以下。

（3）计算线路损耗：根据布线长度、馈线和功分、耦合等无源器件的损耗以及系统信号分配方式来计算整个系统的线路损耗情况，并最终确定天线的输出功率。如果最后得到的天线输出功率值无法满足要求，就要考虑重新进行信号分配或增加干线放大器。

3. 系统噪声的计算

系统噪声的计算问题已在前面部分论述。

4. 天馈线布放位置

（1）天线的选择。由于室内覆盖分配到每付天线的功率不会很大，选择天线应以小巧、美观、易安装，与周围环境相配衬和适合施工条件为原则。可选择帽状、杆状、钻石型、书本状等小型天线。

（2）天线挂放位置以容易施工、离管井近，相对靠外为原则。

（3）可采用隔层对角布放天线的方法来减少天线的面数。

（4）馈线选择时应以容易施工为原则，对于主干部分，由于可以在管井中布放或沿直线布放的地方，采用较粗馈线，对于转弯较多的支线部分采用柔软型，线径也不宜太粗。并且馈线布放时应尽量藏在天花中或藏在看不见的地方。

（5）光纤应使用抗拉抗折光纤，因室内分布系统施工环境不会象电信机房那样的环境，布放过程会有穿墙穿天花布放的可能。

（6）根据 ICE 标准，室内覆盖电缆必须为防火电缆，由于价格原因，我们常规使用阻燃电缆。

6.6.5　安装、调测要求

关于室内覆盖工程的安装、调测要求可参见《室内覆盖系统工程质量验收细则》和《室内覆盖系统工程竣工文件模板》。

 小结

室内分布系统是由信源和分布系统组成，有 3 种信源和 4 种分布系统。在做室内分布系统设计时，要会选择正确的信源和分布系统。清楚直放站和室内分布系统对现有移动网产生的影响。

 练习与思考

一、单选题

1．GSM 室内天线的发射功率不大于（　　　）。

A．−13dBm/载波　　　　B．−15dBm/载波　　　　C．−20dBm/载波

2．经过 2 进 2 出的合路器信号强度损耗（　　　）。

A．1dB　　　　　　B．3dB　　　　　　C．5dB　　　　　　D．6dB

3．室内覆盖天馈线测试，如前端未接任何有源器件或放大器，其驻波比应小于（　　　）。

A．1.3　　　　　　B．1.5　　　　　　C．1.8　　　　　　D．2.0

4．以下哪些是无源设备（　　　）。

A．功分器　　　　　B．耦合器　　　　　C．多频合路器　　D．以上都是

5．某种三端无源器件（不考虑插损），当输入信号功率为 36dBm 时，测得输出端 1 的信号功率为 29dBm，另一输出端测得的功率为 35dBm，则此无源器件为（　　　）。

A．二功分器　　　　B．三功分器　　　　C．7∶1 耦合器　　D．4∶1 耦合器

二、多选题

室内覆盖使用的主要无源器件有（　　　）。

A．功分器　　　　　B．耦合器　　　　　C．合路器　　　　　D．干放

三、问答题

解决室内覆盖的基本方法有哪几种？

实训项目

项目　直放站和室内分布系统的操作维护。

任务一、熟悉各类直放站的硬件结构。

任务二、熟悉室内分布系统的组成和元器件特性。

任务三、熟悉直放站网管软件的使用。

任务四、熟悉直放站和室内分布系统的排障方法。

第三模块
CDMA 网规网优部分

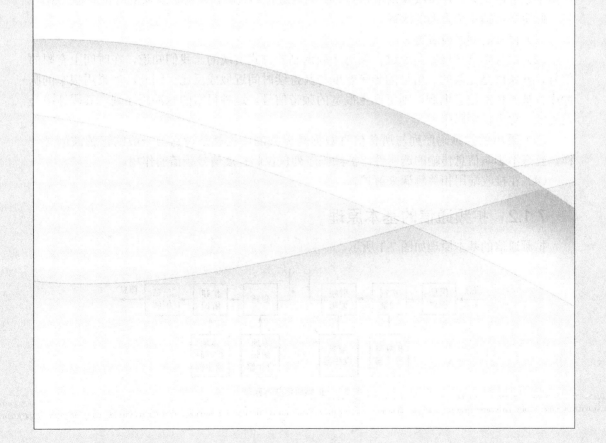

CDMA 无线网络优化基本原理

【学习目标】

（1）了解 CDMA 技术的特点与优势；

（2）熟悉 CDMA 的基本原理。

7.1 扩频通信原理

7.1.1 扩频通信基本概念

所谓扩展频谱通信，可定义为：扩频通信技术是一种信息传输方式，其信号所占有的频带宽度远大于所传信息所必需的最小带宽；频带的展宽是通过编码及调制的方法实现的，与所传信息数据无关；在接收端则用相同的扩频码进行相关解调来解扩及恢复所传信息数据。

此定义包括 4 个方面的内容。

（1）信号的频谱被展宽了。

（2）信号频谱的展宽是通过扩频码序列调制的方式实现的。我们知道，在时间上有限的信号，其频谱是无限的。信号的频带宽度与其持续时间近似成反比，因此，如果用很窄的脉冲序列被所传的信息调制，则可产生很宽的频带信号。这种很窄的脉冲码序列，其码速率是很高的，称为扩频码序列。

（3）采用的扩频码序列与所传信息数据是无关的，也就是说它与一般的正弦波信号一样，丝毫不影响信息传输的透明性，扩频码序列仅仅起扩展信号频谱的作用。

（4）在接收端用相关解调来解扩。

7.1.2 扩频通信的基本原理

扩频通信的基本原理如图 7-1 所示。

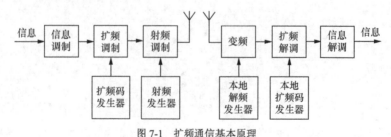

图 7-1 扩频通信基本原理

在发端输入的信息（比特率 bit）先经过信息调制形成数字信号（符号率 symbol），然后由扩频发生器产生的扩频码序列去调制数字信号以展宽信号的频谱（码片率 chip）。展宽后的信号调制到射频发送出去，在收端接收到的宽带射频信号，变频至中频，然后由本地产生的与发端相同的扩频码序列去解扩，最后经信息解调，恢复成原始信息输出。由此可见，一般的扩频通信系统都要进行三次调制和相应的解调。一次调制为信息调制，二次调制为扩频调制，三次调制为射频调制，以及相应的信息解调，解扩和射频解调。

按照扩展频谱的方式不同，现有的扩频通信系统可分为：直接序列（DS）扩频，跳频（FH）扩频，跳时（TH）扩频，线性调频（Chirp）扩频，以及上述几种方式的组合。

7.1.3 扩频通信的理论基础

在扩频通信中采用宽频带的信号来传送信息，主要是为了通信的安全可靠，这可用信息论和抗干扰理论的基本观点来解释。

信息论中的香农（Shannon）公式为

$$C = W \log_2(1 + \frac{S}{N})$$

其中，C 为信道容量（比特/秒），N 为噪声功率，W 为信道带宽（赫兹），S 为信号功率。

此公式原意是：在给定信号功率 S 和白噪声功率 N 的情况下，只要采用某种编码系统，我们就能以任意小的差错概率，以接近于 C 的传输信息的速率来传送信息。但同时此公式也指出，在保持信息传输速率 C 不变的条件下，我们可以用不同频带宽度 W 和信噪功率比 S/N 来传输信息。换句话说，频带 W 和信噪比 S/N 是可以互换的。如果增加频带宽度，就可以在较低的信噪比的情况下用相同的信息率以任意小的差错概率来传输信息，甚至在信号被噪声淹没的情况下，只要相应地增加信号带宽，也能保持可靠的通信。此公式指明了采用扩展频谱信号进行通信的优越性，即用扩展频谱的方法以换取信噪比的增益。图 7-2 所示为扩频和解扩的全过程。

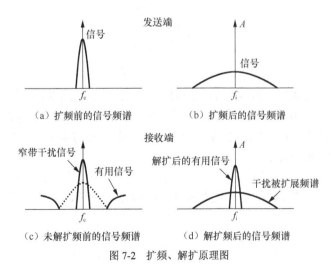

（a）扩频前的信号频谱　　　　（b）扩频后的信号频谱

（c）未解扩频前的信号频谱　　　（d）解扩频后的信号频谱

图 7-2　扩频、解扩原理图

由此可以看出，扩频通信具备以下优点：

（1）具有天然的隐蔽性和保密性。

（2）多个用户可以同时占用相同频带，实现多址通信。

（3）抗衰落、抗多径干扰能力强。

（4）抗窄带干扰能力强。

7.2 CDMA 系统的主要优点

CDMA 系统采用码分多址的技术及扩频通信的原理，使得可以在系统中使用多种先进的信号处理技术，为系统带来许多优点。以下介绍了 CDMA 无线通信系统的几个显著特点。

7.2.1 大容量

根据理论计算及现场试验表明，CDMA 系统的信道容量是模拟系统的 10～20 倍，是 TDMA 系统的 4 倍。CDMA 系统的高容量很大一部分因素是因为它的频率复用系数远远超过其他制式的蜂窝系统，同时 CDMA 使用了话音激活和扇区化，快速功率控制等。

按照香农定理，各种多址方式（FDMA、TDMA 和 CDMA）都应有相同的容量。但这种考虑有几种欠缺：一是假设所有的用户在同一时间内连续不断地传送消息，这对话音通信来说是不符合实际的；二是没有考虑在地理上重新分配频率的问题；三是没有考虑信号传输中的多径衰落。

决定 CDMA 数字蜂窝系统容量的主要参数是：处理增益、E_b/N_o、话音负载周期、频率复用效率和基站天线扇区数。

若不考虑蜂窝系统的特点，只考虑一般扩频通信系统，接收信号的载干比定义为载波功率与干扰功率的比值，可以写成

$$\frac{C}{I} = \frac{R_b E_b}{I_o W} = \frac{\left(\dfrac{E_b}{I_o}\right)}{\left(\dfrac{W}{R_b}\right)}$$

其中，E_b 为信息的比特能量；R_b 为信息的比特率；I_o 为干扰的功率谱密度；W 为总频段宽度（这里也是 CDMA 信号所占的频谱宽度，即扩频宽度）；E_b/I_o 为类似与通常所说的归一化信噪比，其取值决定于系统对误比特率或话音质量的要求，并与系统的调制方式和编码方案有关，W/R_b 为系统的处理增益。

若 N 个用户共用一个无线信道，显然，每一个用户的信号都受到其他 $N-1$ 个用户信号的干扰。假定到达一个接收机的信号强度和各干扰强度都相等，则载干比为

$$\frac{C}{I} = \frac{1}{N-1} \quad \text{或} \quad N-1 = \frac{\left(\dfrac{W}{R_b}\right)}{\left(\dfrac{E_b}{I_o}\right)}$$

若 $N \gg 1$，于是

$$N = \frac{\left(\dfrac{W}{R_b}\right)}{\left(\dfrac{E_b}{I_o}\right)}$$

结果说明，在误比特率一定的条件下，所需要的归一化信噪比越小，系统可以同时容纳的用户数越多。应该注意这里的假定条件，所谓到达接收机的信号强度和各个干扰强度都一样，对单一小区（没有邻近小区的干扰）而言，在前向传输时，不加功率控制即可满足；但是在反向传输时，各个移动台向基站发送的信号必须进行理想的功率控制才能满足。其次，应根据 CDMA 蜂窝通信系统的特征对这里得到的公式进行修正。

1．话音激活期的影响

在典型的全双工通话中，每次通话中话音存在的时间一般为 40%。如果在话音停顿时停止信号发射，对 CDMA 系统而言，就减少了对其他用户的干扰，这使得系统的容量提高到原来的 1/0.35=2.86 倍。虽然 FDMA 和 TDMA 两种系统都可以利用这种停顿，使容量获得一定程度的提高，但是要做到这一点，必须增加额外的控制开销，而且要实现信道的动态分配必然会带来时间上的延迟，而 CDMA 系统可以很容易地实现。

2．扇区化

CDMA 小区扇区化有很好的容量扩充作用，其效果好于扇区化对 FDMA 和 TDMA 系统的影响。小区一般划分为 3 个扇区，天线波束宽度一般小于120°，因为天线方向幅度宽而且经常出现传播异常，这些天线覆盖区域有很大的重叠，扇区之间的隔离并不可靠。因此，窄带系统在小区扇区化时小区频率复用并无改善。而对于 CDMA 系统来说，扇区化之后（采用方向性天线），干扰可以看成近似减少为原来的 1/3，因此网络容量增加为原来的 3 倍。

3．频率再用

在 CDMA 系统中，若干小区的基站都工作在同一频率上，这些小区内的移动台也工作在同一频率上。因此，任一小区的移动台都会受到相邻小区基站的干扰，任一小区的基站也都会受到相邻小区移动台的干扰。这些干扰的存在必然会影响系统的容量。因此必须采取措施限制来自临近小区的干扰，才能提高系统的频率再用效率。

4．低的 E_b/N_o

E_b/N_o 是数字调制和编码技术藉以比较的标准。由于 CDMA 系统采用很宽的信道带宽，可以采用高冗余的强纠错编码技术，而窄带数字系统由于信道带宽限制，只能采用低冗余的纠错编码，纠错能力也较低。因此，CDMA 系统要求的 E_b/N_o 比窄带系统要低，降低干扰，扩大了容量。

考虑这些因素，CDMA 的容量公式要进行修正，具体将在容量估算一节中详细阐述。

7.2.2　软容量

在 FDMA、TDMA 系统中，当小区服务的用户数达到最人信道数，已满载的系统再无法增添一个信号，此时若有新的呼叫，该用户只能听到忙音。而在 CDMA 系统中，用户数目和服务质量之间可以相互折中，灵活确定。例如系统运营者可以在话务量高峰期将某些参数进行调整，可以将目标误帧率稍稍提高，从而增加可用信道数。同时，在相邻小区的负荷较轻时，本小区受到的干扰较小，容量就可以适当增加。

体现软容量的另外一种形式是小区呼吸功能。所谓小区呼吸功能就是指各个小区的覆盖大小是动态的。当相邻两个小区负荷一轻一重时，负荷重的小区通过减小导频发射功率，使本小区的边缘用户由于导频强度不够，切换到相邻的小区，使负荷分担，即相当于增加了容量。

这项功能可以避免在切换过程中由于信道短缺造成的掉话。在模拟系统和数字 TDMA 系统中，如果没有可用信道，呼叫必须重新被分配到另一条候选信道，或者在切换时中断。但是在 CDMA 中，建议可以适当提高用户可接受的误比特率直到另外一个呼叫结束。

7.2.3　软切换

软切换是指移动台需要切换时，先与新的基站连通再与原基站切断联系，而不是先切断与原基站的联系再与新的基站连通。软切换只能在同一频率的信道间进行，因此，模拟系统、TDMA 系统不具有这种功能。软切换可以有效地提高切换的可靠性，大大减少切换造成的掉话，因为据统计，模拟系统、TDMA 系统无线信道上的掉话 90%发生在切换中。

同时，软切换还提供分集，在软切换中，由于各个小区采用同一频带，因而移动台可同时与小区 A 和邻近小区 B 同时进行通信。在反向信道，两基站分别接收来自移动台的有用信号，以帧为单位译码分别传给移动交换中心，移动交换中心内的声码器/选择器（Vocoder/Selector）也以帧为单位，通过对每一帧数据后面的 CRC 校验码来分别校验这两帧的好坏，如果只有一帧为好帧，则声码器就选择这一好帧进行声码变换；如果两帧都为好帧，则声码器就任选一帧进行声码变换；如果两帧都为坏帧，则声码器放弃当前帧，取出前面的一个好帧进行声码变换，这样就保证了基站最佳的接收结果。在前向信道，两个小区的基站同时向移动台发射有用信号，移动台把其中一个基站来的有用信号实际作为多径信号进行分集接收，这样在软切换中，由于采用了空间分集技术，大大提高了移动台在小区边缘的通信质量，增加了系统的容量。从反向链路来说，移动台根据传播状况好的基站情况来调整发射功率，减少了反向链路的干扰，从而增加了反向链路的容量。

CDMA 的软切换与更软切换是先接续再中断，服务质量高，有效减低掉话。而其他无线系统的硬切换是先中断再接续，容易产生掉话。

7.2.4　采用多种分集技术

分集技术是指系统能同时接收并有效利用两个或更多个输入信号，这些输入信号的衰落互不相关。系统分别解调这些信号然后将它们相加，这样可以接收到更多的有用信号，克服衰落。

移动通信信道是一种多径衰落信道，发射的信号要经过直射、反射、散射等多条传播路径才能到达接收端，而且随着移动台的移动，各条传播路径上的信号负担、时延及相位随时随地发生变化，所以接收到的信号电平是起伏的、不稳定的，这些不同相位的多径信号相互迭加就形成衰落。迭加后的信号幅度变化符合瑞利分布，因而又称瑞利衰落。瑞利衰落随时间急剧变化时，称为"快衰落"。而阴影衰落是由于地形的影响（例如建筑物的阻挡等）而造成信号中值的缓慢变化。

分集接收是克服多径衰落的一个有效方法，采用这种方法，接收机可对多个携有相同信息且衰落特性相互独立的接收信号在合并处理之后进行判决。由于衰落具有频率、时间和空间的选择性，因此分集技术包括频率分集、时间分集和空间分集。

减弱慢衰落的影响可采用空间分集，即用几个独立天线或在不同的场地分别发送和接收信号，以保证各信号之间的衰落独立。由于这些信号在传输过程中的地理环境不同，所以各信号的衰落各不相同。采用选择性合成技术选择较强的一个输出，降低了地形等因素对信号的影响。

根据衰落的频率选择性，当两个频率间隔大于信道的相关带宽时，接收到的此两种频率的衰落信号不相关。市区的相关带宽一般为 50kHz 左右，郊区的相关带宽一般为 250kHz 左右。而码分多址的一个信道带宽为 1.23MHz，无论在郊区还是在市区都远远大于相关带宽的要求，所以码分多址的宽带传输本身就是频率分集。

时间分集是利用基站和移动台的 Rake 接收机来完成的。对于一个信道带宽为 1.23MHz 的码分多址系统，当来自两个不同路径的信号时延差为 1μs，也就是这两条路径相差大约为 0.3km 时，Rake 就可以将它们分别提取出来而互相不混淆。CDMA 系统对多径的接收能力在基站和移动台是不同的。在基站处，对应与每一个反向信道，都有 4 个数字解调器，而每个数字数字解调器又包含两个搜索单元和一个解调单元。搜索单元的作用是在规定的窗口内迅速搜索多径，搜索到之后再交给数字解调单元。这样对于一条反向业务信道，每个基站都同时解调 4 个多径信号，进行矢量合并，再进行数字判决恢复信号。如果移动台处在三方软切换中，3 个基站同时解调同一个反向业务信道（空间分集），这样最多时相当于 12 个解调器同时解调同一反向信道，这在 TDMA 中是不可能实现的。而在移动台里，一般只有 3 个数字解调单元，一个搜索单元。搜索单元的作用也是迅速搜索可用的多径。当只接收到一个基站的信号时，移动台可同时解调 3 个多径信号进行矢量合并。如果移动台处在三方软切换中，3 个基站同时向该移动台发送信号，移动台最多也只能同时解调 3 个多径信号进行矢量合并，也就是说，在移动台端，对从不同基站来的信号与从不同基站来的多径信号一起解调。但这里也有一定的规则，如果处在三方软切换中，即使从其中一个基站来的第二条路径信号强度大于从另外两个基站来的信号的强度，移动台也不解调这条多径信号，而是尽量多地解调从不同基站来的信号，以便获得来自不同基站的功率控制比特，使自身发射功率总处于最低的状态，以减少对系统的干扰。这样就加强了空间分集的作用。

CDMA 系统就这样综合利用了频率分集、空间分集和时间分集来抵抗衰落对信号的影响，从而获得高质量的通信性能。

7.2.5　话音激活

典型的全双工双向通话中，每次通话的占空比小于 35%，在 FDMA 和 TDMA 系统中，由于通话停顿等重新分配信道存在一定的时延，所以难以利用话音激活因素。CDMA 系统因为使用了可变速率声码器，在不讲话时传输速率低，减轻了对其他用户的干扰，这即是 CDMA 系统的话音激活技术。

7.2.6 保密

如图 7-3 所示，信源信号经过扩频后都淹没在噪声里，CDMA 系统的信号扰码方式提供了高度的保密性，使这种数字蜂窝系统在防止串话、盗用等方面具有其他系统不可比拟的优点。

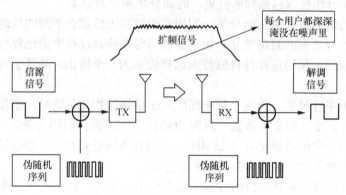

图 7-3　CDMA 系统的扩频原理示意图

7.2.7 低发射功率

众所周知，由于 CDMA 系统中采用快速的反向功率控制、软切换、语音激活等技术，以及 IS-95 规范对手机最大发射功率的限制，使 CDMA 手机在通信过程中辐射功率很小而享有"绿色手机"的美誉，这与 GSM 相比，是 CDMA 的重要优点之一。

从手机发射功率限制的角度来比较：

目前普遍使用的 GSM 手机 900MHz 频段最大发射功率为 2W（33dBm），1800MHz 频段最大发射功率为 1W（30dBm），同时规范要求，对于 GSM900 和 1800 频段，通信过程中手机最小发射功率分别不能低于 5dBm 和 0dBm。CDMA IS-95A 规范对手机最大发射功率要求为 0.2～1W（23～30dBm），实际上目前网络上允许手机的最大发射功率为 23dBm（0.2W），规范对 CDMA 手机最小发射功率没有要求。

在实际通信过程中，在某个时刻某个地点，手机的实际发射功率取决于环境，系统对通信质量的要求，语音激活等诸多因素，实际上就是取决于系统的链路预算。在通常的网络设计和规划中，对于基本相同的误帧率要求，GSM 系统要求到达基站的手机信号的载干比通常为 9dB 左右，由于 CDMA 系统采用扩频技术，扩频增益对全速率编码的增益为 21dB，（对其他低速率编码的增益更大），所以对解扩前信号的等效载干比要求为–14dB（CDMA 系统通常要解扩后信号的 E_b/N_0 值为 7dB 左右）。

从手机发射功率初始值的取定及功率控制机制的角度来进行比较：

手机与系统的通信可分为两个阶段，一是接入阶段，二是通话阶段。对于 GSM 系统，手机在随机接入阶段没有进入专用模式以前，是没有功率控制的，为保证接入成功，手机以系统能允许的最大功率发射（通常是手机的最大发射功率）。在分配专用信道（SDCCH 或 TCH）后，手机会根据基站的指令调整手机的发射功率，调整的步长通常为 2dB。调整的频率为 60ms 一次。

对于 CDMA 系统，在随机接入状态下，手机会根据接收到的基站信号电平估计一个较小的值作为手机的初始发射功率，发送第 1 个接入试探，如果在规定的时间内没有得到基站的应答信息，手机会加大发射功率，发送第 2 个接入试探，如果在规定时间内还没有得到基站的应答信息，手机会再加大发射功率。这个过程重复下去，直到收到基站的应答或者到达设定的最多尝试次数为止。在通话状态下，每 1.25ms 基站会向手机发送一个功率控制命令信息，命令手机增大或减少发射功率，步长通常为 1dB。

由上面的比较可以看出，总体而言，考虑到 CDMA 系统其他独有的技术，如软切换，RAKE 接收机对多径的分集作用，强有力的前向纠错算法对上行链路预算的改善，CDMA 系统对手机的发射功率的要求比 GSM 系统对手机发射功的要求要小得多，而且 GSM 手机在接入过程中以最大的功率发射，在通话过程中功率控制速度较慢，所以手机以大功率发射的机率较大；而 CDMA 手机独特的随机接入机制和快速的反向功率控制，可以使手机平均发射功率维持在一个较低的水平，从而增加了系统容量，延长了电池使用时间，对人体健康的影响小，即所谓的绿色手机。

7.2.8　大覆盖范围

CDMA 的链路预算中包含的因素：软切换增益、分集增益等，这些都是 CDMA 技术本身带来的，是 GSM 中所没有的。虽然 CDMA 在链路预算中还要考虑自干扰对覆盖范围的影响（加入了干扰余量因子）以及 CDMA 手机最大发射功率低于 GSM 手机的最大发射功率，但总体来说，CDMA 的链路预算所得出的允许最大路径损耗要比 GSM 大（一般是 5～10dB）。这意味着，在相同的发射功率和相同的天线高度条件下，CDMA 有更大的覆盖半径，因此需要的基站也更少（对于覆盖受限的区域这一点意义重大）；另外一个好处是，对于相同的覆盖半径，CDMA 所需要的发射功率更低。

7.3　CDMA 呼吸效应

7.3.1　呼吸效应的概念

在 CDMA 系统中，所有的频率和时间是每个用户都在同时共享的公共资源，而非给某个用户单独所有。无线信道是基于不同的扩频码字来区分的，理论上来说系统容量也就自然取决于码字资源即扩频码的数量，但实际的系统容量（实际可以分配的扩频码数量），却是受限于系统的自干扰，即不同用户间由于扩频码并非理想正交而产生的多址干扰，同时包括本小区用户干扰及其他小区干扰。所以说，CDMA 系统是一个干扰受限的系统，具有"软"容量的特性。

在 CDMA 系统中，小区的容量和覆盖是通过系统干扰紧密相连的。当小区内用户数增多，也就是小区容量增大时，小区基站端接收到的干扰将增大，这就意味着在小区边缘地区的用户即使以最大发射功率发射信号，也无法保证自身与基站间的传输 QoS 能够得到保证，于是这些用户将会切换到邻近小区，也就意味着本小区的半径即覆盖范围相对减小了。反之，当小区用户数目减少，也就是小区容量减小时，系统业务强度的降低使得基站接收的干扰功率水平降低，各用户将可以发射更小的功率来维持与基站的连接，结果导致在小区内可以容忍的最大路径损耗增大，等效于小区半径增加，覆盖范围增大。

以上所描述的小区面积随着小区内业务量的变化而动态变化的效应称之为"呼吸效应"。我们可以利用 CDMA 系统中常提及的"鸡尾酒会"的例子更加形象地说明，在一个鸡尾酒会上，来了很多客人，同时讲话的人数越多，就越难听清对方的声音。如果开始你还可以与房间另一头的客人交谈，但是当房间里的噪声达到一定程度后，你就根本听不清对方的谈话了，这就意味着谈话区的半径缩小了。图 7-4 所示为呼吸效应与覆盖距离之间的关系。

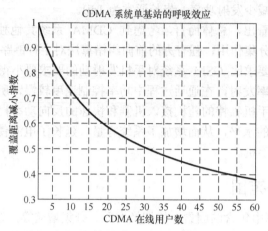

图 7-4　CDMA 系统单基站的呼吸效应

7.3.2　呼吸效应的危害

以上我们解释了"呼吸效应"的含义，并详细分析了造成"呼吸效应"出现的原因即 CDMA 系统的"软"容量特性。接下来我们将分析一下由于小区的"呼吸效应"所带来的危害。如图 7-5 所示，我们可以看出"呼吸效应"最大的危害是可能由于小区的收缩而形成的"覆盖漏洞"，即覆盖盲区，这在网络规划时是必须要注意到的问题。在进行网络规划时，运营商一般会采用"先覆盖，后容量"的策略，即在建网初期先进行薄容量的覆盖，在后期再逐渐进行扩容。而 CDMA 系统的"呼吸效应"使得这种策略很难再得以实施，如果在 CDMA 网络建网初期也象 GSM 一样基于覆盖建一层薄薄的网（低负荷），随着容量的增加，基站间就会普遍出现覆盖漏洞。这时就不得不通过建一些新基站来弥补这些漏洞。但由于 CDMA 是一个干扰受限的系统，新基站增加的同时会对周围基站带来干扰，因此周围基站的容量也就相应降低。因此，CDMA 网络中由于容量需求而增加新基站，并不能使网络容量像 GSM 网络一样线性增长，尤其是在城市密集区，基站间距本身就很小，这种现象也就更加严重。由此可以看出，"呼吸效应"增大了 CDMA 网络规划优化的复杂性。

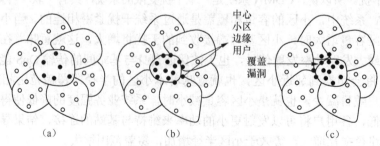

图 7-5　"呼吸效应"示意图

小结

CDMA 系统是建立在扩频通信技术基础之上的，CDMA 的优点很多也是来自于扩频通信的优点，其中容量大和抗干扰能力强是 CDMA 系统有别于其他系统的最主要的优势。

练习与思考

一、单选题

1．中国电信目前使用 3G 的哪一种技术标准（　　）。

A．WCDMA　　　　B．cdma2000　　　C．TD-SCDMA　　　　D．Wi-Fi

2．CDMA 信道处理过程中，经过扩频码扩频后的数据是（　　）。

A．比特　　　　　B．符号　　　　　C．码片　　　　　　D．信元

3．CDMA 系统可以通过（　　）实现相邻小区间负荷的动态分配。

A．软切换　　　　B．小区呼吸　　　C．硬切换　　　　　D．RAKE 接收

4．分集技术包含空间分集、极化分集、角度分集、频率分集、时间分集。对移动台而言，基本不使用（　　）。

A．极化分集　　　B．频率分集　　　C．时间分集

5．CDMA 软切换的特性之一是（　　）。

A．先断原来的业务信道，再建立信道业务信道

B．在切换区域 MS 与两个 BTS 连接

C．在两个时隙间进行的

D．以上都不是

6．下列哪个不是功率控制的作用（　　）。

A．降低多余干扰　　　　　　　B．解决远近效应

C．解决阴影效应　　　　　　　D．调节手机音量

7．功率控制 CDMA 系统中，更软切换是指（　　）。

A．不同基站间切换　　　　　　B．同基站不同扇区间切换

C．不同交换局间切换　　　　　D．异频切换

8．对于 CDMA 多址技术，下列哪个说法是错误的（　　）。

A．采用 CDMA 多址技术具有较强的抗干扰能力

B．采用 CDMA 多址技术具有较好的保密通信能力

C．采用 CDMA 多址技术具有较灵活的多址连接

D．采用 CDMA 多址技术具有较好的抑制远近效应能力

9．根据 CDMA 系统的协议，移动台最大发射功率为（　　）。

A．20dBm　　　　　　　　　　B．21dBm

C．22dBm　　　　　　　　　　D．23dBm

二、多选题

1. 下列哪些是 CDMA 的关键技术（　　）。

A. 功控　　　　　B. 软切换　　　　　C. RAKE 接收　　　　　D. TDMA

2. 下列哪些项属于空间分集（　　）

A. 卷积编码　　　　　　　　　　　B. 基站采用双天线接收

C. 手机和基站采用 RAKE 接收　　　D. 软切换技术

3. 关于软切换，下列说法正确的是（　　）。

A. 对于多载频网络，同一个基站不同载频之间的切换属于软切换

B. 同一个 BTS 下，不同扇区之间的切换称为更软切换

C. 同一个 BSC 下，不同基站之间的切换称为软切换

D. CDMA 系统中设置的邻区列表是为了提高软切换的成功率

学习目标：

（1）掌握 CDMA 无线网络规划的整体流程；

（2）掌握 CDMA 无线网络规划的每个阶段需要做的工作；

（3）熟练掌握 CDMA 无线网络规划每个步骤的详细内容；

（4）掌握 CDMA 无线网络规划的站点勘察方法；

（5）掌握 CDMA 无线网络规划的报告撰写。

8.1　基本流程介绍

网络规划是整个无线网络建设的基础，网络规划在整个无线网络建设中的位置如图 8-1 所示。

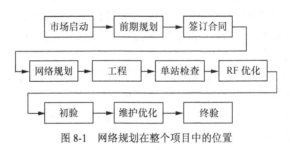

图 8-1　网络规划在整个项目中的位置

完整的网络规划流程包括如图 8-2 所示的一些阶段。

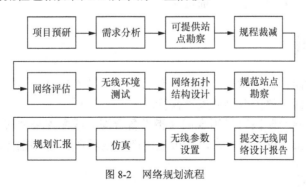

图 8-2　网络规划流程

网络规划流程说明：

（1）图 8-2 所示为一个所有阶段都包括的完整流程，实际项目需要根据网络规划合同及规划区实际情况，在规程裁减阶段裁减掉不需要的阶段。

（2）需求分析首先需要了解客户的需求，客户需求是整个网络规划的基础；如果客户需求信息不准确，后面所有的工作可能都是无用功，规划结果无法得到客户认可。

（3）客户需求可以通过各种途径了解，比如通过和客户正式或非正式交流，实地勘察（包括规划区域环境勘察和可提供站点勘察）等，结果需要客户确认。

（4）无线环境测试包括频谱扫描测试、电测较模环节。

（5）需求确定后，根据具体情况及客户要求（或合同约定）对规程进行裁减，去掉不需要的阶段；比如新建网络肯定没有网络评估；又比如客户确认频谱干净，没有必要进行频谱扫描；再如果客户确认可以提供相应环境的模型，或者根据实地勘察，发现规划区域环境可以使用现有模型库中的模型，则没有必要进行电测校模。

（6）对于扩容网络或搬迁网络，如果对网络状况不熟悉，如长时间没有优化，一般需要通过执行无线网络评估子项目了解现有网络状况。

（7）频谱扫描包括"扫描及干扰大致定位"和"干扰源查找"两个子项目；

（8）电测校模是为了得到适用于当前环境的无线传播模型，只有在无线环境足够复杂（需要进行仿真），现有模型库中无相应模型，且客户不能提供模型的情况下，才有必要执行这个子项目。

（9）网络拓扑结构设计是网络规划的关键阶段，这个阶段承上启下，基于前面得到的各种信息进行覆盖和容量的规划，得到一个理论上满足要求的网络拓扑结构为后面的工作提供指导。

（10）网络拓扑结构设计完全是理论设计，要从实际环境中找到满足要求的点，需要进行实地勘察，找到实际环境中满足要求的点；这个过程需要花费的人力物力最多，而且可能出现反复，甚至有可能出现无法找到和某个关键规划站点条件接近的实际站点，导致整个网络拓扑结构需要微调的问题。

（11）根据规划站点勘察得到的实际位置是否满足覆盖和容量要求呢？这就需要我们通过仿真来进行验证，规划站点勘察过程中包含仿真。

（12）所有站点确定后，进行 PN、邻区列表及其他参数的设置；如果客户对 PN 规划有要求，基于客户的要求进行设置，否则按照相应规范进行规划。

（13）规划工作完成后，撰写无线网络设计报告提交客户。

下面对流程中的主要阶段进行详细说明。

8.2 项目预研

这是项目的启动阶段。该阶段主要了解项目的一些基本信息，比如大概的规模、地形环境等，具体的操作可能主要由办事处人员执行。

对于售后项目，这个阶段可以用合同（指设备合同）或配置来替代；对于售前项目，一般要求办事处或市场部提供可研报告，也可能由产品线研判后直接指配的情况。

8.3 需求分析

下面首先给出需求分析阶段需要做的工作，然后以深大电话某区域为例给出需求分析的操作过程及结果。

8.3.1 任务的提出

任务：某工程师需要在某市的黑山子地区做一个 CDMA 的一期网络规划，请问在需求分析阶段需要做哪些工作？

8.3.2 需求分析的工作内容

需求分析的工作内容主要包括以下几个方面。

1．地形地貌环境和人口分布状况

地形地貌环境：包括规划区域地形起伏、地貌信息、稀疏程度、密集区分布等信息，如是山地还是平原，是高档商业区还是密集小区还是公园等；对于郊区或农村，还需要给出山地河流分布、公路铁路分布、厂矿分布、村镇分布等信息；这些信息对于无线传播模型的选取及覆盖规划有重要意义。这些信息可以通过和客户交流得到，也可以通过与办事处人员交流或从资料中了解，如果项目负责人对规划区域无线环境把握程度不高，需要对规划区域进行实地勘察。

人口分布情况：为容量规划提供参考。对于普通的网络（如联通或电信的网络），提供人口大致分布情况，可以按区域为单位（农村一般以乡镇为单位，城区以某片区域为单位，如莲塘、XX 村等，最好能够细化到大概一个站点的覆盖范围），要求同时给出大致的收入情况，以便估算潜在的用户；对于专网（如军网、厂矿企业内部网），给出可能用户分布情况（如军网，主要覆盖军营、办公场所、医院、主要街道等地区）。

2．无线网络频点环境

从我们前面看到的流程可以看出，对于完整的流程，需要进行频谱扫描；频谱扫描的目的是要找出存在的干扰，如果我们能预先得到，则可以在后面省去很多工作。

需求分析阶段应该了解当前项目所用频段范围，以及该频段占用情况，可能需要通过无线电管理委员会了解。条件许可的话，应该了解传呼、银行、公安、机场、火车站、有线电视、电力等内部网络或对讲等设备的频点使用情况。

比如 450MHz CDMA 项目，正常使用的频段很可能已经分配给别的单位，很可能对系统性能产生影响，需要预先清除。

如果无法从客户了解到相关信息且客户要求扫描，或者有网络规划合同且包含频谱扫描的内容，则需要通过实地测试得到频谱使用信息。

3．客户的网络建设战略

客户网络建设整体的思路对规划影响也比较大，需要了解现有网络/本期网络/下一期网络的容量、要求覆盖区域、现有网络存在的问题，以及各期网络建设计划的时间等信息，各期网络建设应该作为一个整体考虑。

根据得到的这些信息，我们可以确定大致的建网原则。比如：本期网络和下一期网络时间相差不大，则可以将两期网络一起考虑，根据本期的容量从中抽取　部分作为本期的解决

方案；又如，现有网络存在问题，则本期网络建设的原则是首先解决这些问题（扩容网络通过内部途径了解，搬迁网络从客户了解）。

4．系统设计参数要求

系统设计参数包括每用户 Erl 容量、阻塞率、数据业务速率、覆盖率等，根据客户要求可以调整。这些参数需要分密集城区/城区/郊区分别给出，如每用户 Erl 容量，密集城区可能设为 0.03Erl，而郊区为 0.02Erl。

这些参数对于系统设计非常重要，如每用户 Erl 容量和阻塞率，直接影响基站数的计算。如：

总容量为 50000 用户，每用户 Erl 容量为 0.03Erl，阻塞率 GOS=2%，每扇区可提供的话务量为 26.4Erl（目前中兴 1X 系统满配提供的容量），则有如下的结果：

要求的总 Erl 容量：50000×0.03=1500Erl

要求的小区数：1500÷26.4=56.8，取 57

每小区需要配置的业务信道数：查 Erl 表，每个扇区需要配置的业务信道数为 35。

数据业务方面的需求可能影响站点的覆盖半径，如果满足数据业务要求的覆盖半径和话音业务的覆盖半径不一致，按照二者较小的一个进行设计。

覆盖率等参数难以衡量，如果客户没有相应要求，可以在需求分析报告中去掉。

5．覆盖需求

网络规划的目的就是满足客户覆盖和容量要求，因此需要详细了解这方面的信息。

覆盖需求包括覆盖区域范围和重点覆盖区域信息。

覆盖范围包括现有网络覆盖范围、存在的问题、本期网络要求覆盖的范围等信息。

重点覆盖区一般包括繁华商业区、重要办公区、重要住宅区、流动人口密集区等，具体类型可根据客户要求更改。

6．客户可提供站点信息

网络规划要求以最小的投资满足客户的需求，所以客户可提供站点需要充分利用。

客户可提供站点可用来作为网络拓扑结构设计的基础，也可以用作电测站点等，充分利用这些站点可以节省客户的投资，同时加快网络建设速度。

7．现有无线网络站点分布和话务分布信息

现有无线网络话务分布可以为容量规划提供参考，网络站点分布可以为网络拓扑结构设计提供参考。

如果可能的话，有必要提供数据业务较多站点的信息，这样规划更有针对性。

如果没有无线网络的相关信息，也可以是固定网络接入点分布情况和放号信息。

比如联通，初期建设时设计院都是基于 G 网做的，而电信项目一般基于固定网络。

8．客户其他特殊需求

出于各种考虑，客户可能还有一些其他特殊的需求，比如不能建塔（影响天线挂高）、需要尽可能利用现有机房（影响站点选择）、搬迁网络不能更换站点等。

客户的其他需求需要通过和各级领导沟通来了解（尤其是老大），否则可能出现规划结果得不到客户认可，需要重新规划的情况，以前在江西联通的时候就遇到过这种问题。

9. 搬迁网络需要了解的信息

对于搬迁网络，除了上面的内容，还需要了解客户搬迁的动机（一般通过办事处等途径，不直接从客户了解）、现有网络存在的问题及比较成功的方面等信息。

如果客户因为现有网络存在明显问题才进行搬迁，规划阶段必须避免重犯这些错误；对客户认为现有网络存在问题的区域和存在问题的站点，规划的时候应该重点注意，如可能存在部分站点客户不准备继续采用，应详细了解这些站点信息，如果必须采用需要列出充分理由，否则不采用。

10. 各测试项目参数设置、验收标准

测试过程中参数的设置和验收的标准需要客户确定；参数设置主要涉及网络评估和频谱扫描，如果客户提不出要求，按照相关规范中的标准提请客户确认是否可行。

对网络评估，需要确定的内容包括测试路线选用、测试点选择、评分标准等。

对频谱扫描，需要确定的内容包括测试频段、分辨率带宽、测试路线选用、测试点选择等；其中分辨率带宽不能低于 10kHz，仪器的精度不够。

项目验收标准主要包括各项目的验收项、指标、要求完成的时间等内容，验收指标必须量化。一般网络规划合同中应该给出验收标准，如果没有，需要客户提供。

8.3.3　任务解决

回到 8.3.1 小节提出的任务，下面我们来详细叙述一下某市黑山子地区的 CDMA 网络规划在需求分析阶段需要进行的工作。

首先，和黑山子分公司交流，了解该区域的地形地貌信息、人口分布情况、覆盖和容量需求、参数设置要求、客户可提供站点、固定网络接入点分布情况及放号情况等信息。然后，根据客户要求覆盖的区域范围，对无线传播环境进行了简要勘察。

根据交流和勘察，得到下述信息。

1. 地形地貌和人口

黑山子镇位于东经 114 度 26 分、北纬 22 度 33 分，下辖六约、黑山子、四联、安良、西坑、大康、保安、荷坳、黄阁坑 9 个行政村和一个居委会，共 52 个自然村。全镇总面积 81.2 平方公里。

黑山子镇属丘陵地貌，地形以丘陵、台地以及冲积平原为主，其中丘陵约占 54.3%，平原仅占 13.4%，平原地区基本为墟镇往北沿深惠公路两边的地带为主以及安良、西坑一带，平均高程 40～60m。西部及南部以台地为主，南部狮子石及东部园山为高丘陵地貌，高程在 300～500m 之间。

黑山子镇是某市东部重要交通枢纽，某一级公路贯穿全境，某境内有两条高速公路已经开通，某铁路南北向穿境而过。镇区交通发达，已建成主次干道和支路等道路网络 90 多公里。

黑山子部分区域非常密集，起伏比较多，地形地貌比较复杂，需要选用站点进行电测。

黑山子镇人口数约 40 万～50 万，其中户籍人口 2 万～3 万。镇区较繁华的中心区主要集中在六约、黑山子、四联三地，镇政府机关、宾馆、大型商场、高档住宅区、休闲广场、娱乐场所遍布期间，这片区域收入比较高，是本次规划覆盖重点区域，需要考虑话务分担；黑山子村北及保安、荷坳、大康以工业区为主，地物以大型低矮厂房为主，多为外来打工人员，是很大的潜在用户群，但收入相对较低，网络建设初期以覆盖为主；安良、西坑、黄阁坑以农林业为主，工业区相对较少，人口密度和收入都相对较低，也以覆盖为主。

2．无线网络频点环境

本项目沿用原有基本载频 283。

由于无法通过无委了解当地无线网络频点使用情况，需要进一步根据后续了解到的情况决定是否进行频谱扫描。暂时按照没有干扰进行规划。

3．客户发展战略和系统参数设计

本项目为新建网络，容量和沙湾、坂田、龙华一起考虑，总容量需要根据申请到的投资总额确定，原则上总数不超过 50000，要求各区域不超过现有固话放号的 1/3。

系统参数设计要求如表 8-1 所示。

表 8-1 系统参数设计要求

参数类型	密集城区	城区	郊区
工作频点		283	
每用户 Erl 容量	0.03	0.03	0.03
阻塞率	2%	2%	2%
边缘覆盖率	90%	75%	75%

此外要求覆盖边缘的前向接收功率为−80dBm。

4．覆盖需求

本期网络建设以深惠公路沿线为主线，重点保证六约、黑山子、四联等繁华中心区及高档住宅区的覆盖。

道路重点覆盖某省级公路和某高速，保证这两段公路在黑山子区域内的连续覆盖。

说明：不同的字母代表不同的重点覆盖区类型，具体见《需求分析报告》模板。

5．放号情况分布

黑山子分局目前手机总数近 5 万，基站数 230 个，但是用户无法提供基站的经纬度等信息，只在地图上标出这些点，需要进行实地勘察。

6．客户特殊需求

在城区内基本不能加铁塔。

此外客户不需要进行网络评估，不用进行频谱扫描。

8.4　站点勘察

8.4.1　任务的提出

任务：仍选用前面 8.3.1 小节中的案例，某工程师需要在某市黑山子地区做一个 CDMA 的一期网络规划，本项目规划的站点除了 3 个客户可提供站点，其余 20 个都是规划站点，请问站点勘察阶段需要做哪些工作？

8.4.2　站点勘察的原则

站点勘察包括两部分的工作：一部分是可提供站点的勘察，另一部分是规划站点的勘察。

1. 可提供站点的勘察原则

可提供站点的勘察是指在网络规划过程中，客户会提供一些站点或者规划勘察的站点，规划工程师需要通过对客户提供的或者规划勘察的站点进行可提供站点的勘察，目的是通过可提供站点的勘察，从中选择符合客户要求的站点。这种选择需要遵循以下一些原则。

（1）朝向：扇区正对方向（对规划站点为规划方向）不能有明显遮挡，避免影响网络拓扑结构，以免某些区域无法覆盖。

（2）高度：城区站点应能使天线挂高超出周围 10～15m（非常密集区域可以 10m 左右），郊区站点超出周围 15m 以上；对于超远覆盖站点，根据要求覆盖的范围计算天线挂高；对于规划站点，建筑物高度不应该超出规划高度的 1.3 倍。

（3）干扰：避免和其他系统之间的干扰，选择能够解决相互干扰的站点。

（4）GPS：立体角不能小于 90°（GPS 架设位置可看到天面的表面积不能小于天体表面积的 1/4，即 πR^2，球体的表面积为 $4\pi R^2$）；

（5）天馈：楼顶/塔上有足够的位置架设天馈。

（6）基础条件：能够提供机房，能够解决传输和电源的问题。

（7）位置：对规划站点，站址距离规划位置不能超出 1/4 覆盖半径。

这些条件可以采用一些手段来满足，高度不足、遮挡等问题。如：高度不够，可通过加建铁塔满足；某个方向有遮挡，只要不影响拓扑结构，可以在该方向不设扇区等。

这些原则中最重要的是前面 3 个原则，下面对前 3 个要求做详细说明。

（1）扇区正对方向不能有明显遮挡

遮挡对于覆盖影响很大，遮挡物后面区域容易形成阴影，出现覆盖盲区；另外，扇区正对方向的遮挡易对信号形成反射，可能造成导频污染等问题，影响相反方向区域的覆盖；应避免出现扇区正对方向存在严重遮挡的问题。

站点周围有建筑物是不可避免的，那么，什么样的建筑物造成的遮挡算作严重遮挡呢？建筑物对天线信号的遮挡和三个参数有关：波束宽度、天线主瓣到建筑物的距离，以及建筑物的尺寸（宽度或高度）；目前采用简单的标准来衡量是否严重遮挡：对于比较大的遮挡物，以是否将整个主瓣方向都挡住为标准；对于比较小的遮挡物，可以按照下面的计算公式

来衡量是否会出现严重遮挡。

目前常用天线一般都是水平波束宽度很大，而垂直波束宽度（即垂直波瓣角）比较小，这样容易出现的情况是垂直方向波束被遮挡住。

基于垂直方向避免出现遮挡来计算天线主瓣到建筑物的距离要求：

对于比较大的遮挡物，假设垂直波瓣角为 α，遮挡物超出天线的高度为 H，遮挡物到基站的距离为 L，则 L 应满足 $L > H/\tan(\alpha/2)$。

例：垂直波瓣角为 7°，高度差为 20m，则距离要求为 $L > 330$m。

对于比较小的遮挡物，要求的距离为：

$L > 2 * \lambda * (180/(\alpha * \pi))2$ 其中λ为波长；

$f = 800$MHz： $\alpha = 7°$ $\Rightarrow L > 50$ m； $\alpha = 16°$ $\Rightarrow L > 10$ m；

$f = 1900$MHz： $\alpha = 7°$ $\Rightarrow L > 22$ m； $\alpha = 16°$ $\Rightarrow L > 5$ m。

（2）站点高度要求

为了满足覆盖的需求，对站点可以实现的天线挂高也有一定的要求：对城区站点，要求比周围平均高度高 10～15m（密集城区站点可以在 10m 左右）；对于郊区和农村站点，天线挂高应超出周围平均高度 15m 以上；对于超远覆盖站点，根据覆盖范围计算满足覆盖需求的天线挂高。

如果天线挂高过高，如密集区超出周围 20m 以上，易出现信号辐射范围过大，对周围站点形成很大干扰的问题；如果天线挂高达到 60m 以上，可能出现"灯下黑"现象，基站附近室内易出现盲区；深大市话通和其他项目都出现过这种情况，最后通过降低天线高度（从楼顶塔上降到楼顶）或更换站点（楼过高）才解决问题。

如果天线挂高过低，如郊区超出周围平均高度不到 10m，会造成覆盖范围过小，不能满足覆盖要求等问题；这种情况一般可以通过加高来解决，如加长抱杆、增高架或铁塔等，但在站点选择时必须确保这一类站点承重等能够满足要求，如不是框架结构肯定不能加铁塔。

对于规划站点，要求能提供的天线挂高和规划高度接近；对于可以采用增高方式的站点，建筑物高度可以低于规划所得高度，但不能高于规划高度 30%，以避免覆盖范围过大；如果楼顶有塔，规划高度最好位于楼面到塔的顶层平台之间。

对于某些客户要求采用的过低的站点，比如客户的机楼，能够提供传输和电源，只要没有明显的遮挡，建筑物承重等满足要求，可以通过加长抱杆或铁塔的方法解决。

（3）避免和其他系统之间的干扰

CDMA 系统可能对其他系统造成干扰，也可能受到其他系统的干扰，需要在规划的时候综合考虑这些因素。下面重点分析 CDMA 系统和 GSM 系统之间如何避免干扰。

对于落在同一个频段的无线系统，肯定会相互干扰，450MHz CDMA 系统存在这种问题比较多，这种信号必须清除才能避免干扰；对于频段相近的情况，由于发射系统带外抑制能力有限，也可能造成干扰，这种情况可以通过隔离来避免干扰。

对于接收频段接近 CDMA 前向发射频率的系统，CDMA 系统很可能会影响它的接收，如 800MHz CDMA 可能影响 900M GSM；对于发射频段接近 CDMA 反向接收频段的系统，可能会影响 CDMA 的接收（底噪抬高），如 1.9GHz CDMA 系统可能受到 1.8GHz GSM 的干扰。

如果需要和 G 网共站，怎么架设天线可以使干扰减到最低呢？考虑到接收端的信号强度应该是发射功率＋发射端增益＋接收端增益-路损天线，应该尽量使发射端增益＋接收端增益减到最小，而天线上下及侧面和后面的旁瓣增益比较小，应该使两根天线处于上下或同一个平面。如果天线位于同一根抱杆的上下方，考虑到天线一般都会有一定的下倾角，应该尽量使发射天线位于抱杆的下部，这样天线的下倾角可以减少干扰。

对 1.9GHz CDMA 系统，可以通过和 1.8GHz GSM 天线保持一定距离，用水平隔离方式满足要求；也可以通过和 GSM 采用同一个位置，垂直隔离满足要求；由于 GSM 系统带外抑制能力不清楚，无法计算具体要求隔离的距离。

对 800MHz CDMA 系统，同样可以采用水平隔离或垂直隔离解决可能对 900M GSM 的干扰。

对于具体的隔离要求，可以从《站点勘察与选择规范》中查到。

除了和 GSM 的隔离，还需要和其他频率相近设备隔离，应该尽量避免将基站设置在大功率电台、频率相近的寻呼、微波等设备附近。

其他系统具体的隔离要求需在得到使用的频点等信息后才能计算出。

2．规划站点的勘察原则

规划站点勘察阶段的工作就是把网络拓扑结构设计阶段得到的规划站点对应到实际环境中，找到满足覆盖和容量要求的实际站点。

3．可提供站点的勘察与规划站点的勘察的区别

规划站点的勘察工作内容和可提供站点的勘察接近，都是进行站点的勘察，主要的区别是规划站点的勘察是根据一组数据去寻找满足要求的站点，也就是说该站点目前还并不存在，而可提供站点勘察阶段是对实际存在的站点进行数据收集。

8.4.3　站点勘察的工作内容

1．可提供站点的勘察工作内容

可提供站点的勘察阶段的工作就是对需求分析阶段得到的客户可提供站点进行勘察，收集这些站点的高度、经纬度等信息，以及周围区域的地形地貌信息。本阶段也是一个对规划区域无线传播环境详细了解的过程，可以根据对客户可提供站点的勘察，确定是否进行电测，并根据地形地貌进行电测站点的选择。

一般来说，站点勘察分以下几个过程。

（1）对规划区域地形地貌了解情况，对需求分析阶段得到的客户可提供站点进行筛选，给出需要在当前阶段勘察的客户可提供站点。

（2）分配勘察任务，将所有站点分配给各勘察小组，在地图上标出需要勘察站点的位置；勘察人员做好勘察前的准备工作。

（3）勘察人员找到可提供站点，实地勘察，填写相应的站点勘察报告；勘察报告中必须附上站点周围环境照片。

（4）网规人员根据勘察报告及照片检查每个站点是否满足站点选用原则，不满足要求站点淘汰，其余站点作为候选，在网络拓扑结构设计阶段确定是否选用。

（5）网规人员根据勘察报告及周围站点、地形地貌情况，给候选站点选择合适的站型及天线，天线选用原则参考天线选用的相关规范。

（6）仿真工程师根据勘察报告、地形地貌及现有模型库资料，给每个站点选择适用模型，对于没有合适模型的地形地貌，在无线环境测试阶段进行电测校模。

（7）所有站点勘察完成后，填写相应报告，可提供站点勘察阶段结束。

2．规划站点的勘察的工作内容

规划站点的勘察需要执行的操作主要有以下几点。

（1）对规划站点进行排序，一般按照如下的原则：先勘察密集区中心站点，再勘察周围站点，连续两天的勘察任务尽量不要连成片，以便网规人员有时间对前面勘察的站点进行验证，实地勘察得到的站点可能和规划站点相差比较大，网络拓扑结构需要相应调整。

（2）网规人员给勘察人员下达勘察任务，给出准备勘察站点拓扑结构设计阶段得到的信息，包括经纬度、天线挂高、扇区朝向等，并在地图上标出；勘察人员和客户相关人员一起进行设备等的准备。

（3）实地勘察。

（4）勘察人员根据网规人员提供的站点信息，找到这个经纬度。

（5）以该位置为轴心，1/4 覆盖半径内，找到和网规人员提供的天线挂高最接近的2～3 个建筑物（可以稍低），作为候选站点；如果该位置附近有客户可提供站点（或者可提供站点勘察阶段没有勘察），则只有在可提供站点不符合要求的情况下才能选择其他站点。

（6）对每个候选站点进行勘察，给出勘察报告和周围环境照片。

（7）网规人员根据勘察报告和照片，对勘察结果进行审核，如果有多个候选点满足站点选择要求，根据技术要求给出优选顺序；如果没有站点满足要求，该站点需要接下来重新勘察；根据站点环境及其他信息，选择天线类型。

（8）对超过 5 个站点的项目，需要进行仿真；用最佳候选点代替规划站点，选用合适模型进行仿真；如果有多个候选点，一个不行可以用其他替代，如果没有满足要求的候选点，则该规划站点需要重新勘察。

（9）规划站点的候选点通过验证后，提请客户和业主商谈建站事宜，如果没有候选点可以租下来，需要重新勘察选点。

（10）所有站点勘察完成且选定后，规划站点勘察阶段完成。

8.4.4 任务解决

回到 8.4.1 小节提出的任务，下面我们来详细叙述一下某市黑山子地区的 CDMA 网络规划在站点勘察阶段需要进行的工作。

我们需要把站点分为两部分来进行勘察，一部分是 3 个客户可提供站点，我们需要做的是可提供站点的勘察。

（1）根据和黑山子分公司交流得到的需求分析结果及实地勘察情况，黑山子地形环境非常复杂，需要对可提供站点进行勘察。

（2）勘察人员对客户方给出的可提供站点进行了勘察，提交了相应的勘察报告和照片。

（3）规划人员根据勘察报告和照片，按照相关原则进行了审核，提出相应的站点规划。

（4）这些站点都位于城区，根据站点选择规范及天线选用规范，站型选用 S111，天线选用 65° 水平波瓣角，7° 垂直波瓣角。此外，黑山子项目规划的站点除了 3 个客户可提供站点，其余 20 个都是规划站点，需要实地勘察得到，包括 16 个 S111、3 个 S11 和一个 O1。对于这 20 个规划站点我们要做的是规划站点的勘察，具体实现过程如下。

（1）制定计划：首先勘察黑山子中心区剩余的六个站点，然后勘察法院方向规划的站点，然后对六约方向进行勘察，最后勘察安良村方向。

（2）执行勘察：下面以一个站点为例，给出规划站点的勘察过程。

● 规划站点暂命名为排榜村，经纬度为 114.217355/22.588149，天线挂高 25m（该区域地势较高），朝向为 0/120/240，覆盖半径 800m。

● 根据经纬度，找到规划站点位置，发现正好是一个工厂，厂房才 3 层，高度不到 15m，而且与业主交谈时，对方提出不可能在楼顶加塔，只能选择周围建筑物。

● 从排榜村的制高点上看出，规划站点附近有四栋 6 层农民房，距离都不超过 150m，高度可以满足（楼顶加长抱杆或楼顶水塔加抱杆即可），且周围没有遮挡；按照距离规划站点远近，排定勘察顺序。

● 第 1 个候选点业主明确表示不会租给电信作基站，虽然距离规划站点只有约 50m，只能放弃；第 2 个和第 3 个候选点都进行了勘察，拍摄了照片，填写了相应的勘察报告；第 4 个候选点业主不在家，无法上到楼顶，没能勘察。

● 规划人员对两个候选点进行了检查，基本上都满足要求，第 2 个候选点为规划站点偏东约 120m 处，列为最佳候选点；第 3 个候选点为规划站点北面约 180m 处，列为备选点（对网络拓扑结构影响相对较大）；选用 65° 天线。

● 用候选点替代规划站点，进行仿真，天线挂高设为 25m，发现东面软切换区域较大，而西面出现覆盖盲区；将第 2 扇区天线下倾角从初始 3° 调整为 5°，第 3 扇区朝向由 240° 调整为 260°，天线挂高调整为 28m（准备放到水塔上加长抱杆），再次执行仿真，仿真结果满足要求。

● 客户和业主确认可以提供机房和天面后，证实该候选站点可用。

（3）在其余站点的勘察过程中，周围比较稀疏区域发现存在没有可用站点的情况，主要有：高度不够，没有可用站点；业主不答应建站；过高建筑物形成遮挡等；通过对网络拓扑结构进行微调基本解决，最终的仿真结果满足覆盖要求。

（4）所有站点勘察完成并通过仿真验证后，本阶段结束。

8.5　网络评估

为了了解网络状况，规划时针对存在的问题考虑解决方案，有必要对现有网络进行评估。只有在对网络状况不熟悉时才需要。

详细网络评估的分析处理过程见《CDMA 无线网络评估》。

8.6　无线环境测试

无线环境测试包括频谱扫描和场强测试（Field test，也就是我们通常所说的电测）。

频谱扫描用于确保无线环境不受干扰，包括扫描和干扰查找两部分内容，一般来说网络运营商和设备制造商只做扫描工作，干扰查找只能由无委执行该操作。

场强测试用于得到相应的无线传播模型，只有确保没有现成可用模型，且网络比较复

杂，需要进行仿真的情况下才需要执行场强测试。

8.6.1　任务的提出

任务一：某工程师需要在某市某区进行网络规划，该市 800MHz 项目频点占用比较多，需要找出相对比较干净的频点，并且某市运营商提出了频谱扫描的要求。请问在频谱扫描阶段需要做哪些工作？

任务二：某工程师需要在某市进行网络规划，在站点勘察后，选择了对某个区域进行场强测试，请以该区域为例给出实际的场强测试过程。

8.6.2　无线环境测试的工作内容

1．频谱扫描

对于完整的频谱扫描，应该包括路测和定点测试；路测用于发现哪些区域可能存在干扰；定点测试用于找出干扰的频段、比较具体的位置或方向、干扰强度等详细信息。

频谱扫描需要执行的工作如下。

（1）选择测试路线，应该包括所有区域的主要道路。

（2）执行路测，包括前反向。

（3）分析路测结果，选择电测点。如果路测发现存在干扰，在该区域选择测试点；对于路测没有发现干扰的区域，需要隔一定的区域选择测试点。

（4）对选定的测试点执行测试：首先将记录方式设置为频谱实时变化，用八木天线缓慢旋转一周，找出是否存在恒定的干扰；然后设置为峰值保持状态，分方向进行测试。

（5）对测试数据进行处理，找出干扰信号，计算是否会对 C 网系统产生干扰。

（6）提交相应报告。

说明：频谱扫描的过程不涉及干扰源查找。

2．场强测试

一般在需求分析阶段确定是否进行场强测试，如果需要测试，可提供站点勘察阶段会选定测试站点。

场强测试阶段需要执行的工作如下。

（1）选择测试站点。

（2）针对每个测试点选点测试路线。

（3）架设设备，设置参数，执行测试，测试范围可以根据测试情况调整，需要一直跑到接收功率不高于-120dBm 的区域。

（4）将测试数据导出，生成校模工具能够处理的文件格式。

（5）用校模工具校正出符合当前无线传播环境的传播模型。

说明：第五点严格意义上来说不属于场强测试的范围，属于数据的后续处理，只是因为它也属于场强测试阶段需要做的工作，所以列在这里。

8.6.3　任务解决

回到 8.6.1 小节提出的任务。

任务一： 800MHz CDMA 系统项目频点占用比较多，需要找出相对比较干净的频点。

下面是频谱扫描的实际操作过程。

（1）首先对规划目标区进行路测，发现在该区域的某商厦出现干扰。

（2）GPS 记录某商厦的位置后，进行定点的扫描。连接好设备，八木天线用支架架稳，放在楼顶最高的位置，周围都没有遮挡；以八木天线尾端为轴心，用指南针画出 0°、45°、90°、135°、180°、225°、270°、315°等方位。

（3）开始测试，将频谱仪测试范围设置为 832～835MHz，设为频谱实时变化方式进行记录，缓慢旋转八木天线一圈（约 2 分钟），查找是否有恒定干扰，发现该商厦附近的某电信楼在 833.5MHz 位置存在恒定干扰，各个方向都存在，说明可能有稳定发射的设备。

（4）将频谱仪改为峰值记录模式，八木天线对准 0°方向，测试 2 分钟，记录数据；依次对其余 7 个方向进行测试。

（5）根据测试结果，分方向计算是否存在干扰；总体而言，对于三个频点 283/242/201 都存在干扰；其中 201 和 242 频点的干扰相对小一些，各站点一般比底噪抬高约 5dB，而 283 频点干扰多且比较强，合并后比底噪抬高 10dB 以上。

（6）建议客户选用 201 和 242 频点中的一个。

任务二： 下面以该站点为例给出实际的测试过程。

（1）选择测试路线：由于该站点附近某公路隔断南北，按照先跑南面，再跑北面的方式选择路线；该公路路面比较宽，选择路线的时候只有在从南到北的时候才经过；选择的路线东到某中心城，西到某检查站，南到南面丘陵，北到某花园，由于地形的限制，测试范围已经基本到极限，满足-120dBm 的要求。

（2）架设设备：天线（全向天线）架在楼梯间顶上，以避免被楼顶其他物体影响。

（3）参数设置和记录：记录天线挂高、经纬度等参数，将发射功率设置为 40dBm，频率设为 1976.25MHz（925 频点，接近实际系统的 975，考虑到市区开通了网络，可能会有微弱信号影响到黑山子，为了测试结果准确，采用相邻的频点），开始发射。

（4）架设好场强测试设备，设置好测试参数后，保存文件，按照选定的路线开始测试；

（5）所有路线测试完成后，停止记录，拆卸设备，测试完成。

（6）从场强测试仪器中导出校模工具能够认可的文件。

（7）得到符合该区域地形地貌的无线传播模型。

8.7　网络拓扑结构设计

8.7.1　任务的提出

任务： 回到 8.3.1 小节，某工程师需要在某市的黑山子地区做一个 CDMA 的一期网络规划，请问在网络拓扑结构阶段需要做哪些工作？

8.7.2　网络拓扑结构设计的工作内容

网络拓扑结构设计阶段的目的是得出理论上满足覆盖和容量要求的网络架构。网络拓扑结构设计阶段包含的工作如下。

（1）根据前期得到的无线传播模型（通过场强测试得到或利用原有模型），得到相应的链路预算表，根据该区域大致的建筑物高度，可以得到满足覆盖要求的大致小区半径。

（2）根据客户总的容量需求，以及需求分析阶段各区域话务分布情况，对规划区域的各个片区进行容量分配；根据每个站点可带的话务量，可以得到各片区需要的基站数；根据这片区域的面积，可以得到满足容量需求的大致小区半径。

（3）各片区实际规划的覆盖半径，取满足覆盖和容量需求小区半径中较小的一个。

（4）以符合站点选择要求的客户可提供站点为基础，搭建网络拓扑结构，每个站点用一个正六边形表示，边长为 $\sqrt{3}/2$ 倍覆盖半径（具体），对于不符合网络拓扑结构要求的客户可提供站点，舍弃不用。

（5）在没有可提供站点的空缺位置，添加站点，这些站点并不是现实存在的，而是满足要求的理论上的站点。

（6）根据上面过程得到的站点为规划站点，规划站点的朝向根据各站点的相对位置确定；天线挂高根据要求覆盖区域大小，通过链路预算表得到（实际的拓扑结构不可能完全理想，小区覆盖大小很可能和前面得到的小区半径不一致，需要计算天线挂高）；根据天线选用的相关知识和规范选用天线并计算初始下倾角。

（7）仿真如果不满足覆盖要求，需要对存在问题区域进行调整，重新规划。

（8）输出规划站点信息，用于后一阶段的规划站点勘察。

8.7.3　任务解决

回到 8.7.1 小节提出的任务。

任务：黑山子项目的网络拓扑结构设计实际操作过程。具体如下。

（1）从可提供站点勘察阶段的案例介绍可知，六约机楼、黑山子机楼、镇政府、深坑村、康乐花园、黑山子法院和塘坑村委等客户可提供站点满足站点选用要求。

（2）根据前面校正出来的模型，对于密集城区，天线挂高为 30m 的情况，覆盖半径大约 600m；对于一般城区，28m 的天线挂高，覆盖半径大约 1km。

（3）根据需求分析阶段得到的信息，整个黑山子区域的容量不能超过 16000 用户，每用户 0.03Erl，总话务量不能超过 480Erl；每个小区配置 13.2Erl，这样至少需要 37 个扇区。

（4）从话务分布密度看，中心区容量占黑山子总容量的大约一半，可以设置 8 个站点满足容量要求，覆盖半径应控制在约 500m；西面的六约康乐区域可以配置 3 个站点，该区域覆盖受限，覆盖半径按 1km 规划；东北方向的黑山子法院方向话务量也不是很大，覆盖受限，应该设置 3 个站点，该区域比较稀疏，其覆盖半径可达 1km 以上，按照 1.2km 进行规划；南面的安良村等区域话务很小，覆盖受限，需要 4 个以上站点，按照 1.5km 半径进行规划。

（5）根据上面得到的信息，搭建网络拓扑结构，其中中心区到安良村之间的山区不考虑覆盖，根据覆盖半径、地形地貌等规划。

（6）根据网络拓扑结构，深坑村、康乐花园、黑山子法院和塘坑村委不符合要求，其中康乐花园高度不够且无法加高，其余 3 个位置不合适。

（7）以六约机楼、黑山子机楼、镇政府为基础，对于空缺区域进行加站，加上前面 3

个共规划站点 23 个，其中 S111 站点 19 个，S11 站点 3 个，O1 站点 1 个；其中两个站点用于覆盖机荷高速黑山子段。

（8）根据实际要求覆盖的范围，计算得到各规划站点的参数。

（9）执行仿真，满足覆盖需求。

8.8　仿真

仿真阶段主要用于对规划站点汇报后提出的各种方案进行仿真验证，对各种方案进行比较；同时给出满足覆盖需求的合适无线参数。

仿真阶段的工作一般包括如下内容。

（1）网络拓扑结构设计和规划站点勘察阶段实际上已经执行了仿真，本次仿真基于前面的结果，不需要做大量输入站点等简单重复工作。

（2）根据规划结果汇报阶段得到的信息，提出解决方案。可以有多个方案，分别为方案 1、方案 2……针对不同方案形成相应工程。

（3）对各工程执行仿真，调整无线参数，使各工程都达到最佳效果。

（4）输出仿真结果及无线参数，对不同方案进行比较，给出最佳方案。

8.9　PN 规划和邻区列表设置

合理设置 PN 和邻区列表，可以确保新入网站点不会对现有网络造成太大的影响。不合理的 PN 规划可能出现导频复用不合理等问题，造成大面积掉话；邻区列表设置不完全或不准确，可能出现无法切换导致话音断续、掉话等问题。

本阶段包括 PN 规划和邻区列表设置两方面的内容，下面分别介绍操作步骤。

1．PN 规划需要执行的工作

（1）设置合理的 Pilot_Inc，一般选择 3 或 4，设置原则参考相应的 PN 规划设置规范。

（2）选择准备采用的 PN 资源，形成可使用的 PN 资源组；为了方便扩容，可以在可提供的 PN 资源基础上，预留一半用作扩容；以 Pilot_Inc=4 为例，可提供资源为 42 组，选用 21 组作为基础组。

（3）从所有站点中，选择最密集区的 21 个站点作为 PN 复用的基础组，要求这些站点连成一片，最好是比较方正的形状。

（4）将周围的站点分组，每组基站数≤21 个；对于每个复用组，根据各站点的相对位置，选择和基础组中的基站对应，各组对应站点采用同样的 PN 资源，选择过程中应该考虑尽量保证复用距离。

（5）以站点分布最稀疏的一个基站复用组为基础，给每个站点选择 PN 资源，选择过程中必须考虑避免出现 PN 混淆；其他复用组对应得到 PN 资源；如果其他组个别站点出现 PN 复用的问题，可以对整体进行微调。

（6）由此得到 PN 规划结果。

2．邻区列表设置需要执行的工作

针对入网前的新建站点，对于实际网络中的站点，可以根据后台统计的切换次数进行调整。初始邻区设置需要执行的工作如下。

（1）将站点放到网络拓扑结构中，得到周围可能发生切换站点的分布情况。

（2）首先将本站点的其余扇区设为邻区；周围第 1 层小区设为邻区；正对方向的第 2 层小区设为邻区。

（3）邻区要求尽量互配，可以使用工具 Cellmatch 检查邻区是否互配，也可以在 OMC 后台配置过程中，选中要求互配的项。

（4）如果出现数量超标的情况，可以不完全互配。

（5）将邻区配置到后台。

8.10　CDMA 网络规划与网络优化的关系

前面我们主要对网络规划和网络优化的概念进行了简单的探讨，下面我们将探讨一下网络规划与优化的相关性，即两者之间的相互作用、相互影响。为了说明清楚这个问题，我们将从两方面进行分析。

1. 网络规划是网络优化的基础

任何一个网络的建设，都是基于网络规划加以工程施工和后期调整，因此可以认为，网络规划是网络建设这个金字塔的最顶层，是网络的发展纲领，是工程建设的灵魂，它的科学性和准确性，直接影响着整个网络的性能。如果网络规划得好，站点布局、站高、天馈系统选择合理、参数设计正确，其后的网络优化工作就能事半功倍，网络将会处于良性循环状态；相反，如果规划不合理，就会导致网络后期频繁性的调整，这不但会造成资金的浪费，而且会严重影响网络的稳定性。

2. 网络优化是规划的修正与补充，同时为后续的规划提供可靠的依据

网络优化是在基于现网网络布局的基础上，运用各种手段，对现网进行调整，使网络的结构更加合理。如通过相关参数的调整，解决规划中由于邻区、PN 设置不合理导致的掉话问题等；通过天线方位角、俯仰角的调整，解决了可能出现的导频污染或深度覆盖不良的问题等。网络优化是对规划、设计及工程中的缺陷进行修正完善。

网络优化是个持续开展和逐步深入的过程，其中一个主要的工作特征就是注重数据采集和数据分析，因此它积累了大量的 DT 和 CQT 测试数据、统计数据等，并在这些数据的分析基础上，逐渐熟知整个网络的覆盖情况、话务情况和存在的问题点。而这些数据，正是网络规划工作开展的依据，因此网络优化为规划提供了详实的数据基础；此外，网络优化可以通过相关路测数据校准网络规划的模型，提高网络的准确性。也正基于此，加上有了前期对规划问题的处理经验，网络优化可以在规划站点设置、参数设置上提出相关的参考建议等。

8.11　CDMA 与 GSM 网络规划的区别

GSM 主要采用时分/频分多址的无线接入方式，它的无线网络规划一般可以分为两步。规划的第 1 步主要是无线路径衰耗的预测，以便保证所需业务区域的无线覆盖。通常只对下行链路进行计算，因为 GSM 技术不考虑上行链路的情况。第 2 步是由网络规划工程师分析

所需的小区容量，根据计算得到的小区搜盖面积，就可借助电子地图估算各个小区的业务量，再通过话务量模型（如 Erlang-B 或 Erlang-C）估算出所需的信道数目，从而进行频率规化，就是给基站分配频率，要做到相同的频率只能在具有足够间距的小区内重复使用，以免产生干扰。通常在对 GSM 系统的无线规划中，主要考虑的是话音业务和少量的数据业务（例如 SMS 业务），这样对于给定信道数量，小区的容量是一个常数。因此在 GSM 的无线规划中，覆盖和容量的规划可以分别独立地进行。

CDMA 网络规划与 GSM 网络规划相比，其代价要大得多。CDMA 网络规划是极其复杂的，因为许许多多的系统参数紧密相关，必须同时计算。此外，在 GSM 网络中，详细的无线网络规划重点在于覆盖规划，而在 CDMA 网络中详细的网络规划不仅要对覆盖进行规划，而且更重要的是要对干扰和容量进行分析，网络规划就是对受干扰影响的覆盖和容量进行不断研究及调整的过程。所以，CDMA 网络规划和优化的工作归根结底是解决覆盖、容量和服务质量三者之间的关系。

1．干扰受限的特点

CDMA 和 GSM 最大的不同是具有干扰受限的特点，也就是说干扰的大小决定了系统的容量。在 CDMA 中，无线频率的复用因子为 1，同一频率被分配在所有小区中，所有用户在同一时间工作在相同的频率信道中，这导致每个用户都产生了同频干扰。所以说，CDMA 是一个干扰受限的系统。

正是因为 CDMA 的重要特点是自干扰性，而且相邻小区都使用相同的载频，任一个周围的小区对该小区都是干扰源，因此不但 CDMA 各小区之间存在相互干扰，同小区内不同用户之间也会相互干扰。除此以外，影响干扰强弱的因素很多，比如干扰源的多少，干扰源到接收机路径上的地形、地物，干扰源到接收机的距离，干扰源的移动速度，干扰源的发射功率大小，干扰源的位置高低等。这样纷繁复杂的情况是无法通过数学建模方法来准确分析的，只能通过无线网络优化如路测等手段分析解决。

2．呼吸效应

对于 CDMA 网络，小区中用户数、用户数据速率和话音激活因子会影响用户终端在通信过程所需的功率大小，这也就意味着基站覆盖的有效范围——小区大小是随着小区中激活的用户数 N，用户数据速率 R_b、激活因子 a 在不断变化的。所以，CDMA 网络规划工程师面对的是一个动态变化的网络。这种小区面积动态变化的效应称为"呼吸效应"。"呼吸效应"是 CDMA 中的一个重要特征。所以，容量和覆盖规划在 CDMA 中不再是两个分开的任务，而是很大程度上交织在一起，需要平衡后综合考虑。

3．远近效应问题

CDMA 网络的另一典型问题是所谓的远近效应问题。因为同一小区的所有用户分享相同的频率，所以对整个系统来说，每个用户都以最小的功率发射信号显得极其重要。我们举个派对的例子，房间里只要有一个人高声叫嚷，就会妨碍所有其他在座客人的交流。在 CDMA 网络中，可以通过调整功率来解决这一问题。这种所谓的快速功率控制机制已经在 CDMA 硬件得到了实现。但是当某一用户远离基站时必须得到很大一部分发射功率，以至供给其他用户的功率发生紧缺。这意味着小区容量与用户的实际分布情况有关。当用户密度很大时，可以用统计平均值解决这个问题；而当用户数量很小时，则必须通过模拟方法对网络进行动态分析。

4. 上行链路和下行链路

CDMA 网络的业务量是非对称的，也就是说网络上行链路和下行链路的数据传输量有所不同。首先必须分别计算两个方向的值，然后把两者适当地结合起来。这样，网络规划工作就会非常复杂。上行链路是 CDMA 小区有效范围一个典型的限制因素，或者说上行链路是受覆盖范围限制的（coverage limited）；而下行链路是受容量限制的（capacity limited）。在上行链路发射功率由用户手机提供；而在下行链路发射功率由基站供给。因此，小区容量在上行链路和下行链路的小区半径相等。

由于在我国已经有 GSM 网的经验，所以从运营商那儿可以得到比较好的用户话音业务量行为，从而可以建立一个比较好的话音业务模型。但对于数据业务，还需要经过比较长的一段时间才能建立起比较符合实际的业务模型。

实际上网络还必须同时满足各种不同业务的需求。所以，网络规划工程师要综合考虑各种业务。对通信质量要求不高的业务，CDMA 小区有着较大的覆盖范围；反之，对一些通信质量要求很高的业务，其小区覆盖范围就很小。这样，网络规划工程师在实际工作中不可能只考虑单一的 CDMA 小区半径，因为不同的业务对应不同的小区半径。如果把最小小区半径，也就是说把通信质量要求最高的业务作为网络规划的标准，那么建网成本是极其昂贵的，也是不现实的。未来的 CDMA 网络规划工程师从中级业务的小区半径着手，这样，小区实际有效范围只能部分满足高级业务的需求。

5. 不同频率间切换和压缩模式

当宏小区和微小区工作在同一载频时，移动台移动到小区边缘的情况下可能处于软切换状态，即移动台同时和两个小区保持通信，这样可以得到软切换增益。如果宏小区和微小区工作在不同载频时，移动台就可能需要在不同频率间切换，这样的话就得不到软切换增益。在执行频率间切换前，移动台必须对目标小区进行一系列的测量。由于 CDMA 的传送是连续的，在频率量度上没有空闲间隙，这就需要压缩模式或双重接收机作为一种解决频率间切换的方案。由于一般移动台不采用天线分集，所以采用压缩模式。在压缩模式下，较短的时间内通过以较低的扩展速率发送数据帧来建立测量时隙，其余的帧用于其他载频的测量。为了保证下行信号的正常发送，需将原来信号在剩余发送时间内发送，此即下行压缩模式。当测量频率与上行发送频率较近时，为保证测量效果，需同时停止上行信号的发送，此即上行压缩模式。压缩模式有许多实现选择:不同的扩频因子、编码速率增加、多编码和更高阶的调制。但压缩模式的采用也牺牲了一定的网络质量，如快速功率控制性能下降、交织性能下降等。因此，过度使用用户处于压缩模式，对网络的覆盖和容量均会产生负面的影响，规划设计时应充分考虑网络情况，适当设置。

6. 切换形式的多样性与灵活性

切换的基本概念是：当移动台靠近原来服务小区的边缘，将要进入另一个服务小区时，原基站与移动台之间的链路将由新基站与移动台之间的链路来取代的一个过程。

在 CDMA 网络中，通话状态下的切换按照移动台与网络之间连接建立释放的情况以及频率占用情况可以分为：硬切换、软切换（小区间切换）、更软切换（扇区间切换）、软/更软切换。硬切换（hard handoff）：在切换过程中，移动台与新的基站联系前，先中断与原基站的通信，再与新基站建立联系。硬切换过程中有短暂的中断，容易掉话。发生硬切换的情况包括：不同频率之间的切换；不同系统之间的切换（如：GSM 网络切换到 WCDMA 网络）；不同基站控制器或者不同基站之间，并且两者之间没有软切换通路；不同 CDMA 网络运营商的基站或者扇区之间的切换；在 GSM 网络中主要采用的切换形式为硬切换。

软切换（soft handoff）：移动台在两个或多个基站的覆盖边缘区域进行切换过程中，在中断与旧的小区联系之前，先用相同频率建立与新的小区的联系，UE 同时接收多个基站（大多数情况下是两个）的信号，几个基站也同时接收移动台的信号，直到满足一定的条件后 UE 才切断同原来基站的联系，在切换过程中，UE 同时与所有的候选基站保持业务信道的通信。

软切换仅能用于具有相同频率的 CDMA 信道之间。软切换会带来更好的话音质量，实现无缝切换、减少掉话可能，且有利于增加反向容量。更软切换（softer handoff）：发生在同一基站具有相同频率的不同扇区之间的切换，实际上是相同信道板上的导频之间的切换。

软/更软切换：移动台与一个小区的两个扇区，以及另一个小区的扇区进行的通信，所需的资源包括：原小区和目标小区之间的软切换资源加上目标小区内的更软切换资源。

软切换和更软切换的区别在于：更软切换发生在同一基站里，移动台同时向多个扇区发送相同的信息，分集信号在基站做最大增益比合并；而软切换发生在两个基站之间，移动台同时向多个基站发送相同的信息，基站内的声码器/选择器都收到同一个帧的多个复制，分集信号在基站控制器做选择合并。

 小结

采用 CDMA 技术的无线系统，相对于 GSM 技术，具有众多性能优势。然而新的技术也带来了一系列新的问题，比如容量与覆盖之间特殊的相关性、软切换对系统性能的影响、导频偏置的选择等，都给无线网络规划增添了新的研究课题。

 练习与思考

1．网络规划主要涉及哪几个方面？
2．CDMA 网络规划与 GSM 网络规划的异同？
3．简单描述网络优化的一般流程：
4．请给出网络整体接入速度慢有哪些可能的原因？
5．系统现在的自动添加漏配邻区功能的同时需要对什么数据进行修改？
6．系统时钟不准会造成什么后果？
7．手机软切换与硬切换的优缺点分别是什么？

 实训项目

实训项目一：链路及空间无线传播损耗的计算。

任务一：了解无线传播的特性。

任务二：掌握常见的电波传播模型，如奥运村哈塔模型。

任务三：学会计算上、下行最大允许无线传播损耗分别是多少。

任务四：思考上行受限和下行受限的联系与区别。

实训项目二：撰写基站勘测报告。

任务一：掌握基站勘测的基本步骤、流程。

任务二：掌握基站勘测常用工具、仪器的使用。

任务三：掌握基站选址的基本原则和注意事项。

任务四：了解天线选型的基本原则。

任务五：掌握无线勘测设计的相关文档的制作方法。

【学习目标】

（1）掌握无线网络评估过程；

（2）掌握 DT 测试的基本知识；

（3）学习 CQT 测试的基本知识；

（4）了解 PM 指标。

9.1 任务提出

任务一： 如何评估一个地区的网络质量？

任务二： 某市的万州地区需要进行一个二期搬迁，在搬迁之前需要对现有的网络进行评估，当时网络为 95 系统，只有话音业务的评估，请你写出参与相应呼叫方式、评估项目、评分标准等。

9.2 网络评估过程

无线网络评估过程如图 9-1 所示。

从图 9-1 可以看出，网络评估主要是通过路测（Drive Test，DT）、定点呼叫质量测试（Call Quality Test，CQT）和数据采集（Performance Management，PM）等方式来获取当前网络的相关性能指标，对话音业务和数据业务分别从网络覆盖情况和网络性能方面，进行各项指标的评估，由此得到网络的运营状况。

根据项目的具体情况，DT 测试和 CQT 测试可能涉及数据业务，其测试范围、测试路线、测试点和参数的设置可能与话音业务有所不同。

网络评估的大致过程如下。

1. 参数设置和计划确定

（1）基于合同约定或与运营商协商的标准，对测试路线和测试点进行选择，对测试软件中需要设置的参数等进行设定，如果合同没有约定且运营商没有要求，采用常用的参数。

（2）测试项目的选择根据合同约定或运营商的需求决定。

（3）各种测试项目的评分标准，可以根据合同约定或运营商要求确定，如果没有具体要

求，可按照本章介绍的标准进行评分。

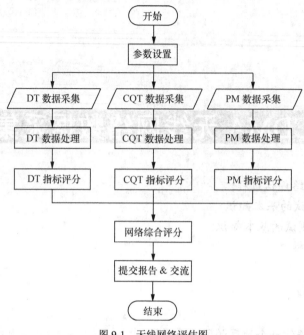

图 9-1　无线网络评估图

（4）无线网络评估计划包括时间、人员和资源的要求，其中时间安排需要运营商确认；根据资源和时间需求，DT、CQT 和 PM 可并行执行，也可串行执行。

2. 数据采集和处理

（1）根据预先确定的参数设置，进行 DT 测试、CQT 测试和 PM 数据进行采集。

（2）分别对 DT、CQT 和 PM 采集到的数据进行处理，按照标准分别进行评分。

（3）根据 3 个项目的得分，得到网络评估的综合得分。

3. 评估报告

根据测试结果撰写并输出无线网络评估报告。

9.3 评估测试设备

目前使用比较多的测试设备包括鼎力的 Pilot Panorama，安捷伦公司的 Nitro，中兴的 ZXPOS CNT1 等，日讯的 NTAS Auto DT 无线网络自动路测系统

测试终端采用安卓操作系统的智能手机替换传统的专用测试终端，并且在选择的时候挑选市场上主流价位和品牌的手机，以便得到接近大多数用户使用感知的测试结果。

对话音业务的 DT 和 CQT 测试，需要使用的设备清单如下。

数据业务测试过程中，可采用 FTP 软件从服务器下载或上传数据来测试，也可采用 Iperf 软件进行测试。测试时推荐使用 Iperf 软件。

对话音业务和数据业务的 DT 和 CQT 测试，需要使用的设备清单如表 9-1 所示。

表 9-1 　　　　　　　　　　　　　　 评估测试设备清单

编号	设备	话音 DT	话音 CQT	数据 DT	数据 CQT
1	便携式电脑	一台	一台	一台	一台
2	测试手机	一台	一台	可选	可选
3	无线上网卡			可选	可选
4	GPS&天线&数据线	一套		一套	
5	测试软件	一套	一套	一套	一套
6	点烟器&逆变器	一套		一套	
7	多功能插线板	一套		一套	

数据业务测试过程中，测试手机和上网卡二选一，而且必须保证能起到合适速率的数据业务部分测试手机对速率有限制。

9.4 　测试选择

9.4.1 　负载选择

1．忙时

（1）忙时测试是指当前网络状况下在话务最繁忙时段进行的测试。

（2）忙时测试适用于已经正式运营一段时间的网络，有利于发现现有网络条件下存在的问题。

2．无载或者轻载

（1）无载（轻载）测试是在没有用户或用户比较少的情况下对网络进行的测试。

（2）无载测试对于没有大规模放号的网络可以在正常时段进行。

（3）对于已经大规模放号的网络只能在午夜话务很低的时段进行。

（4）可准确反映网络无线侧性能，有利于与有载测试比较，发现网络中存在的问题是否由于负载导致；避免影响实际网络中的用户。

3．模拟大容量测试

（1）有载测试是通过对前向和反向增加负载模拟用户量比较大条件下的网络性能。

（2）前向通过后台配置 OCNS 信道增加负载，反向通过在手机发射端增加衰减模拟反向加载。

（3）对于没有大规模放号的网络，有载测试可以在正常时段进行；对于大规模放号的网络，只能在午夜话务很低的时段进行。

（4）一方面比较准确模拟负载，另一方面减少对实际网络中用户的影响。

实际网络评估项目采用的加载方式需要通过合同约定或与运营商协商确定，一般对于已经正式运营一段时间，且正式用户比较多的网络可采用忙时测试；对于新建网络，一般采用无载测试和加载测试。

9.4.2 呼叫方式选择

1. 话音业务测试

按呼叫时间分，呼叫方式可以分为连续长时间呼叫和周期性呼叫。

按呼叫机制分，可以分为拨打测试和马科夫（Markov）模拟呼叫，其中 Markov 呼叫可分为固定速率和变速率。

两种呼叫方式的特点和区别如下。

（1）连续长时呼叫

连续长时呼叫测试将呼叫保持时间设置为最大值，如果出现掉话则自动重呼。该测试呼叫次数很少，更能反映系统切换方面的性能，可用于里程掉话比、切换成功率、切换区比率等参数的测试。

（2）周期性短时呼叫

周期呼叫测试通过将呼叫建立时间、保持时间和间隔时间设置为一组固定值，周期性发起呼叫来测试网络性能；该测试更能反映系统的处理能力，测试结果比较接近用户的实际情况，可用于接通率、寻呼响应率、掉话率等参数的测试。

2. 数据业务测试

根据不同的业务类型，可以设置周期性呼叫或长时间呼叫。一般测试接通率可用周期性呼叫，测试单用户和扇区数据业务的吞吐量、数据业务的切换等项目时，可以采用长时间的呼叫，具体的呼叫时间根据项目可以有变化。

9.4.3 场景选择

1. 城区

城市市区、重点郊县的县城城区（含县城和人口密集型乡镇）。

2. 农村

人口密度较低的行政村、远郊开发区、厂区及周边的卫星村镇。

3. 高速公路

高速公路、国道、省道等重要公路。

4. 高铁或干线铁路

时速达 200km 的高速铁路、干线铁路、跨城市轻轨等。

5. 航道

江、河的主航道或重点风景区水道。

6. 近海海域

离岸 50km 范围内的海域，离港的主要航道，包括近海、大型湖泊，江河等存在人员交通的水域。

9.5　DT 测试

路测（Driving Test，DT）是使用测试设备沿指定的路线移动，进行不同类型的呼叫，记录测试数据，统计网络测试指标。

DT 测试根据业务类型分为话音和数据的 DT 测试，根据所属区域可分为城区 DT 测试和主要道路 DT 测试。

话音业务 DT 测试评估项目包括覆盖率、呼叫成功率、掉话率、话音质量和切换成功率；数据业务 DT 测试主要收集前反向的平均传输速率。

城区 DT 测试通过在城区路测得到城区的网络性能，主要道路 DT 测试通过对公路高速公路、国道、省道及其他重要公路）、铁路和水路的测试得到这些区域的网络性能。

9.5.1　数据采集

1．话音业务

（1）对于城区 DT 测试，车辆移动速度较低，站点比较多，不同区域网络性能相差比较大，一般采用周期性呼叫。呼叫建立时间、保持时间和间隔时间（空闲时间）的默认值分别为：10s、60s 和 5s，根据运营商的要求可以调整。

（2）对于主要道路的 DT 测试，车速比较快，为了保证数据的连贯和完整，一般要求采用连续长时呼叫，如果采用周期性呼叫，考虑到需要一定的呼叫次数才具有统计意义，呼叫保持时间一般设置为 30s，根据运营商的要求可以调整。

（3）话音业务 DT 测试主要采集如下一些数据：测试软件记录前向 FER、Tx、Rx、最强 Ec/Io、总呼叫次数、起呼成功次数和掉话次数，测试过程中记录被呼成功次数；后台统计切换成功率等。

2．数据业务

（1）数据业务测试一般在空闲时段，也就是无载或空载状态下进行，以免由于用户分布不均出现不同区域的数据不具备可比性及影响话音用户的问题，根据运营商要求可以调整。

数据业务 DT 测试主要测试对数据业务有重要需求的区域，这些区域的测试路线应尽可能的细化；对于其他可能有数据业务需求的区域，进行重点道路的测试。

（2）数据业务 DT 测试可采用 Iperf 软件，要求设置的测试时间足够长，以免出现由于软件设置影响测试结果的问题，该测试需要分前反向分别执行；也可采用 FTP 软件从服务器上下载或上传大文件来完成。

（3）数据业务 DT 测试得到应用层的前反向数据业务速率，可以用测试软件记录得到流量和位置的关系，根据记录的数据可以得到整个测试区域的平均传输速率。

9.5.2　测试方法

1．测试步骤

（1）确定测试路线：与运营商相关人员共同确定，根据数据业务和话音业务的覆盖需求

分别制定；数据业务测试路线可以和话音业务不一致。

（2）测试准备：正确连接测试设备，根据运营商意见进行数据或话音的参数设置。

（3）测试：开始记录数据，发起数据或话音呼叫，在业务区内中速运动进行测试，市区车速要求大致在 30～50km/h，重要道路以较普遍的车速进行测试。

（4）完成测试：按照既定的测试路线，完成所有区域的测试后，停止记录数据。

2．CDMA 1X 语音测试方法

（1）测试时间

测试时间安排在工作日（周一至周五）9:00～12:00，15:00～19:00 进行。新疆和西藏的测试时间由于时差延后 2 个小时。

（2）测试范围

测试范围主要包括：城区主干道、商业密集区道路（商业街）、住宅密集区道路、学院密集区道路、机场路、环城路、沿江两岸、城区内主要桥梁、隧道、地铁和城市轻轨等。要求测试路线尽量均匀覆盖整个城区主要街道，并且尽量不重复。

（3）测试速度

在城区保持正常行驶速度；在城郊快速路车速应尽量保持在 60～80km/h，不设置最高限速。

（4）测试要求

● 测试时，保持车窗关闭，测试手机置于车辆第 2 排座位中间位置，任意两部手机之间的距离必须≥15cm，并将测试手机水平固定放置，主、被叫手机均与测试仪表相连，同时连接 GPS 接收机进行测试。

● 采用同一网络手机相互拨打的方式，手机拨叫、接听、挂机都采用自动方式。

● 每次通话时长 90s，呼叫间隔 15s；如出现未接通或掉话，应间隔 15s 进行下一次试呼；接入超时为 15s；通话期间进行 MOS 语音质量测试。

● 在地铁、轻轨进行测试时，测试设备需放置于轨道交通工具的普通座位。

● 在地铁测试时，需要根据地铁行驶做相应的打点处理。

● 在测试 CDMA 网络的同时，在同一车内采用相同方法测试 GSM 网络质量，GSM 主、被叫手机均使用自动双频测试。

3．CDMA 1X 数据测试方法

（1）测试时间

测试时间必须安排在工作日（周一至周五）9:00～12:00，14:00～18:00 进行。新疆和西藏的测试时间由于时差延后 2 个小时。

（2）测试范围

同前面的城区 CDMA 1X 语音 DT 测试范围。

（3）测试速度

同前面的城区 CDMA 1X 语音 DT 测试速度。

（4）测试要求

1）将 CDMA 1X 终端、支持 cdma2000 1X 测试的路测设备安装到测试车上面。要求设

备放在车内后座，不拉伸天线。

2）测试步骤

● 在指定 PDSN 侧提供一个 FTP server，要求 FTP 服务器支持断点续传，提供用户下载/上传权限。

● 通过测试软件控制 CDMA 1X 测试终端以拨号方式建立一个 PPP 连接。利用测试软件中的内置 FTP 中的 GET 命令，从 FTP server 上下载一段大小为 1MB 的文件，当文件下载完成后，断开 PPP 连接，等待 15s，重新拨号上网，下载该 1MB 的文件；行驶期间重复进行测试；记录下载的总时间和总数据量。

● 通过测试软件控制 CDMA 1X 测试终端以拨号方式建立一个 PPP 连接。利用测试软件中的内置 FTP 中的 PUT 命令，上传一段大小为 1MB 的文件到 FTP server 上，当文件上传完成后，断开 PPP 连接，等待 15s，重新拨号上网，上传该 1MB 的文件；行驶期间重复进行测试；记录上传的总时间和总数据量。

● 上传、下载分别在两部终端同时进行测试，当发生拨号连接异常中断后，应间隔 15s 后重新发起连接。

● 测试过程中超过 3min FTP 没有任何数据传输，且尝试 PING 后数据链路仍不可使用。此时需断开拨号连接并重新拨号来恢复测试，并记为分组业务掉话。

● 测试过程中 FTP 服务器登录失败，应间隔 2s 后重新登录；连续 10 次登录失败，应断开连接，间隔 15s 后重新进行测试。

3）CDMA 数据业务测试须与语音业务测试分开进行；在测试 CDMA 1X 网络的同时，采用相同方法测试 EDGE/GPRS 网络的分组业务建立成功率、平均分组业务建立时延、分组业务掉话率，并在指定的公网 FTP 服务器进行 FTP 测试。

9.5.3　数据分析处理

1．接通率

（1）定义：接通率＝接通总次数/主叫试呼总次数×100%。

（2）主叫试呼次数：在信令未缺失的情况下，有 AC Origination Message 表示进行了试呼。

（3）接通次数：当一次试呼开始后出现了 Service Connect Completion Message 消息就计数为一次接通。

（4）接通率取主叫测试手机的统计结果。

2．掉话率

（1）定义：掉话率＝掉话总次数/接通总次数×100%。

（2）接通次数：当一次试呼开始后出现了 Service Connect Completion 消息就计数为一次接通。

（3）掉话次数：在一次通话中如出现 Release Order，就计为一次呼叫正常释放。只有当该消息未出现而由专用模式转为空闲模式时，才计为一次掉话。

（4）掉话率取主、被叫手机的统计结果。

3. 覆盖率

（1）定义：覆盖率＝（Ec/Io≥−12dB&反向 Tx_Power≤20dbm&前向 Rx_Power≥−95dbm）（主叫＋被叫）的采样点数/取样总次数（主叫＋被叫）×100%。

（2）用 Tx、Rx 和 Ec/Io 衡量。

（3）测试中测试数据在 0.1km×0.1km 的 Bin 内求平均，得到平均的 Tx、Rx 和最强 Ec/Io，统计满足 Tx≤10dBm，Rx≥−85dBm 且 Ec/Io 大于−12dB 的 Bin 的比率，即是覆盖率。

（4）采样点数为 180s 通话状态和 20s 空闲状态样本点数之和。

（5）取主、被叫手机的统计结果。

4. 呼叫成功率

（1）定义：呼叫成功率＝呼叫成功次数/呼叫总次数×100%。

（2）起呼成功率和被呼成功率，根据测试过程中统计的数据分别得到。

5. 里程掉话比

（1）定义：里程掉话比＝覆盖里程数（公里）/掉话次数。

（2）覆盖里程：通话下 Ec/Io≥−12dB&反向 Tx_Power≤20dbm 或前向 Rx_Power≥−95dbm 和空闲状态下 Ec/Io≥−12dB&反向 Rx_Power≥−95dbm 的测试路段里程（计算方法详见覆盖率中的描述）。

（3）掉话次数：详见掉话率定义中的掉话次数。

6. 话音质量

（1）定义：语音业务品质＝1−（未接通次数+掉话次数+MOS 质差次数）/主叫试呼总次数×100%。

（2）为接通次数与掉话次详见接通率和掉话率中的定义。

（3）MOS 质差次数。

● 每次 MOS 录音从开始到结束计为一个 MOS 标本点。

● 每次被叫接收的 MOS 录音与主叫 MOS 音样本对比计算出的 PESQ LQ 值计为标本点的 MOS 值。

● 同一次呼叫中，两个或两个以上的相邻标本点 MOS 值均低于 2 时，计为 1 次 MOS 质差。

7. 切换成功率

（1）定义：切换成功率＝切换成功次数/切换总次数×100%。

（2）切换成功次数以及切换总次数由测试过程中 OMC 后台跟踪统计。

8. 前反向的平均传输速率

通过对 DT 测试数据的分析，可以得到前反向平均传输速率。

9.5.4　评分标准

一般先对数据和话音业务分别进行评分，根据一定的比例得到 DT 测试综合得分。城区和主要道路一般分开进行评分。

9.6　CQT 测试

CQT（Call Quality Test）测试是在特定的地点使用测试设备进行一定规模的拨测，记录测试数据，统计网络测试指标。

CQT 测试包括话音业务和数据业务的测试，测试项目如下。

（1）话音业务：覆盖率、呼叫成功率、掉话率、质差通话率和平均呼叫时长。

（2）数据业务：平均传输速率、呼叫成功率、呼叫延时、Dormant⇒Active 成功率和 Dormant⇒Active 激活延时。

9.6.1　数据采集

根据运营商的实际要求，话音业务和数据业务测试点选择的侧重点可以不同。对于同样类型的地点，应尽量选用同样的点，节省工作量。

1．话音业务

（1）测试点选择原则

CQT 测试的测试点要求是覆盖区内的重点位置，具体项目根据运营商的需求和其他因素进行选择。

表 9-2 所示为测试点选择的一个例子。

表 9-2　　　　　　　　　　　　测试点选取示例

序号	覆盖区	测试点选取比例
1	高档写字楼	20%
2	政府机关和运营商办公区和相关人员居住区	20%
3	重要商业区、重要酒店及其他大型活动场所	20%
4	景点、机场、火车站、汽车站、客运码头等人流量大的地点	30%
5	其他	10%

所有测试点的数据都用于统计覆盖率，前向接收功率不低于−100dBm 的测试点的测试数据才参与统计其他参数，这些参数只有在保证覆盖的条件下才有意义。

CQT 测试需用两个手机相互拨打，同时起呼和被呼，在选定测试点的室内进行测试，每个测试点进行多次呼叫，要求每次呼叫在不同的位置，如不同的房间进行。

（2）数据记录

● 记录 Tx、Rx、Ec/Io 等参数。

● 记录起呼成功次数、被呼成功次数、失败次数和掉话次数。

● 根据主观感觉评价得到质差通话次数（每个测试点填写附录中的表格）。

● 记录每次呼叫的呼叫时长（由测试软件完成）。

2．数据业务

（1）测试点选择原则

一般采用和话音业务同样的标准，根据运营商的要求也可以不一致。

对于接收功率和导频信号比较弱的区域，如接收功率低于-90dBm 或导频低于-12dB，不需要参与测试，覆盖达到一定标准的区域才能起呼数据业务。

要求每个测试点在室内发起多次数据业务呼叫，可以在不同的房间进行，同时测试 Dormant⇒Active 的状态转换。

（2）数据记录

测试软件记录应用层传输速率、呼叫延时、空中建链延时及 PPP 连接延时，以及无线侧和网络侧发起的 Dormant⇒Active 激活次数和延时需要（OMC 后台配合）等参数。

9.6.2 测试方法

1．测试步骤

CQT 测试一般遵照如下的测试步骤。

（1）确定测试点：根据选点原则，测试小组负责人与运营商负责人共同确认如果运营商没有要求，按照前面的选点原则确定）测试点，根据数据业务和话音业务的覆盖需求分别确定；数据业务和话音业务的测试点可以不一致。

（2）测试准备：连接好设备，根据运营商要求进行相关的参数设置。

（3）测试：发起数据或话音呼叫，记录相关数据，如果测试点同时选做话音和数据测试，可以先做话音测试，根据接收功率和导频信号强弱确定是否进行数据业务的测试；对于话音业务的 CQT 测试，每个测试点需要按照附录中的测试表格进行记录。

（4）同一个测试点可以在多个不同的位置进行测试，所有测试点完成测试后，根据所有数据统计得到整个网络的相关指标。

2．CDMA 1X 语音测试方法

（1）测试时间

CQT 测试主要时段原则上选择非节假日的周一至周五 9:00～20:00 进行，新疆和西藏的测试时间由于时差延后 2 个小时。另外，在网络进行大型的扩容、升级、改造等工程竣工时，应在网络运行稳定后组织进行测试。

（2）测试范围

1）选取原则

CQT 测试点应重点在话务量相对较高的区域、品牌区域、市场竞争激烈区域、特殊重点保障区域内选取。地理上尽可能均匀分布，场所类型尽量广。重点选择有典型意义的大型写字楼、大型商场、大型餐饮娱乐场所、大型住宅小区、高校、交通枢纽和人流聚集的室外公共场所等。测试选择的住宅小区、高层建筑入住率应大于 20%，商业场所营业率应大于 20%。测试选择的相邻建筑物在 100m 以外。

2）选取比例

各类型的测试点选取比例如表 9-3 所示。

表 9-3　　　　　　　　　　　　　　　　测试点类型选取比例表

测试区域类型	测试点类型	测试点所占比例
人流密集类	商业会展中心、大型商场、主干街道店铺、步行街、专业市场、机场候机楼、车站、学校、重要旅游点、大型医疗机构等	30%
餐饮娱乐类	大型餐饮娱乐场所、三星级以上酒店（大堂及其属下娱乐场所）、酒楼、饭店、大型电影院等	20%
商务办公类	政府机关等事业单位（包括下属各主要职能单位）、商务中心、企业、厂矿、农林场、大型办公场所等	20%
居民住宅类	主要大型住宅小区、普通民居密集区、宿舍、公寓等	30%

3）采样点的选择

CQT 测试点的采样点位置选择应合理分布，尽可能选取人流量较大和移动电话使用习惯的地方，能够暴露区域性覆盖问题，而不是孤点覆盖问题。

室外公共场所和大型独体建筑物（除地下室和客梯外）至少选择 5 处采样点，其余建筑物（除地下室和客梯外）至少选择 3 处采样点。

4）客梯必测条件（满足其中之一即可）。

● 4 架客梯并行使用。

● 12 层以上的写字楼、商住楼（商用占两层以上），而且周边有相邻的高层建筑。

● 4 栋以上的住宅小区中，20 层以上住宅楼（包括一层为商场），且带有地下停车场。

● 局部区域（半径 500m）内有典型意义的大型写字楼、大型商场、大型餐饮场所、大型娱乐场所的对外服务的客梯。

5）地下室必测条件（满足其中之一即可）。

● 对外服务的公共地下停车场（有交通管理部门设置的服务提示标志）。

● 4 栋以上的住宅小区中，15 层以上住宅楼（包括一层为商场），而且带有 30 个车位以上的地下停车场。

● 局部区域（半径 500m）内有典型意义的大型写字楼、大型商场、大型餐饮场所、大型娱乐场所的对外服务的地下停车场。

● 200m² 以上的地下商场。

建筑物内要求分顶楼、楼中部位、底层进行测试。不同楼层的垂直相邻采样点相差 15m（5 层）以上；同一楼层的相邻采样点至少相距 20m 且在视距范围之外。某一楼层内的采样点应在以下几处位置选择，具体以测试时用户经常活动的地点为首选：

6）大楼出入口、电梯口、楼梯口和建筑物内中心位置。

7）人流密集的位置，包括大堂、餐厅、娱乐中心、会议厅、商场和休闲区等。

● 成片住宅小区重点测试深度、高层、底层等覆盖难度较大的场所，以连片的 4～5 幢楼作为一组测试对象选择采样点。

● 医院的采样点重点选取门诊、挂号缴费处、停车场、住院病房、化验窗口等人员密集的地方。有信号屏蔽要求的手术室、X 光室、CT 室等场所不安排测试。

● 风景区的采样点重点选取停车场、主要景点、购票处、接待设施处、典型景点及景区附近大型餐饮、娱乐场所。

● 火车客站、长途汽车客站、公交车站、机场、码头等交通集聚场所的采样点重点选

取候车厅、站台、售票处、商场、广场。

● 学校的采样点重点选取宿舍区、会堂、食堂、行政楼等人群聚集活动场所，如学生活动中心（会场/舞厅/电影院等）、体育场馆看台、露天集聚场所（宣传栏）、学生宿舍/公寓、学生/教工食堂、校部/院系所办公区、校内商业区、校内休闲区/博物馆/展览馆、校医院、校招待所/接待中心/对外交流中心/留学生服务中心，校内/校外教工宿舍、校内/校外教工住宅小区、小学/幼儿园校门口以及校外毗邻商业区（如学生街）等。教学楼主要测试休息区和会议室。

● 步行街的采样点应该包括步行街两旁的商铺。

（3）测试要求

● 采用同一网络手机相互拨打的方式，手机拨叫、挂机、接听均采用自动方式，手机与测试仪表相连。

● 每个采样点拨测前，要连续查看手机空闲状态下的信号强度 5s，若 CDMA 手机的信号强度连续不满足 Ec/Io≥-12dBm&RSSI≥-95dBm（手机的信号强度连续不满足 RSSI≥-94dbm），则判定在该采样点覆盖不符合要求，不再做拨测，也不进行补测，同时记录该采样点为无覆盖，并纳入覆盖率统计；若该采样点覆盖符合要求，则开始进行拨测。

● 在每个测试点的不同采样点位置做主叫、被叫各 5 次，每次通话时长 60s，呼叫间隔 15s；如出现未接通或掉话，应间隔 15s 进行下一次试呼；接入超时为 15s；通话期间进行 MOS 语音质量测试。

● 测试过程中应做一定范围的慢速移动和方向转换，模拟用户真实感知通话质量。

● 在测试 CDMA 网络的同时，在同一采样点位置采用相同方法测试 GSM 网络质量，GSM 主、被叫手机均使用自动双频测试。

3．CDMA 1X 数据测试方法

（1）测试时间

同前面介绍的 CDMA 1X 语音的测试时间。

（2）测试范围

1）选取原则

CQT 测试点应重点在话务量相对较高的区域、品牌区域、市场竞争激烈区域、特殊重点保障区域内选取。地理上尽可能均匀分布，场所类型尽量广。重点选择有典型意义的大型写字楼、大型商场、大型餐饮娱乐场所、大型住宅小区、高校、交通枢纽和人流聚集的室外公共场所等。测试选择的住宅小区、高层建筑入住率应大于 20%，商业场所营业率应大于 20%。测试选择的相邻建筑物在 100m 以外。

2）选取比例

各类型的测试点选取比例参照如表 9-4 所示。

3）采样点的选择

● CQT 测试点的采样点位置选择应合理分布，尽可能选取人流量较大和数据业务使用习惯的地方，能够暴露区域性覆盖问题，而不是孤点覆盖问题。

● 室外公共场所和大型独体建筑物至少选择 5 处采样点，其余建筑物至少选择 3 处采样点。

● 建筑物内要求分顶楼、楼中部位、底层进行测试。不同楼层的垂直相邻采样点相差

15m（5 层）以上；同一楼层的相邻采样点至少相距 20m 且在视距范围之外。某一楼层内的采样点应在以下几处位置选择，具体以测试时用户经常活动的地点为首选：

表 9-4　　　　　　　　　　　　　　测试点类型选取比例表

测试区域类型	测试点类型	测试点所占比例
人流密集类	商业会展中心、大型商场、主干街道店铺、步行街、专业市场、机场候机楼、车站、学校、重要旅游点、大型医疗机构等	30%
餐饮娱乐类	大型餐饮娱乐场所、三星级以上酒店（大堂及其属下娱乐场所）、酒楼、饭店、大型电影院等	20%
商务办公类	政府机关等事业单位（包括下属各主要职能单位）、商务中心、企业、厂矿、农林场、大型办公场所等	20%
居民住宅类	主要大型住宅小区、普通民居密集区、宿舍、公寓等	30%

　　a）大楼接待处、建筑物内中心位置。

　　b）人流密集的位置，包括大堂、餐厅、娱乐中心、会议厅、商场和休闲区等。

　　● 成片住宅小区重点测试深度、高层、底层等覆盖难度较大的场所，以连片的 4～5 幢楼作为一组测试对象选择采样点。

　　● 医院的采样点重点选取门诊、挂号缴费处、住院病房、化验窗口等人员密集的地方。有信号屏蔽要求的手术室、X 光室、CT 室等场所不安排测试。

　　● 风景区的采样点重点选取主要景点、购票处、接待设施处、典型景点及景区附近大型餐饮、娱乐场所。

　　● 火车客站、长途汽车客站、公交车站、机场、码头等交通集聚场所的采样点重点选取候车厅、站台、售票处、商场、广场。

　　● 学校的采样点重点选取宿舍区、会堂、食堂、行政楼等人群聚集活动场所，如学生活动中心、集聚场所、学生宿舍/公寓、学生/教工食堂、校部/院系所办公区、校内商业区、校内休闲区/博物馆/展览馆、校医院、校招待所/接待中心/对外交流中心/留学生服务中心、校内/校外教工宿舍、校内/校外教工住宅小区以及校外毗邻商业区等。教学楼主要测试休息区和会议室。

　　● 步行街的采样点应该包括步行街两旁的商铺及休息场所。

　　（3）测试要求

　　1）覆盖要求

　　测试之前，要求确定信号强度满足覆盖要求，覆盖要求可参考 CQT 1X 的语音测试要求。

　　2）点对点短信测试

　　● 采用测试软件控制 2 部手机相互对发点对点短信的自动测试方式，每个采样点测试 10 次。

　　● 在每个采样点进行测试前应清空 SIM 卡和手机内存储的短信，并关闭状态报告回复功能。

　　● 测试时间精确到小数点后 2 位。

　　● 对比测试时各自发送的短消息内容长度应该相同，短信内容包括中文、标点符号、数字，短信长度为 50 字节，短信最后面加数字编号作为该次短信发送的标志。具体输入要求为：DXC/YDG/LTG（DXC 指的是电信 C 网，YDG 指的是移动 G 网，LTG 指的是联通 G 网）网络短信点对点第 xx 测试。xx 测试输入此次测试的实际次数，并按照测试次数递增。

- 测试结果为各次结果的平均值。

3）点对点彩 E（彩信）测试

- 采用测试软件控制手机发送点对点彩 E（彩信）的自动测试方式，一发一收进行 CDMA 网内点对点彩 E（彩信）的测试，每个采样点测试 10 次。

- 每次测试时，注意将测试手机的短信、PUSH 消息、彩 E（彩信）全部清空，避免内存满造成 PUSH 消息下发失败或者彩 E（彩信）提取失败，手机应设置为自动提取彩 E（彩信）。

- 测试时间精确到小数点后 2 位。

- 发送的彩 E（彩信）内容应该包括：接收方号码、抄送手机号码、标题（包含测试序号）、文本、附件文件（图片）等内容。

- 一次完整测试指：发送 30K 左右大小的彩 E(彩信)—>接收到 PUSH->提取彩 E(彩信)；或者发送到接收彩 E(彩信)超时计为一次完整测试。

- 正常发送到成功接收彩 E(彩信)时间应小于 3min，否则计为发送失败。

- 测试过程中，应该在一次完整的测试完成后再进行下一次测试。不能连续发送后等待 PUSH，否则可能造成接收终端在提取彩信过程中不能收到下发的 PUSH 消息。

4）PING 成功率及时延测试

- 通过测试软件控制 CDMA 1X 测试终端以拨号上网的方式建立 PPP 连接。

- 进行 PING 测试，PING 测试服务器地址为指定服务器地址，PING 包长为 500Bytes。

- 每次 PING 包测试（成功或超时）间隔为 8s，PING 超时时间为 5s，每个采样点进行 10 次测试。

- 如出现 PPP 连接失败或掉话，应间隔 15s 后进行重新连接。

5）分组业务建立成功率、分组业务建立时延、分组业务掉话率、FTP 上下行吞吐率测试的测试

- 在指定 PDSN 侧提供一个 FTP server，要求 FTP 服务器支持断点续传，提供用户下载/上传权限。

- 通过测试软件控制 CDMA 1X 测试终端以拨号方式建立一个 PPP 连接。利用测试软件中的内置 FTP 中的 GET 命令，从 FTP server 上下载一段大小为 1M 的文件，当文件下载完成后，断开 PPP 连接，等待 15s，重新拨号上网，下载该 1M 的文件；记录下载的总时间和总数据量。

- 通过测试软件控制 CDMA 1X 测试终端以拨号方式建立一个 PPP 连接。利用测试软件中的内置 FTP 中的 PUT 命令，上传一段大小为 1M 的文件到 FTP server 上，当文件上传完成后，断开 PPP 连接，等待 15s，重新拨号上网，上传该 1M 的文件，记录上传的总时间和总数据量。

- 上传、下载分别在两部终端同时进行测试，各进行两次上传、下载测试；当发生拨号连接异常中断后，应间隔 15s 后重新发起连接。

● 测试过程中超过 3min FTP 没有任何数据传输，且尝试 PING 后数据链路仍不可使用。此时需断开拨号连接并重新拨号来恢复测试，并记为分组业务掉话。

● 测试过程中 FTP 服务器登录失败，应间隔 2s 后重新登录；连续 10 次登录失败，应断开连接，间隔 15s 后重新进行测试。

6）CDMA 数据业务测试须与语音业务测试分开进行；在测试 CDMA 1X 网络的同时，采用相同方法测试 EDGE/GPRS 网络的分组业务建立成功率、平均分组业务建立时延、分组业务掉话率，并在指定的公网 FTP 服务器进行 FTP 测试。

9.6.3　数据分析处理

1．接通率

同前面介绍的 DT CDMA 1X 中的接通率。

2．掉话率

同前面介绍的 DT CDMA 1X 中的掉话率。

3．覆盖率

（1）定义：覆盖率＝符合试呼条件的采样点数/总采样点数×100%。

（2）符合试呼条件的采样点数＝连续 5 秒≥Ec/Io≥−12dB&反向 Tx_Power≤20dbm&前向 Rx_Power≥−95dbm 的采样点数。

（3）采样点总数为主&被叫测试手机的采样点样本数之和。

4．呼叫成功率

同前面介绍的 DT CDMA 1X 中的呼叫成功率。

5．话音质量

同前面介绍的 DT CDMA 1X 中的话音质量。

6．质差通话率

测试过程中，根据主观感觉来评价通话质量，记录出现话音断续、变音、回声、单通、串话、无声、背景噪声等话音质量不好的通话，统计话音质量不好的呼叫在总呼叫次数中所占比例。

7．呼叫时长

根据测试软件记录的数据，分析信令得到每次通话的呼叫时长，对所有呼叫的呼叫时长取平均得到全局的呼叫时长值。

8．Connection 建立成功率

（1）定义：Connection 建立成功率＝终端主动连接建立成功次数/终端主动连接请求次数×100%。

（2）该成功率可以理解为终端与接入网之间的无线链路空口建立成功率。

9．Connection 建立时延

（1）定义：Connection 建立时延＝Connection 建立时延总和/Connection 建立成功总次数×100%。

（2）取所有测试样本中除了连接失败情况外的平均时长。

10．Connection 掉话率

（1）定义：Connection 掉话率＝异常释放的 Connection 次数/Connection 建立成功总次数×100%。

（2）因系统丢失导致的 Connection Release，计为异常释放的 Connection。

11．分组业务建立成功率

（1）定义：分组业务建立成功率＝分组业务建立成功次数/拨号尝试次数×100%。

（2）拨号尝试次数为终端发出拨号指令次数。

12．分组业务建立时延

（1）定义：分组业务建立时延＝分组业务建立时延总和/分组业务建立成功总次数。

（2）分组业务建立时延为终端发出第一条拨号指令到接收到拨号连接成功消息的时间差。

9.6.4 评分标准

对话音业务和数据业务分别评分，根据一定比例关系得到总的 CQT 测试评分。

9.7 OMC 指标

1．PM 指标提取

（1）通过 OMS 后台的数据统计，从资源利用的角度评价网络的优劣。

（2）用于衡量资源利用的指标包括：SVE 最高利用率、TCE 利用率、TCE 切换占用比、更软切换率和寻呼响应率，要通过后台统计得到。

2．数据分析处理

（1）SVE 最高利用率：记录忙时 SUC 声码器的利用率，反映系统声码器资源的利用情况。

（2）TCE 切换占用比：通过统计使用的 CE 单元中用于呼叫和切换的比率，来计算软切换率。

（3）更软切换率：后台统计用户处于更软切换状态的比率，更软切换不占用 CE 资源，占用 Walsh 资源。

（4）寻呼响应率：通过后台直接读取，反映网络接续方面的能力。

9.8 网络综合评估

（1）根据 DT 得分、CQT 得分及 PM 资源利用得分加权平均计算得到，如下面的例子：

综合得分=DT 得分×40%+CQT 得分×30%+PM 资源利用得分×30%

（2）对于不能从后台统计得到相关性能指标数据的业务区，网络评估综合得分只考虑前两项加权，如：

综合得分=DT 得分×60%+CQT 得分×40%

（3）以上权重数值只是示例，实际项目中具体算法和数值需要协商确定。

（4）如果只对公路进行评估，可以只根据路测结果（包括数据和话音）进行评估：

综合得分=主要道路 DT 得分

9.9 任务解决

回到 9.1 节提出的任务。

任务 1：如何评估一个地区的网络质量。首先要清楚什么是网络评估；其次要清楚网络评估的方法与手段，并且要清楚这些方法的使用方法以及使用范围；最后要了解如何综合运用这些评估手段和方法有效地制定相应的评估方案，对网络进行有效的评估。这些内容可以在本章都有详细的阐述，在此就不赘述，请读者在文中找答案。

任务 2：针对某市的万州地区，网络优化人员进行了一次整体的评估，具体过程如下：

1. 参数确定

（1）测试范围：城区 DT 为万州城区，包括所有比较重要的道路；主要道路 DT 范围为万州到云阳和万州到梁平的公路；CQT 测试选点原则为市区主要宾馆、商场、车站、联通营业厅、重要单位、医院等，共选择千禧酒店、大三峡宾馆、长江大酒店、蜀东宾馆、长城长大酒店、小天鹅商贸城、万州商贸城、新世纪百货万佳商场、新世纪百货山湾店、万州农药市场、万州海康集团、西山车站、国本路车站、三峡学院、三峡医院、万州联通营业厅；PM 指标北电不提供，不参与评估。

（2）测试设备选用：使用某公司的某软件。

（3）测试时段：采用忙时测试；上午 10:00～12:30，下午 4:30～7:00。

（4）呼叫方式：路测使用周期性呼叫，城区呼叫建立时间、保持时间和间隔时间分别设为 10s、60s 及 5s，主要公路分别设为 10s、30s 和 5s。

（5）评估项目：DT 包括覆盖率、呼叫成功率、掉话率和话音质量（以前向 FER 衡量），CQT 包括覆盖率、呼叫成功率、掉话率和质差通话率。

（6）评分标准：根据规范执行。

2. 执行测试

分为两组，李巍负责万州市区的 DT 测试和 CQT 测试，分两天完成，其中 CQT 测试共发起呼叫 100 次；胡谊负责主要道路的 CQT 测试，由于两条道路分属不同的方向，也需要两天完成。

3．数据处理

根据测试数据，得到各评估项目的指标。

4．评分

根据评分标准，得到各项目的得分，具体得分如下。

（1）城区 DT 测试

项目	覆盖率	起呼成功率	被呼成功率	掉话率	FFER
得分	23	3	3	15	12
总分	56				

（2）城区 CQT 测试

项目	覆盖率	呼叫成功率	掉话率	质差通话率
测试结果	88.70%	100	2.08%	0
得分	10	20	15	40
总分	85			

（3）万州城区综合得分

综合得分 = DT 得分×60%+CQT 得分×40% = 67.6

（4）万州到云阳 DT 测试

项目	覆盖率	起呼成功率	被呼成功率	掉话率	FFER
得分	18	3	3	10	4
总分	38				

（5）万州到梁平 DT 测试

项目	覆盖率	起呼成功率	被呼成功率	掉话率	FFER
得分	23	10	3	20	8
总分	64				

5．问题分析及规划建议

万州城区范围比较大，分为几个片区进行分析并给出规划建议，这些片区为五桥中青山庄区域、龙宝区域、观音岩区域、牌楼区域、西山公园区域、名亨小区区域和中心密集区域。

分析后发现的问题包括掉话、FFER 偏高、导频覆盖偏弱、前向接收功率覆盖不好、软切换区域过大、站点覆盖范围过大或过小等。

针对上面问题提出的解决方案包括部分小区天线更换为电调、调整部分下倾角、增加站点、站点搬迁（山上的站点覆盖范围非常大，对其余区域影响很大）、增高天线等。

6．提交报告给万州的运营商

建议其在二期建设时综合考虑。

 小结

在网络优化中，通过分析各种网络指标，进行路测、CQT 测试等分析，进行网络调查与问题提出，进行网络性能的分析与处理，使得网络性能不断改善与提高，以提高客户的满意程度。这就是我们网络优化的最终目的，而网络评估就是对于这个目的是否达成的衡量手段与检查方法。网络评估工作自始至终贯穿在整个网络的优化工作中，分为前期的测试、优化中的测试与优化后的验证测试。

本章讲述了 CDMA 网络评估的数据采集、测试方法、数据分析处理以及评分标准等方面的知识，让读者能够对于日常运营商的网络评估有一个清晰的了解。

 练习与思考

1. 常用的评估测试终端有哪些？
2. 网络评估的作用是什么？
3. 简单描述进行 DT 测试前的准备工作。
4. 对一个城区进行 CQT 测试一般需要包括的地点有哪些？
5. 无线网络评估测试中，OMC 指标的评估项目一般包括哪些？

 实训项目

实训项目一：了解移动、电信、联通三大运营商常用的评估软件。

要求：了解三大运营商目前常用的评估软件、使用方法以及适用范围。

实训项目二：找出一个综合利用路测数据以及 OMC 数据排查网络故障的案例。

要求：了解如何利用正确的分析路测数据域 OMC 数据，如何定位故障并进行排查和解决。

学习目标：

（1）学习后台无线参数的含义，网优数据的分析和多载频网络的优化以及数据业务优化的相关内容；

（2）掌握接入、掉话、切换机制的实现原理；

（3）掌握常见的接入、掉话、切换问题的分析方法；

（4）能给出常见的接入、掉话、切换问题的优化建议或者解决方案。

10.1 接入专题

最主要的接入即呼叫发起。该部分讨论的是由移动台发起呼叫的情况。

10.1.1 任务提出

任务： 某运营商的局方接到用户投诉，反映在该运营商辖区的某地电话起呼困难，起呼后就脱网，尝试分析故障原因并排除故障。

10.1.2 接入流程及相关定时器介绍

1. 接入流程

图 10-1 所示为移动台的起呼流程。首先，移动台必须在接入信道上发送起呼消息；接下来的一系列过程必须随之发生。如果其中任何一步没能完成，将会导致接入失败。整个过程中有如下 5 个阶段。

（1）第一阶段：当基站收到移动台的起呼消息时，必须给予响应，基站可以用基站应答消息来实现。在得到基站给予的应答消息之前，移动台多次发送起呼消息。

（2）第二阶段：基站必须为移动台分配资源。基站建立一条前向业务信道，开始发送空帧，并发送一个信道指配消息给移动台。

（3）第三阶段：成功获得前向业务信道。当移动台收到基站发来的信道指配消息时，移动台就开始尝试获得前向业务信道。

（4）第四阶段：当前向业务信道被成功解调时，移动台就开始在反向业务信道上发送空帧。当反向业务信道被基站成功捕获时，基站会在前向业务信道上发送一个确认消息给移动台。

图 10-1　接入过程

（5）第五阶段：基站向移动台发送业务连接消息。移动台向基站发送业务连接完成消息。

2．接入过程中的相关定时器

网络中存在各种各样的定时器（Timer），它们或多或少地影响着通信过程，通过调整 TIMER 可以减少不必要的系统开销或提高系统指标，最终实现系统负荷与交换指标的平衡。

在接入过程的早期，有两个关键的子状态，更新开销信息子状态（T_{41m}，4s 为限），移动台起呼尝试子状态（T_{42m}，12s 为限）。

在接入过程的后期，有两个关键的定时器，T_{50m}（0.2s 内收到连续两个好帧），T_{51m}（2s 内收到基站识别反向业务信道的证实消息）。

下面我们详细介绍相关的定时器。

（1）T_{40m} 定时器：系统丢失定时器。在接入过程的开始阶段（移动台起呼至收到信道指配消息），移动台会不停地监听寻呼信道消息。每 T_{40m} 时间移动台就必须在寻呼信道上收到一个好的消息。如果在 T_{40m} 时间内移动台一直没有收到，定时器 T_{40m} 超时，系统就会丢失。移动台返回空闲状态，接入失败。

（2）T_{41m} 定时器：一种系统接入状态定时器。当用户起呼后，首先尝试更新系统开销消息，不停地监听寻呼信道。如果在此定时器时间限制内，移动台没有收到并保存开销消息，定时器超时，手机将会重新初始化并指示系统丢失。协议规定为 4s。

（3）T_{42m} 定时器：一种系统接入状态定时器。当移动台在收到基站的接入响应消息后，如果在 T_{42m} 的时间限制内没有收到信道指配消息，手机就会返回空闲状态。协议规定为 12s。

（4）T_{50m} 定时器：当移动台收到信道指配消息后，如果在 T_{50m} 时间限制内没有捕获到前向业务信道（两个连续的好帧），手机将会重新初始化并指示系统丢失。IS-95A 规定为 200ms，IS-95B 增加为 1s。

（5）T_{51m} 定时器：移动台在捕获到前向业务信道后，如果在 T_{51m} 时间内没有得到基站的证实响应，移动台就会重新初始化。协议规定为 2s。

10.1.3　接入失败的定义

1．定义

当一个用户拨打另一个号码时，称为一次接入（Origination）。自无线用户单元发出的起呼称为 MTOL（Mobile to Land，从移动网络打给有线网络）或 MTOM（Mobile to Mobile，移动网络打给移动网络）。如果呼叫是来自有线网络的，则称为 LTOM（Land to Mobile，有线网络打给移动网络）。当有资源可用，但是不能在指定的时间内完成起呼者到被呼者之间的呼叫连接的呼叫建立过程就称为一次接入失败。在相关的规范中明确地规定了一些与呼叫过程相关的定时器。如果在规定的时间内，移动台没有收到相应基站的消息，移动台就会放弃一次接入尝试，那么这就导致一次接入失败。

2．数据源

通过分析在基站侧或是移动台侧的消息记录，就可以确定出接入失败的原因。

10.1.4　系统接入状态定时器介绍

图 10-2 所示为系统接入状态定时器的工作流程。

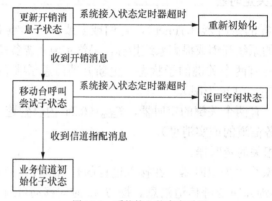

图 10-2　系统接入状态定时器

1．系统接入子状态

在接入过程的最初阶段，移动台会不断地监听寻呼信道。在接入状态中两个关键的子状态是：

（1）更新开销消息子状态。

（2）移动台接入尝试子状态。

系统接入状态定时器就是限制移动台在这些子状态的等待时间。很多事件可以使移动台复位定时器。不同的子状态定时器的长度也不同。当更新开销消息时定时器设置为 4s，而在移动台接入尝试子状态定时器设置为 12s。

2．更新开销消息子状态

当移动台企图更新开销消息时，就会监听寻呼信道，此时定时器为 $T_{41m}(4s)$。如果当前开销消息在 T_{41m} 内未收到和保存，移动台将会指示系统丢失，重新进行初始化。

3．移动台接入尝试子状态

在这个状态中，移动台设置系统接入状态定时器为 $T_{42m}(12s)$，如果定时器超时，移动台将会返回到空闲状态。只有当移动台退出了接入状态，该定时器才会停止使用。

10.1.5　接入过程分析

1. 接入试探分析

接入试探原理图如图 10-3、图 10-4 和图 10-5 所示。

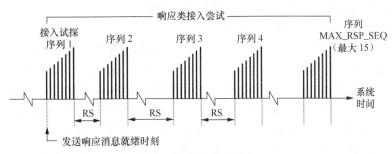

图 10-3　接入尝试过程

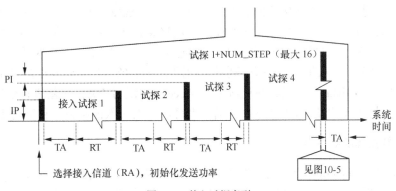

图 10-4　接入试探序列

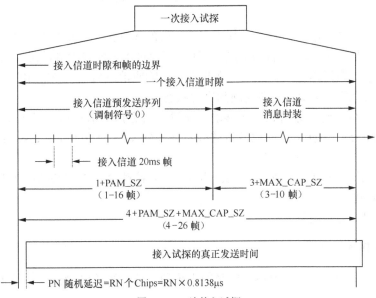

图 10-5　一次接入试探

图中：RS 为序列滞后时延，0～1+BKOFF

PD 为持续性时延

IP 为初始开环功率，−73-Mean input power(dBm)+nom_pwr +init_pwr

PI 为功率递增步长

TA 为确认响应超时上限，80×(2+ACC_TMO)

RT 为试探滞后时延，0～1+PROBE_BKOFF

NUM_STEP 为接入试探的数目

从图 10-3、图 10-4、图 10-5 我们可以看出，在接入过程中，当移动台在 TA（每个接入试探发送完毕后等待响应的时间，TA＝（2+ACC_TMO）×80ms）时间内接收到基站发送的确认消息，本次接入成功。否则，移动台生成一个随机等待时间 RT（每个接入试探发送完毕后的延迟量，0～1+PROBE_BKOFF 个时隙），并在 RT＋RN（用 HASH 函数生成的 PN 码随机延迟量，HASH 函数为移动台电子序列号 ESN 的函数）时刻后，再次发送同一接入试探，此时移动台的信号功率需增加 PI dB（后续接入试探信号功率递增量，即 PWR_STEP（dB））。

若移动台在同一 RA（分发送各个接入试探序列的 Access 信道号，0～31）信道连续发送了（1+NUM_STEP）个接入请求仍未收到确认消息，本次接入试探序列便结束，移动台随机等待 RS（每个接入试探序列发送完毕后的延迟量，0～1＋BKOFF 时隙）个时隙后进入下一个接入试探序列。新的接入试探序列具有相同的 RN 延迟和初始发送功率 IP（第一个接入试探信号的功率（dBm）），但必须重新生成 Access 信号号 RA，重新进行信道测试。当接入试探序列达到最大数以后仍然没有收到确认消息，此次接入便结束，移动台重新初始化。

2．起呼里程碑及其限制

起呼里程碑（milestone，M）如图 10-6 所示。从图中可以看出为了完成一次接入过程，必须实现每个里程碑。在 CDMA 标准中，为每一个里程碑的实现都明确提出了相应的约束条件。这些约束条件可以由标准规定，也可以是一些可配置的参数。下面列出每个里程碑的约束条件。

（1）M_1，基站证实响应：基站必须响应移动台的起呼消息。如果起呼消息没有响应，移动台将会重发起呼消息。系统可以指定在移动台声明接入失败前允许的最大发送次数；

（2）M_2，信道指配消息：如果用户在收到基站响应消息后，在 12s 内（T_{42m}）没有收到基站的信道指配消息，移动台将会返回到空闲状态；

（3）M_3，获得前向业务信道：在移动台获得了信道指配消息后，必须在 T_{50m} 内获得前向业务信道。IS-95A 为获得前向业务信道应允许等待（T_{50m}）200ms。IS-95B 中这个参数延长到了 1s；

（4）M_4，基站证实消息：如果在 2s 内（T_{51m}）移动台未收到基站证实消息，移动台将会返回重新初始化；

（5）M_5，服务连接消息。

3．典型的接入时间

接入试探一般大约需要 500ms，但是如果移动台位于覆盖区域的边缘地带时有可能需要 2～3ms 的时间。

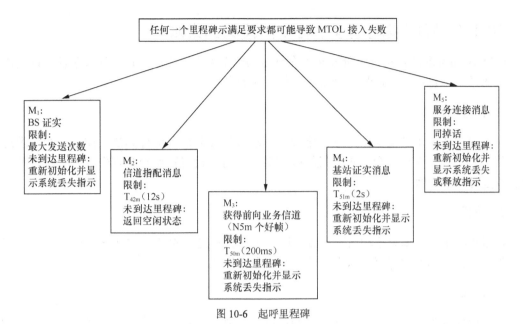

图 10-6　起呼里程碑

一旦基站成功地接收到呼叫请求，一般要在 200ms 的时间内给移动台发送呼叫确认。另外基站需要大约 300ms 的时间给移动台发送信道指配消息。基站成功解调反向业务信道和通过前向业务信道向移动台发送业务信道确认消息大概需要 500～1500ms 的时间。最后，还需要 200ms 的时间来发送业务连接消息。从基站接收到呼叫请求消息算起总的接入时间大概在 1.5～2ms 的范围内。

10.1.6　呼叫发起过程中激活的进程

起呼过程中激活的进程包括以下几个步骤。

1．开环功控

开环功控是一直处于激活状态的。当移动台发射功率时，发射的功率大小要基于开环估计和闭环功控（如果闭环功控处于激活状态的话）。

2．闭环功控

直到移动台到达第三个阶段，反向闭环功控才被激活。从这一点开始移动台在前向业务信道上的发射功率要基于开环和闭环功控。

3．前向功控

一般来说，基站会激活前向功控。当移动台到达第四个阶段时基站才激活前向功控。

4．切换

在接入过程中不允许进行空闲切换。在 IS-95A 中直到到达第四个阶段时才允许业务信道的切换。

10.1.7 呼叫发起过程中各个阶段的约束限制

CDMA 的标准规定每一个阶段必须在规定的约束条件下完成。这些约束条件可以是由标准定义的常数，也可以由运营商来自己调整相应的参数。

1. 阶段一

基站对呼叫请求的确认：基站一定要对移动台的呼叫请求进行确认。如果呼叫请求消息没有得到确认，那么移动台会重新发起呼叫请求。可以设置移动台在宣告接入失败之前允许重新发起呼叫的次数。

2. 阶段二

信道指配消息：如果移动台在接收到呼叫确认消息之后的 12s 之内没有收到信道指配消息，移动台会自动返回到空闲状态。该时间常数叫作 T_{42m}。

3. 阶段三

确认前向业务信道：移动台在接收到信道指配消息之后必须马上获取前向业务信道。IS-95A 允许的获取业务信道的时间为 200ms，在 IS-95B 中该时间限制延长到了 1ms。该时间常数叫作 T_{50m}。

4. 阶段四

BS 发送业务信道确认消息。如果该确认消息没有在 2s 内接收到，移动台会重新初始化。该时间常数叫作 T_{51m}。

10.1.8 接入相关参数

下面我们详细介绍接入过程中的一些重要参数。

1. 接入信道试探前缀长度

参数名称：接入信道试探前缀长度

英文名称：PAM_SZ

参数描述：每一个接入信道试探由接入信道前缀（access channel preamble）和接入信道消息实体（access channel message capsule）组成，接入信道前缀的长度为：1 +PAM_SZ 个帧。

数值范围：0～15（1～16 帧）

默认值：3

设置说明及影响：

该值设得过大，则会造成接入信道容量的浪费。因为 1+PAM_SZ 帧不带消息内容的，可能更少的帧就已经足够基站捕获该手机。该值设得过小，则基站成功检测手机的概率降低，导致手机更多的消息重发，这种重发可能是成倍的。该参数调整与基站捕获接入信道的搜索窗口大小相关。

2．接入信道试探消息实体长度

参数名称：接入信道试探消息实体长度

英文名称：MAX_CAP_SZ

参数描述：每一个接入信道试探由接入信道前缀（access channel preamble）和接入信道消息实体（access channel message capsule）组成，接入信道消息实体的长度应为 3+MAX_CAP_SZ。

数值范围：0～7（3～10 帧）

默认值：3 或 4，每消息允许的最大帧个数为 6 或 7 帧。

设置说明及影响：

该值设得过小，将不能发送大的接入信道消息，对于某些带有很多拨号数字的始呼消息，或 Data burst Message，可能会有问题。

该值设得大，允许传送大的接入信道消息，由于这些消息的发送需要更长的时间，增加了接入信道发生消息冲突的机会，降低接入信道的容量。举例分析：若 MAX_CAP_SZ 为 3，则消息最大允许帧数为 6 帧。而接入信道速率为 4800bit/s，这样最大消息长度为 6×20×4800/1000=576bit。普通的接入消息一般都比较短，在 100～300bit 之间。一些短的短消息也是没有问题的。如果过长的短消息，则会先发始呼消息，建立业务信道，然后来传送。

3．接入信道试探随机延迟

参数名称：接入信道试探随机延迟

英文名称：PROBE_PN_RAN

参数描述：为了减少接入信道上的碰撞，手机在正常传送接入试探的时间基础上延迟一定的码片，并对每一个接入试探序列里的每个试探，都会重新生成一个延迟，此延迟时间是伪随机的，通过 Hash 算法产生，在 0 到 2probe_pn_random–1 之间。接入信道试探随机延迟时间对应表如表 10-1 所示。

表 10-1　　　　　　　　接入信道试探随机延迟时间对应表

PROBE_PN_RANDOM	Delay(chips)
0	0
1	0～1
2	0～3
3	0～7
4	0～15
5	0～31
6	0～63
7	0～127
8	0～255
9	0～511

数值范围：0～9

默认值：0

设置说明及影响：

由于接入信道和时隙的选择都是随机的而且各个移动台是不相关的，有可能多个移动台在同一接入信道上的同一时隙发送接入信道消息。如果两个移动台的接入信道消息到达基站的时间差超过 1 PN chip，基站就会将二者区分开来，如果接入信道消息到达时间差太小以致不能区分，就叫作接入信道碰撞。当 3 个或更多的接入信道消息在同一时隙发送时，有的会发生碰撞，而有的则不会。在微蜂窝中发生碰撞的可能性会更大一些，因为小区的半径很小（当存在多径时，碰撞更容易发生，因为基站无法区分来自两个移动台的多径碰撞）。

4．接入信道试探滞后范围

参数名称：接入信道试探滞后范围

英文名称：PROBE_BKOFF

参数描述：当移动台发送接入试探之后的一段时间内没有收到来自基站的确认消息，那么它会在等待一个随机时延 RT（0～1+PROBE_BKOFF）之后再次发送接入试探。

数值范围：0～15

默认值：3

设置说明及影响：

如果该参数设置太大，在一次接入请求中需要发送多个接入试探的情况下接入的时间明显延长。

如果该参数设置太小，由于碰撞导致的在同一个试探序列中发送多个试探的情况不会明显好转，在不使用 PN 随机化或持续性时延的情况下更是如此。对于负载较轻的网络，该参数设置较小是可以接受的。

5．接入试探数

参数名称：接入试探数

英文名称：NUM_STEP

参数描述：此参数设置每个接入试探序列中允许的接入试探个数，允许的接入试探个数为 NUM_STEP+1。

数值范围：0～15

默认值：5

设置说明及影响：

本参数设置越大，一个接入探测序列成功接入的概率加大，但有可能相应地增加了反向链路的干扰，因为接入不成功也有可能是因为碰撞造成的。而且接入不成功的话，每次发起呼叫尝试的间隔比较长。NUM_STEP 与 PWR_STEP，INIT_PWR 等参数共同决定了接入性能。

通常在 PWR_STEP 和 NUM_STEP 两个参数之间存在一个平衡考虑，当 PWR_STEP 设置得较小，则 NUM_STEP 应该相应地设置较大一些，反之，PWR_STEP 设置较大，则 NUM_STEP 可以设得小一些。

6．接入信道试探序列滞后范围

参数名称：接入信道试探序列滞后范围

英文名称：BKOFF

参数描述：该值为接入探测序列发磅的最大时延–1。对于接入探测序列（第一个探测序列除外）有一个序列延时 RS，RS 从（0，1+BKOFF）中随机产生。

数值范围：0～15

默认值：3

设置说明及影响：

如果该参数设置太大，在每次接入需要发送多个接入试探序列的情况下接入过程所需要的时间会延长。

如果该参数设置太小，由于碰撞而造成的接入试探重复发送（不同的试探序列中）的情况会增加，在不使用 PN 随机化、持续性时延的情况下更是如此。然而对于负载较轻的网络还是可以接受的。

7．接入信道数目

参数名称：接入信道数目

英文名称：ACC_CHAN

参数描述：取值为每个寻呼信道相关的接入信道个数。

数值范围：0～31

默认值：0，即 1 个接入信道

设置说明及影响：

接入信道设置过多会使系统容量下降，过少会导致用户不能及时接入，应根据接入信道负荷配置。

8．接入信道响应等待时间

参数名称：接入信道响应等待时间

英文名称：ACC_TMO

参数描述：接入探测响应超时时间，超过（2＋ACC_TMO）×80ms 时间后将认为基站没有收到该接入信道消息。

数值范围：0～15

默认值：3

设置说明及影响：

如果该参数设置太小，移动台在发送一个接入试探之后等待基站确认的时间不够长，就重新发送另外一个接入试探，也就是说，可能会发送不必要的试探，这样会导致接入信道的负载增加，并增加了接入信道碰撞的概率。另外，协议规定基站必须在接收到移动台的接入试探之后的 ACC_TMO×80ms 时间内发送确认消息，如果该参数设置太小，基站将无法满足要求，特别是在负载很重的情况下。

如果设置太大，接入过程会慢下来，因为每次接入试探所需要的时间增加了。

ACC_TMO 不能太小，以避免发生下面的情况：当移动台发送另外一个接入试探的时候基站对前一个试探的确认消息已经发出。

从基站接收到来自移动台的接入试探到基站通过寻呼信道发送确认消息大概需要350ms（在无负载的系统中），因此 ACC_TMO 不得小于 3（当设置为 3 时，代表 80ms×

(3+2)= 400 ms)。

减小 ACC_TMO 不会加快接入过程，除非发送第一个接入试探就收到了基站的确认，而且会导致移动台发送一些不必要的接入试探和增加反向链路的干扰。

随着基站负载的增加，ACC_TMO 需要设置为比 3 大的值，因为基站发送确认消息需要更多的时间。

9. 接入信道请求最大试探序列数

参数名称：接入信道请求最大试探序列数

英文名称：MAX_REQ_SEQ

参数描述：表示对应一个接入信道请求（如始呼）的最大接入探测序列数。对于接入探测序列（第一个探测序列除外）有一个序列延时 RS，RS 从（0，BKOFF）中随机产生。

数值范围：1～15

默认值：3

设置说明及影响：

本参数值设置大，接入成功率可能会提高，但影响接入信道容量。

如果设置过低，即设为 1，则序列没有重发的机会。而无线环境波动的特性，如果第一次没能成功接入，很可能第二个序列时，无线环境已经好转。所以建议至少设为 2。

10. 接入信道响应最大试探序列数

参数名称：接入信道响应最大试探序列数

英文名称：MAX_RSP_SEQ

参数描述：表示对应一个接入信道响应（如寻呼响应）的最大接入探测序列数。对于接入探测序列（第一个探测序列除外）有一个序列延时 RS，RS 从（0，BKOFF）中随机产生。

数值范围：1～15

默认值：3

设置说明及影响：

如果该参数设置太大，会导致一次接入响应中重复发送的次数太多，从而影响接入信道的容量。

此参数设置太小，如果试探序列不能得到确认，则需要再次发送试探序列，因此该参数至少要等于 2。

11. 接入信道初始标称功率

参数名称：接入信道初始标称功率

英文名称：NOM_PWR

参数描述：本参数定义移动站在计算其发射功率开环估计值时采用的偏移。

数值范围：−8～7dB

默认值：0

设置说明及影响：

如果设置过高或过低，闭环纠正（通过反向链路功率控制机制）可能无法纠正开环估计值中的错误偏差。

NOM_PWR 是对硬编码开环偏移的纠正，应提供基站正确收到的移动功率。当发现前向和反向链路不平衡时应使用该值。

12．接入信道初始功率偏置

参数名称：接入信道初始功率偏置

英文名称：INIT_PWR

参数描述：本参数确定接入信道探查的最初功率偏移。

数值范围：−16～15dB

默认值：−3～3dB

设置说明及影响：

如果设置过高，则移动站接入可能会造成反向链路的阻塞，从而降低接入信道性能表现。

如果设置过低，则移动站介入可能会太弱，造成第一次尝试无法接到，从而移动站需要发射数个接入探查，并且可能会在基站成功收到几个接入序列。这会增大接入信道碰撞的概率。

13．接入信道功率调整步长

参数名称：接入信道功率调整步长

英文名称：PWR_STEP

参数描述：PWR_STEP 定义一个探查序列中连续接入探查之间的功率增量。

数值范围：0～7(dB/步长)

默认值：2～3

设置说明及影响：

设置高会加大反向链路上新增干扰收到的接入探查概率。

设置低会增加在基站成功采集之前移动站发送的探查数目，从而造成接入信道的负载加大，并加大碰撞概率。

备注：建议选择 INIT_PWR 和 PWR_STEP，这样移动站就会在发射 NUM_STEP 探查时实现成功接入。移动站应该能够在一两次探查后就实现成功接入。如果同时有几个发射，基站无法解调，移动站则不应继续增加功率。这些发射可能是由于碰撞或超出基站处理资源造成的。还可能会出现反向链路路径比前向路径的传播损失更大。如果功率随着每次探查而增加，并且这一条件发生变化，则移动站将以极高的功率发射探查。这就是为什么会出现多序列的原因。发射接入探查序列之间的延迟是为了允许信道条件发生变化。

10.1.9　接入失败的各种情况分析

1．没有接收到呼叫请求确认，呼叫请求次数达到最大限制

（1）移动台的发射功率比较低。检查移动台最后几次呼叫请求试探序列的发射功率是否达到最大值。如果没有达到最大，说明有可能是接入参数设置不太合理。与之有关的接入参数有：

- INIT_PWR
- NOM_PWR
- PWR_STEP
- NUM_STEP
- MAX_REQ_SEQ
- MAX_RSP_SEQ

（2）移动台的发射功率很高。如果移动台在呼叫发起时允许发射最大发射功率，但是仍然没有接收到确认消息，这种情况比较复杂。

接入信道冲突：呼叫请求消息在基站端必须要有足够高的 Eb/Io 才会被成功检测。如果干扰太高则基站不可能成功解调该消息。当多个用户在同一个接入信道上发送呼叫请求时，有可能会发生冲突。可以调整以下参数来减少冲突的发生：

- ACC_TMO: Acknowlegment Time-out
- PROBE_BKOFF: Probe Backoff
- BKOFF: Backoff
- PN Randomization Delay

基站没有检测到接入请求（Ec/Io 足够高）：

- 链路不平衡

1）如果强干扰阻塞了反向链路，反向链路的覆盖范围会收缩，而前向链路的覆盖并不受影响。如果设备商并没有提供小区呼吸算法（随着反向覆盖范围的变化来调制前向覆盖），那么很容易造成前反向覆盖的不平衡。

2）如果导频信道增益太高也会造成链路的不平衡。如果导频信道的增益设置得太高，那么前向链路的覆盖范围有可能会超过移动台发射机的覆盖范围。移动台检测到了很强的导频，但是呼叫请求却会因为链路不平衡而不能被检测到。一般来说，导频信道增益是一个常数，如果移动台的呼叫请求总是得不到确认消息那么很有可能是导频增益太高造成的，别的原因造成的链路不平衡可能只是暂时的。

- 基站搜索的问题

在反向覆盖很强的情况下，有可能呼叫请求仍然不能被检测到，可能是因为基站设备的搜索程序造成的。由于接入信道消息到达的随机性，基站有可能在这个时间检测到了呼叫请求，却在别的检测不到。造成的原因可能是以下几种：

1）接入信道搜索窗口太窄；

2）分配给接入信道的搜索解调单元性能不是很强；

3）从一个相位偏移到另外一个相位偏移的转换时间太长。

- 接入参数设置不合理

在 BTS 中有可能会为接入信道发送的消息分配一个或者几个信道单元。但是如果参数设置不合理的话，这些信道单元可能不能积累足够的能量来做出判断；需要调制的参数是 PAM_SIZE: Preamble 可能太短。

2．没有接收到呼叫请求确认，呼叫请求次数没有达到最大限制

（1）导频强度太低（System Lost）：如果呼叫请求次数没有达到最大限制，有可能在接入过程中发生了系统丢失。在接入的初始阶段移动台继续监听寻呼信道，并且激活 T_{40m} 计时器，接收到寻呼信道的消息后将该计时器清零；如果该计时器溢出则系统丢失，移动台返回空闲状态接入失败。如果在空闲状态中移动台接收到上一次呼叫请求回应的信道指配消息移动台将拒绝。所以如果移动台拒绝接收到的信道指配消息，可能就意味着移动台在接入过程中发生了系统丢失。

接入和切换冲突：在接入过程中不允许进行切换。如果移动台在接入的过程中朝远离服务小区的方向移动可能会发生系统丢失，从而导致接入失败。如果移动台在接入失败后重新初始化或者切换到邻集中的一个新的导频上就意味着发生了接入过程拒绝切换的情况。如果接入过程太慢或者空闲切换区域太小都会造成这种情况。

● 空闲切换区域太小：如果服务小区的导频信号衰减太快（例如 5～6dB/s），对应移动台来说仅仅有一个短暂的时间来进行空闲切换，而接入过程的持续时间很可能会比这个时间段要长。

● 接入过程太慢：如果移动台的移动速度很快（例如，在高速公路上的时速超过60km），如果接入过程太慢的话，移动台在服务小区覆盖很好的地方发送呼叫请求，但是却很快到达服务小区的覆盖边缘。在接入请求的初始阶段空闲切换是不允许的。导致接入过程太长的参数主要有以下几点：

1）PWR_STEP

2）ACC_TMO

3）Probe backoff

4）Sequence backoff

5）Persistence values

错过空闲软切换：如果很强的可用导频没有被列入邻集列表，那么移动台可能就进行接入请求之前没有进行空闲切换。在这种情况下很容易会造成接入过程中的系统丢失。

（2）导频强度很高：系统丢失（寻呼信道失败）。

导频相位污染：如果导频相位分配不合理会导致不同基站的多径信号落入同一个搜索窗口内致使移动台不能区分；从而不能成功解调目标信号。导频相位污染包括相同导频相位污染和相邻导频相位污染。

寻呼信道增益太小：寻呼信道的功率必须根据导频信号的功率大小来设置，如果寻呼信道的功率太小前向覆盖将受限于寻呼信道。

3．没有接收到信道指配消息

IS-95A 和 J-STD-008 中规定移动台只有 12s 的时间等待信道指配消息，如果信道指配消息没有在规定的时间内到达，移动台会返回空闲状态。该 12s 的常数称为 T_{42m}。

（1）信道指配消息已经被发送

如果基站已经发送了信道指配消息，有可能并没有被移动台接收到。有可能移动台在接入过程中发生了系统丢失已经返回了空闲状态。移动台在空闲状态下接收到信道指配消息并将其拒绝的现象说明了移动台在接入过程中发生了系统丢失。关于系统丢失的原因已经前面讨论过。

（2）信道指配消息没有被发送

前一次呼叫没有拆链；如果移动台的链路释放消息 BS 没有接收到或者在路由中丢失，交换机会在一段时间内认为移动台仍然处在通话状态。在这种情况下，如果用户在结束通话之后很快发起第二次呼叫，那么交换机不会为移动台分配第二条业务信道。

容量不足：当基站不再有信道单元或者剩余的信道单元是为软切换预留的时候意味着资源已经用尽，基站将拒绝为移动台分配业务信道。这种情况应该归类为呼叫阻塞，而不是起呼失败。在这种情况下，基站向移动台发送 Intrcept Order 或者 Re-Order Order，移动台将结束呼叫请求返回空闲状态。

4．移动台没有成功获得前向业务信道

一旦接收到信道指配消息，移动台必须立刻获取前向业务信道；基站在前向业务信道上发送空业务来让移动台获得该信道。如果移动台在 200ms 内没能成功搜索到该信道，将放弃继续搜索。在下面的几种情况下有可能造成移动台获取前向业务信道不成功：

（1）导频强度 Ec/Io 足够高：系统丢失（业务信道初始化失败）

前向业务信道的增益不够高：基站设备必须确保在发送信道指配消息之前就已经开始发送空业务，否则移动台将什么都搜索不到，很快就放弃呼叫请求。当导频强度足够高时，失败的原因可能是前向业务信道增益的初始值设置太小。在接入过程中前向功控并没有被激活。

导频相位污染：前面已经提到。

（2）导频强度 Ec/Io 比较低：系统丢失（前向业务信道初始化失败）

如果导频强度比较低（例如，Ec/Io<-15dB），有可能在接入过程中发生系统丢失。如果在这个阶段发生了系统丢失，那么 T_{40m} 不再使用。有可能 T_{50m} 溢出要求移动台重新初始化，而不是返回空闲状态。

5．移动台没有接收到基站的反向业务信道确认消息

在移动台成功获取前向业务信道之后，移动台开始在反向业务信道上发送 preamble，当基站成功获取反向业务信道之后会在前向业务信道上发送确认消息。如果没有在 2ms 内接收到该消息，移动台将重新初始化。从基站的日志中可以查出基站是否已经在前向业务信道上发送了确认消息：

（1）基站日志显示基站发送了确认消息

导频强度 Ec/Io 太低：系统丢失（导频信道失败）前面已经讨论过。

导频强度 Ec/Io 足够高：系统丢失（业务信道丢失）前面已经讨论过。

（2）基站日志显示基站并没有发送确认消息

搜索问题：业务信道的搜索窗口有可能与接入信道的搜索窗口不同，如果业务信道的搜索窗口太小可能会导致基站检测不到反向业务信道。

覆盖问题：移动台可能已经到了反向覆盖范围之外。

功率控制问题：外环功控不合理导致反向链路的发射功率不足。

6．没有接收到业务连接消息

这部分失败的原因分析与掉话的原因分析相同，因为在这两种情况下移动台都处在业务信道上，闭环功控和切换信令都处在激活状态。

10.1.10　任务解决

回到 10.1.1 小节提出的任务。

任务：要分析接入中发生的问题，首先要明白接入的流程以及接入的相关参数，然后要清楚接入失败的定义是什么，这样才能对接入过程进行分析，定位接入失败的具体原因。这些在本章节都有详细的阐述与介绍，请读者回到书中去仔细阅读相关章节的知识。

在这个任务中，我们首先来看看导频复用情况，服务区的导频 PN 是否改变，用测试软件测试，看在问题区能不能看到目标小区的信号，以此确定是不是导频复用造成的。结果发现不是，并且发现信令总是上报登记消息，于是我们检查寻呼域（Paging Zone）设置是否出错。经排查排除怀疑，后台检查所有参数均正常，且无任何异常。进一步怀疑是否是信号集搜索窗口（SRCH_WIN_A、SRCH_WIN_N、SRCH_WIN_R）及基站半径、接入信道捕获搜索窗口宽度太小造成的，做了更改，发现是基站半径、接入信道捕获搜索窗口宽度太小所致。更改后问题得以解决。

10.2　掉话专题

掉话率是评价 CDMA 网络性能的一个重要准则。掉话一般分为前向链路丢失掉话和反向链路丢失掉话两种，对于前一种是所有厂家统一的规范，后一种属于各设备制造商的私有控制机制，各制造商的实现方式和相关控制参数设置都不相同。

10.2.1　任务提出

任务：某业务区路测中发现，每次测试车行驶到甲基站南面的一个约 20m 长的小山包旁，只要经过该小山包，经常会出现掉话，在该处掉话点的 10 次来回路测中（车速为 30km/h），出现了 4 次掉话。请尝试分析掉话可能的原因并提出解决方案。

10.2.2　移动台的掉话机制

移动台在下列情况发生时会发生掉话。

1．移动台接收到坏帧

当移动台连续接收到 12 个坏帧之后，会关闭其发射机。在连续接收到 2 个好帧之后会重新启动发射机。

2．移动台的衰落定时器（Fade Timer）

过高的误帧率意味着前向链路很差，所以要在移动台设有衰落定时器。定时器的期满值为 T_{5m}（5 秒），该计时器一直在倒计时一直到 0；当接收到连续的 2 个好帧时，计时器重新开始倒计时。如果移动台在回零之前没有接收到连续的两个好帧，那么移动台将重新初始化。

3．移动台接收确认消息失败

移动台可能在业务信道上向基站发送消息，并需要基站的确认。如果在发送消息之后的 N_{1m}（在 IS-95A 中设置为 3ms，在 IS-95B 中建议设置为 8s）时间内没有接收到基站的确认

消息，移动台将重新初始化。

10.2.3　基站掉话机制

基站在下列情况发生时会发生掉话。

1. 基站坏帧机制

基站有可能也有与移动台类似的"坏帧"机制：当接收到一定数目的反向坏帧之后，前向业务信道不再继续发送信号。具体的细节在相关规范中没有描述。各个设备厂商可能不同。

2. 基站接收确认消息失败

基站有可能也有与移动台类似的接收确认消息失败机制。具体的细节在相关规范中没有描述。各个设备厂商可能不同。

10.2.4　掉话分析模板

前面所提到的掉话机制并不能明确地看出究竟是前向链路失败还是反向链路失败或者为什么失败了。为了明确这些因素，我们需要从掉话点向后查看数据。如果利用模板的话，将会很快地确定原因。模板主要是列举各种原因造成的掉话现象（掉话之前的一段时间内一些重要参数的特点），我们只需要比较某一种实际掉话情况与哪一种标准模版列举的情况相近，就会很快地得到掉话的原因。

模板描述的一些特点：

（1）模板仅列举一些关键的参数。

（2）导频强度 Ec/Io 的单位是 dB。其他参数以 dBm 为单位。

10.2.5　接入/切换掉话模板

1. 接入/切换掉话的定义

当移动台处于一个小区覆盖边缘时有可能发起呼叫，而此时切换也即将进行，而在 IS-95A 中不支持接入过程中进行切换。如果移动台在接入过程中沿着走出服务小区的覆盖范围的方向走，切换也只能在接入过程结束时才能进行。接入与切换不能同时进行，切换必须等待接入完成之后进行。如果接入过程太长，有可能在切换过程中失败。

2. 接入/切换掉话模板描述

在这种情况中，可以观察到随着移动台接收功率的增加而导频强度 Ec/Io 在不断减小。这往往表示另外一个强导频在前向链路造成强干扰应该进行切换。当导频强度跌至-15dB 以下的时候，前向链路的质量会严重下降。如果这种情况发生在接收到信道指配消息之后的 1～2s 内，很容易发生业务信道初始化失败，移动台将重新初始化。在一个新的导频上进行初始化明确地表明需要进行切换。

当因为干扰很大使导频强度低于-15dB 时，前向链路的质量严重下降。当前向链路不能成功解调，移动台会关闭发射机，此时的反向闭环功控比特会被忽略。TX_GAIN_ADJ 的幅度保持平坦，一般是正的几 dB。由于移动台的接收功率很高，开环功控会低估移动台所需要发射的功率水平。

10.2.6 前向干扰掉话（长时干扰）

1．长时的定义

长时是指持续时间超过移动台的衰落计时器的期满值（例如，大于 5s）。

2．长时前向干扰掉话模版描述

在前向链路干扰造成的掉话中，可以观察到随着移动台接收功率的增加导频强度 Ec/Io 在不断减小。这往往表示存在干扰源在前向链路造成强干扰。当因为干扰很大使导频强度低于−15dB 时，前向链路的质量严重下降。当前向链路不能成功解调，移动台会关闭发射机，此时的反向闭环功控比特会被忽略。TX_GAIN_ADJ 的幅度保持平坦，一般是正的几 dB。由于移动台的接收功率很高，开环功控会低估移动台所需要发射的功率水平。

3．干扰源

CDMA 的自干扰（切换失败）：如果移动台马上在另外一个导频上进行初始化，那么掉话是因为切换失败，这是前向链路干扰造成掉话的最普遍的情况。

4．外部干扰

如果移动台掉话后进入长时间的搜索模式中（超过 10s），那么造成很高的 FER，从而导致掉话的干扰源不可能是 CDMA 中的可用导频信号（例如，可能是微波发射机）。

10.2.7 短时干扰（前向干扰掉话）

1．短时的定义

短时是指持续时间低过移动台的衰落计时器的期满值（例如，小于 5s）。

2．短时前向干扰掉话模版描述

在前向链路干扰造成的掉话中，可以观察到随着移动台接收功率的增加导频强度 Ec/Io 在不断减小。这往往表示存在干扰源在前向链路造成强干扰。当因为干扰很大导频强度低于-15dB 时，前向链路的质量严重下降。当前向链路不能成功解调时，移动台会关闭发射机，此时的反向闭环功控比特会被忽略。TX_GAIN_ADJ 的幅度保持平坦，一般是正的几 dB。由于移动台的接收功率很高，开环功控会低估移动台所需要发射的功率水平。

如果这种情况的持续时间很短（不超过 5s），移动台的衰落计时器可能会重新启动，掉话不会发生。如果导频强度在 5s 内恢复到-15dB，但是 TX_GAIN_ADJ 的幅度仍然保持水平，这表示移动台的发射机并没有启动，衰落计时器仍然在计时。当计时器溢出时，移动台重新初始化。发生这种情况是因为基站的掉话机制比移动台的反应要快（例如，是在 2s 内

而不是 5s 内）。当导频恢复时基站已经停止在业务信道上发射信号，一般来说在这种情况下，移动台会在同一个导频上重新初始化。

3．干扰源

（1）CDMA 的自干扰（切换失败）。

（2）外部干扰。

10.2.8　前反向链路不平衡导致的掉话

1．模板的描述

在这种情况中，很强的导频信号意味着前向链路很好，而移动台的发射功率却已经调整到了最大，这说明反向链路很差。这两项指标说明了存在前反向链路的不平衡。经过一定的时间（例如，3～5ms），基站将放弃反向业务信道，并且停止发送前向业务信号。当然此时，移动台的前向业务 FER 变得极高，很快会关闭发射机，参数 TX_GAIN_ADJ 的幅度变得平坦。

2．不平衡的原因

（1）反向链路阻塞。

（2）分配给导频的功率比例过高。

10.2.9　覆盖不好造成的掉话（长时覆盖不好）

1．模版的描述

导频强度 Ec/Io 与移动台接收功率同时下降是这种掉话的显著特征。当导频强度低于 −15dB 时，前向链路的质量严重下降。当前向链路不能成功解调，移动台会关闭发射机，此时的反向闭环功控比特会被忽略。TX_GAIN_ADJ 的幅度保持平坦，它的大致范围一般在 0～−10dB 的范围。在负载很重的小区内，可能会更高。

2．原因

如果这种情况持续时间很长（超过 5s），那么移动台的衰落计时器将在到达 5s 时超时溢出，移动台将重新初始化。这时候，移动台进入一个长时间的搜索模式（例如，大于 10s）。在掉话之前，移动台的发射功率一般接近最大值限制。当移动台关闭发射机的时候，从分析工具看到的发射功率大小的记录和显示值仍然保持不变（虽然实际上发射机已经被关闭了）。此时移动台的接收功率基本上接近−100dB 或者更低。

10.2.10　覆盖不好造成的掉话（短时覆盖不好）

1．模板的描述

导频强度 Ec/Io 与移动台接收功率同时下降是这种掉话的显著特征。当导频强度低于

–15dB 时，前向链路的质量严重下降。当前向链路不能成功解调，移动台会关闭发射机，此时的反向闭环功控比特会被忽略。TX_GAIN_ADJ 的幅度保持平坦，它的大致范围一般在 0～–10dB 的范围。在负载很重的小区内，可能会更高。

2．原因

如果这种情况出现时间很短（小于 5s），移动台的衰落计时器有可能在掉话之前重新启动。如果导频强度在短于 5s 的时间内恢复到–15dB 以上，但是 TX_GAIN_ADJ 的幅度仍然保持平坦，说明移动台的发射机并没有重新启动。衰落计时器仍然在继续倒计时。当衰落计时器在 5s 时溢出时移动台重新初始化。发生这种情况是因为基站的掉话机制比移动台的反应要快（例如，是在 2s 内而不是 5s 内）。当导频恢复时基站已经停止在业务信道上发射信号。在掉话之前，移动台的发射功率一般接近最大值限制。当移动台关闭发射机的时候，从分析工具看到的发射功率大小的记录和显示值仍然保持不变（虽然实际上发射机已经被关闭了）。此时移动台的接收功率基本上接近–100dB 或者更低。

10.2.11 业务信道发射功率受限造成的掉话

1．模板的描述

在前向链路中分配给业务信道的功率和反向链路设置的 Eb/No 目标值都限定在一定的范围内。当这些参数设置太低，业务信道不允许足够大的功率开保持前向链路，在这种情况下，即使导频可用，也有可能发生掉话。

2．当前向链路首先失败

在业务信道受限所导致的掉话中，可以看到导频强度和移动台的接收功率都在可接受的门限之上（例如，导频的 Ec/Io 大于–15dB，移动台接收功率大于–100dB）。在这种情况下，TX_GAIN_ADJ 会在 5s 内保持水平，之后移动台重新初始化。这表明前向业务信道能量不足使移动台不能成功解调，关闭了发射机。既然导频强度足够，我们可以断定前向业务信道的发射功率受限（前向业务信道配置的最大发射功率受限）或者已经被停止发送。当移动台的衰落计时器在 5s 之后溢出时移动台重新初始化。在同一个导频信道上初始化明确地表明掉话的原因是前向业务信道太弱。

3．当因反向链路受限而失败

基站设置的反向业务信道 Eb/No 目标值是反向信道的一个限制。当基站所接收到的反向业务信道的能量达不到一定的值，基站将掉话，从而中断前向业务信道的发送。现象与前面所描述的前向链路首先失败相同。

10.2.12 任务解决

回到 10.2.1 提出的任务。

任务： 要分析掉话问题，首先我们要清楚移动台与基站的掉话机制，熟悉掉话分析用的模板，掉话的相关参数以及各种常见的掉话情况及其原因。只有熟悉了这些基础知识，

才能很好地分析掉话问题。这些掉话相关的知识，在本章中都有很好的阐述，请读者仔细阅读理解。

回到前面 10.2.1 小节提出的任务，测试人员沿着小山包的路线进行路测，发现手机在开始的时候激活集中的导频 384（384 为邻小区基站）在经过小山包的过程中，出现快衰落，384 很快被剔除激活集，而刚经过该小山包，导频 384 又突然变强，对原本已较差的有效集信号形成强干扰，很多情况下 384 导频来不及被加到有效集，移动台就出现掉话。

考虑到此处信号快衰落区域的特殊情况，384 导频在被剔除激活集的时间很短，384 导频又会突然变强，因此可考虑：

（1）通过调整切换去门限来延长导频 384 保持在激活集中的时间，即 384 导频在信号较差时仍能呆在激活集中一段时间，只要这段时间超过行车转过小山包的时间即可；

（2）适当加大 T_TDROP 也能延长导频 384 留在激活集的时间；

（3）检查 384 导频及周边小区的 T_DROP 参数，设置为−16dB，已经比较低了，因此没对该参数再做调整

（4）将原来激活集导频相关的扇区的 T_TDROP 由原来的 3（4s）调整为 4（6s）。

（5）进行上述调整后又在该区域以 30km/h 的速度来回进行了 10 次测试，掉话现象没有再次发生。

10.3 切换专题

前一部分描述了掉话的分析模版。软切换失败是导致掉话失败的主要原因。在这一部分中将分析导致切换失败的主要原因。与切换失败的一些主要因素有：

（1）切换保护算法

（2）许可控制算法

（3）切换信令

（4）硬切换技术及参数

10.3.1 任务提出

任务：某业务区某区域客户投诉经常有掉话，经过对该区域进行测试和分析，发现是由于前向快速衰落导致软切换不能顺利完成而引起的一次掉话。请尝试分析掉话的原因并提出解决方案。

10.3.2 导频强度的指示功能

切换失败的一个重要标志是服务小区的 Ec/Io 太低，而别的导频则很强。可以从以下几点看出：

1. 在一个新的导频上重新初始化

当移动台在导频 A 上发生系统丢失，然后很快在导频 B 上重新初始化，可能说明导频 B 足够强应该在此之前进行切换。

2．后处理

通常从邻集的搜索结果中可以看出比较强的导频。

3．PSMM（导频强度测量消息）

从 PSMM 可以看出可用的较强的导频。

4．导频扫描

如果以上的方法都看不出可用的导频，那么对所有导频进行搜索的结果是最后的一种方法。

10.3.3　切换基本原理

1．切换的发起

切换的发起一般基于下列三种情形。

（1）以动态位于小区边界，信号恶化到一定程度。

（2）移动台在小区中进入信号的阴影区。

（3）小区拥挤。

一般地，一个移动台是否需要发起切换请求的判决参数主要有接收信号强度指标（RSSI）、载干比（C/I）、数字系统中的误码率（BER）等。CDMA 软切换的标准主要为导频信号的强度，移动台连续扫描每个小区或者扇区传输的导频信号，当导频功率超过给定主门限时，就与相应的小区或者扇区（最多 3 个）建立通信。在使用相同频率的小区的信道上，这些切换不需要中断通信链路。软切换可以提高系统的 QoS 和系统容量。

2．导频集

"导频信号"可用一个导频信号序列偏置和一个载频标明，一个导频信号集的所有导频信号具有相同的 CDMA 载频。移动台搜索导频信号以探测现有的 CDMA 信道，并测量它们的强度，当移动台探测了一个导频信号具有足够的强度，但并不与任何分配给它的前向业务信道相联系时，它就发送一条导频信号强度测量消息至基站，基站分配一条前向业务信道给移动台，并指示移动台开始切换。业务状态下，相对于移动台来说，在某一载频下，所有不同偏置的导频信号被分类为如下集合：

有效导频信号集：所有与移动台的前向业务信道相联系的导频信号。

候选导频信号集：当前不在有效导频信号集里，但是已经具有足够的强度，能被成功解调的导频信号。

相邻导频信号集：由于强度不够，当前不在有效导频信号集或候选导频信号集内，但是可能会成为有效集或候选集的导频信号。

剩余导频信号集：在当前 CDMA 载频上，当前系统里所有可能的导频信号集合（PILOT_INCs 的整数倍），但不包括在相邻导频信号集，候选导频信号集和有效导频信号集里的导频信号。

3. 软切换

（1）软切换的概念

所谓软切换就是当移动台需要跟一个新的基站通信时，并不先中断与原基站的联系。软切换是 CDMA 移动通信系统所特有的，以往的系统所进行的都是硬切换，即先中断与原基站的联系，再在一指定时间内与新基站取得联系。软切换只能在相同频率的 CDMA 信道间进行，它在两个基站覆盖区的交界处起到了业务信道的分集作用。

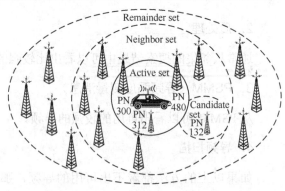

图 10-7　软切换的导频集

软切换有以下几种方式：

● 同一 BTS 内相同载频不同扇区之间的切换，也就是通常说的更软切换（softer handoff）；

● 同一 BSC 内不同 BTS 之间相同载频的切换；

● 同一 MSC 内不同 BSC 的之间相同载频的切换。

（2）软切换的优点

FDMA、TDMA 系统中广泛采用硬切换技术，当硬切换发生时，因为原基站与新基的载波频率不同，移动台必须在接收新基站的信号之前，中断与原基站的通信，往往由于在与原基站链路切断后，移动台不能立即得到与新基站之间的链路，会中断通信。另外，当硬切换区域面积狭窄时，会出现新基站与原基站之间来回切换的"乒乓效应"，影响业务信道的传输。在 CDMA 系统中提出的软切换技术，与硬切换技术相比，具有以下更好的优点：

软切换发生时，移动台只有在取得了与新基站的链接之后，才会中断与原基站的联系，通信中断的概率大大降低。

软切换进行过程中，移动台和基站均采用了分集接收的技术，有抵抗衰落的能力，不用过多增加移动台的发射功率；同时，基站宏分集接收保证在参与软切换的基站中，只需要有一个基站能正确接收移动台的信号就可以进行正常的通信，由于通过反向功率控制，可以使移动台的发射功率降至最小，这进一步降低移动台对其他用户的干扰，增加了系统反向容量。

进入软切换区域的移动台即使不能立即得到与新基站通信的链路，也可以进入切换等待的排队队列，从而减少了系统的阻塞率。

软切换示意图如图 10-8 所示。

4. 更软切换

更软切换是指发生在同一基站下不同扇区之间的切换。在基站收发机（BTS）侧，不同扇区天线的接收信号对基站来说就相当于不同的多径分量，由 RAKE 接收机进行合并后送至 BSC，作为此基站的语音帧。而软切换是由 BSC 完成的，将来自不同基站的信号都送至选择器，由选择器选择最好的一路，再进行话音编解码。更软切换示意图如图 10-9 所示

软切换和更软切换的区别如图 10-10 所示。

由图 10-10 可以看出，软切换由 BSC 帧处理板进行选择合并，更软切换不同分支信号在 BTS 分集合并。

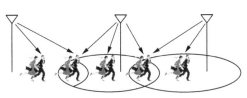

图 10-8　软切换示意图

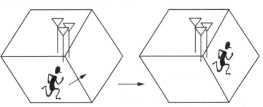

图 10-9　更软切换示意图

5．硬切换

当移动台从一个基站的覆盖范围移动到另外一个基站的覆盖范围，通过切换移动台保持与基站的通信。硬切换是在呼叫过程中，移动台先中断与原基站的通信，再与目标基站取得联系，发生在分配不同频率或者不同的帧偏置的 CDMA 信道之间的切换。在呼叫过程中，根据候选导频

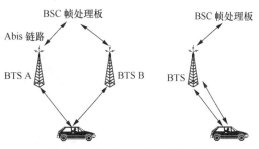

图 10-10　软切换与更软切换的区别

强度测量报告和门限值的设置，基站可能指示移动台进行硬切换。硬切换可以发生在相邻的基站集之间，不同的频率配置之间，或是不同的帧偏置之间。可以在同一个小区的不同载波之间，也可以在不同小区的不同载波之间。在 CDMA 中，有以下几种发生硬切换的情况。

（1）不同的频率间的硬切换。

（2）同一设备商、同一频率间的硬切换。

（3）不同设备商间的硬切换。

（4）不同的设备商，同一个频率上同一系统中的硬切换。

6．搜索过程

对各种不同导频集，手机采用不同的搜索策略。对于激活集与候选集，采用的搜索频度很高，相邻集搜索频度次之，对剩余集搜索最慢。整个导频搜索的时间安排如图 10-11 所示。

```
→A A A C N A A A C N A A A C N A A A C N A A A C N A A A C N A A A C
  A A A C N A A A C N A A A C N A A A C N A A A C N Ⓡ A A A C N A A A
  N A A A C N A A A C N A A A C N A A A C N A A A C N Ⓡ A A A C N A A A
  N A A A C N A A A C N A A A C N Ⓡ A A A C N A A A C N A A A C N A A
  C N A A A C N A A A C N A A A C N A A A C N A A A C N A A A C N A A
```

图 10-11　手机对导频信号的搜索时间安排

在图 10-11 中，A：Actives　　　　激活集

　　　　　　　　C：Candidates　　　候选集

　　　　　　　　N：Neighbor　　　　相邻集

　　　　　　　　R：Remaining　　　　剩余集

从图 10-11 可以看出，在完成一次对全部激活集或候选集中的导频搜索后，搜索一个相邻集中的导频信号。然后再一次完成激活集与候选集中所有导频搜索后，搜索另一个相邻集中的导频信号。在完成对相邻集中所有导频信号搜索后，才搜索一个剩余集中的导频信号。周而复始，完成对所有导频集中的信号的搜索。

手机搜索能力有限，当搜索窗尺寸越大、导频集中的导频数越多时，遍历导频集中所有

导频的时间就越长。

7．软切换的过程

（1）软切换过程

软切换过程如图 10-12 所示。

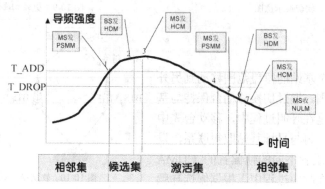

图 10-12　IS-95 的软切换过程

● 移动台检测到某个导频强度超过 T_ADD，发送导频强度测量消息 PSMM 给基站，并且将该导频移到候选集中。

● 基站发送切换指示消息。

● 移动台将该导频转移到有效导频集中，并发送切换完成消息。

● 有效集中的某个导频强度低于 T_DROP，移动台启动切换去定时器（T_TDROP）。

● 切换去定时器超时，导频强度仍然低于 T_DROP，移动台发送 PSMM。

● 基站发送切换指示消息。

● 移动台将该导频从有效导频集移到相邻集中，并发送切换完成消息。

（2）动态软切换过程

在 cdma 2000 1X 中使用动态软切换，其过程如图 10-13 所示。软切换流程中的参数 T-ADD 与 T_DROP 采用动态门限，而非 IS-95 中采用的绝对门限。

IS2000 软切换算法说明：

● 导频 P2 强度超过 T_ADD，移动台把导频移入候选集。

● 导频 P2 强度超过[(SOFT_SLOPE/8)×10×log10(PS1）+ADD_INTERCEPT/2]，移动台发送 PSMM。

● 移动台收到 EHDM，GHDM 或 UHDM，把导频 P2 加入到有效集，并发送 HCM。

● 导频 P1 强度降到低于[(SOFT_SLOPE/8)×10×log10(PS2)+DROP_INTERCEPT/2]，移动台启动切换去掉定时器。

● 切换去掉定时器超时，移动台发送 PSMM。

● 移动台收到 EHDM，GHDM 或 UHDM。把导频 P1 送入候选集并发送 HCM。

● 导频 P1 强度降低到低于 T_DROP，移动台启动切换去掉定时器。

● 切换去掉定时器超时，移动台把导频 P1 从候选集移入相邻集。

● 其中，SOFT_SLOPE 表示软切换斜率、ADD_INTERCEPT 表示切换加截距、DROP_INTERCEPT 表示切换去截距。

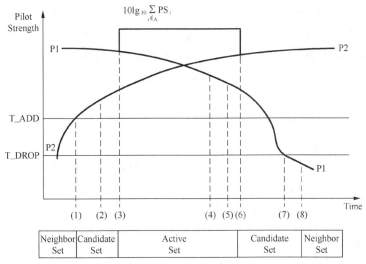

图 10-13　动态软切换过程

10.3.4　切换基本参数

下面我们详细介绍切换过程中的一些重要参数。

1．T_ADD

参数名称：软切换加入门限

英文名称：T_ADD

参数描述：当邻集中的导频强度达到该门限时，移动台将其转移到候选集并向基站发送导频强度测量消息，以触发软切换。

数值范围：0～63(以−dB/2 为单位)

建议值：26～28(−13～−14dB)

设置说明及影响：

（1）如果 T_ADD 设置过高（如大于−13dB），可能会因切换区域过小而导致掉话和覆盖空洞。

（2）如果 T_ADD 设置过低（如低于−14dB），可能会导致切换区域过大，从而产生大量的切换，进而会因为需要大量的信道等资源而损失前向链接容量，从而增加网络成本。此外，呼叫和切换堵塞还会增加，切换堵塞也可能导致呼叫中断。

说明：

根据厂家基站的具体实现，T_ADD 可以作为系统范围的参数或是每个扇区的参数（即每个扇区的 T_ADD 值可以不相同）。在后一种情况下，如果将增加到激活集中的导频所使用的 T_ADD 值不同于其他激活集导频，则基站向移动台发送的 T_ADD 必须是所有扇区中的最小值。这样，在呼叫中移动台就可以调整其 T_ADD 值。

当基站接收到移动台发送的表明某个相邻集导频强度大于 T_ADD 值的导频强度测量消息时，无论当时和移动台链路的质量如何，基站都会发送切换指示消息。事实上，就切换而言，移动台发挥的是"控制"而不是"协助"作用，因为基站并不对移动台是否需要增加链路做出判断和决定。

如果 T_ADD(T_DROP，T_COMP，T_TDROP)储存在系统不同的物理存储单元内（如，在基站和基站控制器），必须要注意确保这两个值的一致性。

如果基站接收到 PSMM 时并不能改变移动台的激活集，则允许基站不发送切换指示消息。这种情况主要发生在被要求加入激活集的扇区没有足够的资源。

2. T_DROP

参数名称：软切换去掉门限

英文名称：T_DROP

参数描述：当激活集或候选集的导频强度降至 T_DROP 以下，移动台将为该导频开启切换去掉定时器（参见 T_TDROP）

数值范围：0~63（以−dB/2 为单位）

建议值：30~32（−15、−16 dB）

设置说明及影响：

（1）如果 T_DROP 设置过高（如大于−15dB），则可能会导致有用导频被迅速从激活集剔除，从有用信号变成干扰，从而导致掉话。

（2）如果 T_DROP 设置过低（如小于−16dB），则可能会导致过多的软切换，从而影响前向链路的容量，进而增加呼叫和切换堵塞，切换堵塞很可能导致掉话。

说明：

根据厂家基站的实现情况，T_DROP 可以作为系统范围的参数或是每个扇区的参数（即每个扇区的 T_DROP 值可以不相同）。在后一种情况下，如果将增加到激活集中的导频所使用的 T_DROP 值不同于其他激活集导频，则基站向移动台发送的 T_DROP 必须是所有扇区中的最小值。这样，在呼叫中移动台就可以调整其 T_DROP 值。

在设置 T_DROP 时必须考虑 T_TDROP 的设置，因为前者相对于 T_ADD 而言是功率迟滞，而后者引入的是时间迟滞。不建议同时设置 T_DROP 和 T_TDROP。

3. T_TDROP

参数名称：软切换去调定时器

英文名称：T_TDROP

参数描述：当激活集或候选集导频强度降至 T_DROP 以下时，移动台将为该导频开启切换去掉定时器。一旦定时器超过 T_TDROP，移动台将发射导频强度测量消息，指示它要从激活集或候选集转移到相邻集的导频。

数值范围如表 10-2 所示。

表 10-2 切换分接定时器有效期值

T_TDROP	定时器有效期(s)	T_TDROP	定时器有效期(s)
0	0.1	8	27
1	1	9	39
2	2	10	55
3	4	11	79
4	6	12	112
5	9	13	159
6	3	14	225
7	19	15	319

T_TDROP 建议值取 2、3、4。

设置说明及影响：

（1）如果 T_TDROP 设置过高，弱导频将在激活集内停留较长时间，进而导致可能无用的导频扰乱激活集和候选集。

（2）如果 T_TDROP 设置过低，使有用导频会过早地从激活集或候选集回到邻集，从而可能导致呼叫中断。

说明：

根据厂家基站的实现情况，T_TDROP 可以作为系统范围的参数或是每个扇区的参数（即每个扇区的 T_TDROP 值可以不相同）。在后一种情况下，如果将增加到激活集中的导频所使用的 T_TDROP 值不同于其他激活集导频，则基站向移动台发送的 T_TDROP 必须是所有扇区中的最大值。这样，在呼叫中移动台就可以调整其 T_TDROP 值。

在设置 T_TDROP 时必须考虑 T_DROP 的设置，因为前者引入了时间迟滞，而后者引入的是功率迟滞。

4．T_COMP

参数名称：导频强度比较门限

英文名称：T_COMP

参数描述：如果候选集导频的强度超过激活集导频强度 T_COMP/2（dB），移动台将向基站发送导频强度测量消息，报告这种情况。

数值范围：0～15(以 dB/2 为单位)

建议值：4～6(2、3 dB)

设置说明及影响：

（1）T_COMP 设置较大，可能使较高强度的候选集导频加入激活集速度变慢；

（2）T_COMP 设置较小（如 0），将导致移动台频繁发送 PSMM 消息。

说明：

根据厂家基站的实现情况，T_TDROP 可以作为系统范围的参数或是每个扇区的参数（即每个扇区的 T_TDROP 值可以不相同）。在后一种情况下，如果将增加到激活集中的导频所使用的 T_COMP 值不同于其他激活集导频，则基站向移动台发送的 T_COMP 必须是所有扇区中的最小值。这样，在呼叫中移动台就可以调整其 T_TDROP 值。

在确定 T_COMP 的时候，需要考虑 T_ADD 的设置。因为前者是基于功率的相对值来估计导频的可用性，而后者是基于功率的绝对值来估计导频的可用性。不过，由于基站实行的是“移动台指示”的切换，大多数切换是在导频强度高于 T_ADD 的情况下基站授权进行的。

在确定 T_COMP 时，需要考虑 T_TDROP 的设置值，后者决定了一个弱导频在激活集中可能的滞留时间，如果设置很大，则会触发大量的 PSMM 消息（当候选集中的导频比该弱导频大 T_COMP 时发送）。

5．SOFT_SLOPE

参数名称：动态软切换斜率

英文名称：SOFT_SLOPE

参数描述：该参数定义了动态软切换中的切换斜率。当打开动态软切换功能时，导频切

入和切出激活集时都使用该参数。IS-95A 的终端不支持动态软切换。

数值范围：0～63(以 1/8 dB 为单位)

建议值：16～24(2～3 dB)

设置说明及影响：

（1）如果设置过低，则动态 T_ADD 和动态 T_DROP 会很高，导频切入激活集会变得困难，而切出会变得容易。这会导致过多的掉话。

（2）如果设置过高，则动态 T_ADD 和动态 T_DROP 会很低，导频切入激活集会变得容易，而切出会变得困难。这会导致过多的导频留在激活集内，从而影响前向链路的容量。

说明：

如果关闭动态软切换算法，就回到了静态 T_ADD 和 T_DROP。动态软切换算法的主要好处在于限制了移动台激活集内的导频数量，从而增加前向链路的容量。

6．ADD_INTERCEPT

参数名称：动态软切换加入截距

英文名称：ADD_INTERCEPT

参数描述：该参数定义了动态门限软切换算法中的导频加入截距。

数值范围：-32～31(以 1/2 dB 为单位)

建议值：0～6(0～3 dB)

设置说明及影响：

（1）如果设置过高，则动态 T_ADD 将会过高，导频加入激活集会变得困难。这会导致过多的掉话。

（2）如果设置过低，则动态 T_ADD 将会过低，导频加入激活集会变得容易，这会导致过多的导频留在激活集内。

7．DROP_INTERCEPT

参数名称：动态软切换去掉截距

英文名称：DROP_INTERCEPT

参数描述：该参数定义了动态门限软切换算法中的导频去掉截距。

数值范围：-32～31（以 1/2 dB 为单位）

建议值：0～6（0～3 dB）

设置说明及影响：

（1）如果设置过高，则动态 T_ DROP 将会过高，导频从激活集切出会变得容易。这会导致过多的掉话。

（2）如果设置过低，则动态 T_ DROP 将会过低，导频从激活集切出会变得困难，这会导致过多的导频滞留在激活集内。

8．SRCH_WIN_A

参数名称：激活集/候选集搜索窗

英文名称：SRCH_WIN_A

参数描述：SRCH_WIN_A 决定了激活集和候选集导频的搜索窗口的大小。窗口以激活集或候选集导频最早到达的可用多径为中心。

数值范围如表 10-3 所示。

表 10-3　　　　　　　　　　　　　　搜索窗口的尺寸

SRCH_WIN_A SRCH_WIN_N SRCH_WIN_R	窗口尺寸 （PN 码片）	SRCH_WIN_A SRCH_WIN_N SRCH_WIN_R	窗口尺寸 （PN 码片）
0	4	8	60
1	6	9	80
2	8	10	100
3	10	11	130
4	14	12	160
5	20	13	226
6	28	14	320
7	40	15	452

建议值：6～9（28～80 片）

设置说明及影响：

（1）如果 SRCH_WIN_A 设置过低，可能会丢失有用的多径。

（2）如果 SRCH_WIN_A 设置过高，则可能会搜索到来自其他基站的多径；此外，过高的设置意味着对激活集和候选集的搜索需要更长的时间，进而增加切换时延，影响切换性能。

说明：

根据厂家基站的具体实现，SRCH_WIN_A 可以作为系统范围的参数或是每个扇区的参数（即每个扇区的 SRCH_WIN_A 值可以不相同）。在后一种情况下，如果将增加到激活集中的导频所使用的 SRCH_WIN_A 值不同于其他激活集导频，原则上是使用其中的最大值。这样，在呼叫中移动台就可以更新其 SRCH_WIN_A 值。这是通过在扩展的切换指示消息中发送新的 SRCH_WIN_A 值来实现的。

SRCH_WIN_A 也可以通过业务信道系统参数消息来进行修正。

SRCH_WIN_A 的优化应考虑该扇区周围地形。例如，如果地形是多山的或是多坡的，那么就会存在时延很大的多径；在这种情况下，可能需要增加 SRCH_WIN_A。而在田园和平坦的地形中，时延很大的多径会非常少，可以适当减小 SRCH_WIN_A。

9．SRCH_WIN_N

参数名称：邻集搜索窗

英文名称：SRCH_WIN_N

参数描述：SRCH_WIN_N 定义了邻集导频的搜索窗口大小。窗口的定位是以移动台自己的定时为参考，以该导频的 PN 偏置为窗口的中心。

数值范围：参见 2.2.1 中的表格。

建议值：9～12(80～160 片)

设置说明及影响：

（1）如果 SRCH_WIN_N 设置过低，某些邻集导频可能会搜索不到。

（2）如果 SRCH_WIN_N 设置过高，邻集导频的搜索时间会变得过长。导致搜索速率降

低，影响了网络性能。

说明：

如果基站支持业务信道系统参数消息，SRCH_WIN_N 能够在呼叫过程中改变。如果不支持的，则无论服务移动台的当前扇区的值是多少，移动台在呼叫的整个持续时间都将使用原始扇区提供的值（来自呼叫开始前该扇区的寻呼信道的系统参数消息）。

这个参数的设置应当和 PILOT_INC 的设置相配合。

10．SRCH_WIN_R

参数名称：剩余集搜索窗

英文名称：SRCH_WIN_R

参数描述：SRCH_WIN_R 定义了搜索剩余集导频时的窗口的大小。窗口的定位是以移动台自己的定时为参考，以该导频的 PN 偏置为窗口的中心。

数值范围：参见 2.2.1 中的表格。

建议值：9～12(80～160 chips)，该参数的设定值应当与 SRCH_WIN_N 相同

设置说明及影响：

（1）如果 SRCH_WIN_R 设置过低，则某些剩余集导频可能搜索不到。但是移动台很少对剩余集导频进行搜索，所以这种影响通常忽略不计。

（2）如果 SRCH_WIN_R 设置过高，则会降低搜索速率，从而影响系统性能。

说明：

不支持业务信道系统参数消息，因此 SRCH_WIN_R 不能在呼叫过程中改变。换句话说，即使每个扇区设置的 SRCH_WIN_R 不同，则无论服务移动台当前扇区的值是多少，移动台在呼叫的整个持续时间都将使用原始扇区提供的值（来自呼叫开始前该扇区的寻呼信道的系统参数消息）。

移动台应当只搜索导频偏移是 PILOT_INC 整数倍的剩余集导频。

11．NGHBR_MAX_AGE

参数名称：相邻导频集的最大存活期

英文名称：NGHBR_MAX_AGE

参数描述：该参数与相邻导频集的计数器相联系。当接收到邻集列表更新消息时，各个邻集的计数器也随之更新。对应的计数值大于该数值的相邻导频将从邻集中去掉。

数值范围：0～15。

建议值：1

设置说明及影响：

（1）如果该参数设置值太大，从激活集和候选集中转移到邻集中的导频"粘"在邻集中，致使新的可能很关键的邻集导频进入不了移动台的邻集，因为移动台的邻集最多能支持 20 个导频。

（2）如果该参数设置太小（例如 0），从激活集和候选集中转移到邻集中的导频如果在邻集列表更新消息中没有被列入在邻集列表中的话，有可能会被很快地转移到剩余集中。从而减少了该导频被搜索到的可能（剩余集的搜索优先级比邻集要低）。

说明：

如果一个导频从激活集或者候选集中转移到邻集中（因为它的强度在超过 T_TDROP 的时间

内都低于 T_DROP），移动台设置它的"age"为 0；在此之后，移动台每次接收到邻集列表更新消息时邻集中导频的"age"都加 1。只有当导频的"age"达到了 NGHBR_MAX_AGE，并且在最近的一个邻集列表更新消息中没有提到该导频时，移动台才会把该导频从邻集转移到剩余集中。

12．PILOT_INC

参数名称：导频偏置指数增量

英文名称：PILOT_INC

参数描述：该参数定义了导频的 PN 偏置索引的增量。虽然导频 PN 序列偏置值有 2^{15} 个，但由于两个可用的 PN 之间的最小间隔是 64chip 偏置，实际取值就只有 512（即 $2^{15}/64$）种可能。在现网中可用的 PN 偏置个数由"512/PILOT_INC"确定。

数值范围：1～15。

建议值：2，3，4

设置说明及影响：

（1）如果设置过高，则可用的 PN 偏置将减少，PN 偏置的重用距离将减小，从而可能引起 PN 混淆（同 PN 干扰，类似于同频干扰）。

（2）如果设置太小（设置为 1，总共有 512 个可用 PN 偏置），则容易发生邻 PN 干扰。

说明：

当 PILOT_INC=4 时，系统中有 128 个可用的 PN 偏置，可以很好地平衡同 PN 干扰和邻 PN 干扰之间的矛盾。

PN 偏置为 0 的 PN 并不特别，只是 log 信息中记录了移动台在获取 CDMA 系统时使用的 PN 偏置为 0，为了简化 log 文件的分析，系统中一般不使用偏置为 0 的 PN。

在实际部署中，为和相邻的系统协调，边界扇区 PILOT_INC 的选择需要特别考虑。

PILOT_INC 的值决定了 SRCH_WIN_N 和 SRCH_WIN_R 的最大可能值。例如，如果 PILOT_INC=4，PN 偏置之间的最小距离是 4×64=256 chips，在这种情况下，SRCH_WIN_N 和 SRCH_WIN_R 的设置值不能大于 13（也就是说 226chips）。

10.3.5　切换过程

1．导频强度测量消息

导频强度测量消息（Pilot Strength Measurement message，PSMM）是移动台发送给基站以通知基站可检测导频的强度发生的重要变化。例如当检测到邻集或剩余集中的某一个导频强度超过 T_ADD 时。

2．切换指示消息

切换指示消息（Handoff Direction Message）就是，基站可能会根据接收到的导频强度测量消息来指示移动台进行某种方式切换消息。

3．切换完成消息

当完成切换时，移动台会发送切换完成消息（Handoff Completion Message）以通知基站。

10.3.6 切换失败的各种情况

前面已经提过切换分好几种情况，这里所分析的仅仅是在同一频率上的软切换和不同频率上的硬切换。

1. 资源分配问题

系统必须保证有足够的资源来支持软切换，但最终有可能所有的资源都用尽了。

可能的原因：

- 呼叫阻塞门限
- 切换阻塞门限
- T_DROP 太低
- T_TDROP 太高
- 切换允许算法的有效性太差

2. 切换信令问题

假设系统有可用资源而且切换允许算法没有对软切换造成干扰，那么切换是否成功还依赖于切换信令消息是否及时地发送和接收。

（1）强的可用导频没有被检测到

当移动台检测到强的可用导频时会向基站报告，但是如果移动台不能及时检测到可用导频或者根本就没有检测到，那么切换就不会及时进行。

强导频没有被检测到的可能原因是：

搜索窗口太小，不能检测到所有强的多径。加入门限问题。如果软切换加入门限设置太高，那么在移动台检测到可用导频时不会向基站报告。移动台的导频搜索速度太慢。在某一地点进行导频扫描可用检测到的可用导频，如果移动台并没有检测到这个导频，说明移动台的导频搜索过程可能太慢。影响移动台导频搜索速度的可能是系统参数，也可能是手机本身的问题。

- 相邻导频集的搜索过程太慢。如果移动台没有及时检测到的这个可用导频存在于邻近列表消息中，那说明是相邻导频集的搜索速度太慢。
- 相邻导频集管理问题。如果该导频没有列入邻近列表消息，那需要移动台从剩余导频集中来搜索。这样是不合理的，需要重新对该基站的邻近列表进行分析。将相邻的小区加入邻集有一定的原则，如果出现这样的问题，说明需要重新检查该原则是否合理。一般来说邻集列表的长度不要超过 15，如果太长就会引起搜索速度的问题。导频搜索就可用来辅助完成该项工作。
- 移动台的导频搜索算法问题。
- 邻集列表有冗余。
- 导频搜索窗口太宽。
- PILOT_INC 太小。
- 移动台的相邻导频集溢出。

（2）反向链路恶化

既然主服务小区的导频在不断变差，那么切换信令必须及时。如果反向链路迅速变差，那么基站有可能根本就没有收到 PSMM，从而导致切换失败。

（3）前向链路恶化

如果前向链路变差，那么移动台可能接收不到切换指示消息，从而导致切换失败。

10.3.7 利用 Pilot Beacon 指示硬切换

如果利用 Pilot Beacon 来进行硬切换，失败的原因与上面所提到的软切换的失败原因相近。另外，硬切换中的一些参数是软切换中没有涉及的，如果这些参数设置不合理，有可能也会造成硬切换的失败。这些参数是：NOM_PWR，NUM_PREAMBLE。

10.3.8 任务解决

回到 10.3.1 提出的任务。

任务：该问题是切换中出现的掉话，属于切换专题的范畴。要清楚切换中发生的问题，我们需要对切换的基本原理、参数、过程以及失败的各种情况有一个全盘的了解，才能快速地分析定位。以上相关知识在本章都有详细的阐述，请读者仔细阅读，学习。

回到本任务，我们可以详细地分析此次软切换的整个过程。我们可以分析到源小区的导频 PN4 超过切换加门限 T_ADD 后，进入候选集，并发送 PSMM，基站收到了 PSMM 消息，并发出了 HDM，指示移动台将 PN4 加入手机有效集。但是由于测试车辆马上又快速驶入了一栋大楼的阴影区，切换目的小区的导频 PN88 信号被严重遮挡，Ec/Io 从−11dB 快速衰落至−17dB 以下，无法正确解调 HDM，切换失败，从而造成掉话。

此案例中无法进行软切换而引起掉话，根本原因是高楼信号遮挡造成了前向链路衰落，因此解决问题的思路是改善此区域的覆盖，使此区域有一个较稳定的主导频。建议在此区域增加一个微基站以改善覆盖。临时解决方案是调整周围基站的天线，减少越区覆盖，加强主导频。

  小结

CDMA 无线网络优化主要的问题都集中在接入、掉话与切换上，其他的常见专题优化还有海域专题优化、高速专题优化等，但以其重要性都无法与这三者比较，所以读者在掌握了本书中讲述的这三个专题的优化后，可以自己查阅相关资料了解其他专题优化的一些相关知识。

本章讲述了 CDMA 网络优化中的接入、掉话、以及切换三个重要的优化工作。对于这三种的相关原理、流程、基本参数以及几个常见的问题以及解决方法都进行了详细的阐述。

  练习与思考

1. 如果你发现一个小区的掉话率很高，你将如何排查，请写出排查步骤。
2. 简述 CDMA 系统中搜索窗的概念，列出移动台搜索导频时使用的不同搜索窗口参数。
3. 一般说来，手机掉话的可能原因有哪些？
4. 简述手机发起呼叫的信令流程。
5. 手机在切换过程中是否要用到 HDM 消息？
6. 简述软切换过程以及软切换失败的可能原因。

移动通信常用英文缩写的含义

AGCH：允许接入信道
BCCH：广播控制信道
BSC：基站控制器
BSIC：基站色码
BTS PC：基站功控
BTS：基站
CBCH：小区广播信道
CCCH：公共控制信道
CDMA：码分多址
CQT：呼叫质量测试
DCS1800：数字蜂窝系统 1800MHz
DT：路测
DTF：故障点距离测试
DTX：非连续发射
FACCH：快速随路控制信道
FCCH：频率校正信道
FDMA：频分多址
HLR：归属位置寄存器
HOP：跳频
IMSI：国际移动用户识别码
LAC：位置区
MRP：多重频率复用技术
MS：移动台
MSC：移动业务交换中心
OSS：操作支持系统
PCH：寻呼信道
PLMN：公共陆地移动网
RACH：随机接入信道
RBS：无线基站
RNO：无线网络优化工具
RxLevel：接收电平
RxQual：接收质量
SACCH：慢速随路控制信道
SCH：同步信道
SDCCH：专用控制信道
STS：话务统计
TA：时间提前量
TCH：业务信道
TDMA：时分多址
TRX：收发信机
VLR：访问位置寄存器